JN289660

もう迷わない!

知識ゼロからのクルマ選び

自動車評論家・レーシングドライバー
太田哲也

THE BEST CAR SELECTION

幻冬舎

まえがき

近年、クルマは性能が上がり壊れにくくなった。もはやこの世にダメなクルマはない。だから、何を選んでも一緒、なんて言う人もいる。

そんなことはないと思う。むしろ一台一台の個性化が急速に進んでいる。

エンジンだけでなく、運動性や空調までコンピュータが制御するようになってきた。しかし、デジタル化が進めば進むほど、アナログ回帰嗜好《しこう》は強まってくるものだ。人とモノとのインターフェース、すなわち操作フィーリングや『味』が、逆にとても重視されるようになってきたようだ。

ユーザーも成熟してきた。以前は、クルマの話題は専門家やマニアのものだった。けれどもこれからは、一般の人たちも知識を得てくるだろう。すると、従来のような『クルマはステイタス』や、その裏側にある『クルマは単なる足』という感覚は旧《ふる》くなっていくのではないか。乗り手がクルマに対して、もっと奥深い領域まで入り込み、自分が買うクルマのことも他のクルマのことも、長所も短所もよく知り抜いたうえで選ぶようになる。恋人選びにも似たそんな付き合い方に名前をつけるなら、そうだなぁ、「クルマとのアダルトな関係」、とでも言おうか……。

今後、重要になってくるのは、性能面ではなく、作り手の価値観や、そのクルマが持つキャラクターだろう。たとえば、今や、メルセデスとＢＭＷは、１８０度違うクルマとして捉《とら》えられる。キャラに着目するなら、ポルシェとフェラーリも、もはやライバル関係にはない。価値観がまったく異なっている。マニアだけではなく、それを多くの一般人が知っている。そんなアダルトな関係が築かれつつある。

居住性を重視したミニバン（１ＢＯＸ）でも、高さと広さを求めるのか、ぐらぐら揺れない走りを求めるか。あるいは、いかにファミリー臭さを抜くか、どの部分を優先させたかで、大きく価値が異なってくる。漫画の主人公のように、全てのクルマがキャラ立ちしてきた。

クルマとのアダルトな関係が進展すると、選んだクルマが自分のキャラクターを決定づける度合いも深まってくる。

ボルボを例に挙げてみよう。ボルボはフォード傘下となり、近年ますますボルボらしい作りだ。選ぶ人には「家族を大事にする誠実なパパ」というイメージが与えられる。

そんな人が、家族を裏切ることは許されない。ボルボに乗る知人は、たった一度の浮気で離婚された。奥さんの怒りが治まらなかったのだ。それがボルボを選ぶということなのだ。もしも彼が、イタ車を選んでいたとしたら、「ああ、そういうことをするような人だなあ」となって、離婚はなかったはずである（たぶん）。

つまり、もはやクルマを選ぶことは、単にクルマを選ぶだけではない。自分のイメージを決め、生き方を選ぶこと。人生観さえもさらけ出してしまうのだ。

考えてみれば、１００万円を超える人生に数回しかない買い物だ。うわべで、あるいは消去法で選ぶのは、もったいない。

仕方なく選んだクルマほどつまらないものはない。子どもたちの世代からみても、仕方なく生きている大人には夢を描けないだろう。どうせなら、生きているってすばらしい！　と感じさせてくれるような人生の伴侶《はんりょ》を選び出そうじゃないか。

CONTENTS

CONTENTS

第二章　知識ゼロからのクルマ選び

part1 輸入車 IMPORT CAR

part2 ミニバン MINI VAN

CONTENTS

CONTENTS

part7 スポーツカー SPORTS CAR

第一章

未来はどっちだ!?

ダイムラー・クライスラーはなぜ、逆風吹き荒れるなか、ディーゼル車の発売に踏み切ったのだろうか

●大気汚染の悪役に

石原東京都知事が黒いスス入りのペットボトルを振ってパフォーマンスして以来、ディーゼルにはすっかりダーティなイメージが定着した。トラックのマフラーからもうもうと排出される黒煙が、ＴＶ画面に映し出され、いかにも悪い空気を吐き出していそう。

２００６年現在、日本ではディーゼル乗用車は発売されていない。登録されて残っている乗用車は1パーセントくらいであろうと推測されている。

そんな状況のなか、メルセデス・ベンツのインポーターであるダイムラー・クライスラー日本から、新世代乗用ディーゼルが、しかも高級車イメージの高いＥクラスで日本市場に初登場することになった。

なぜ？

あのガラガラ音は乗用車としては興ざめだし、自分が乗るにはちょっと……、と考えている人が多いのではないだろうか。

でも、実は最近のディーゼルはそうしたものではない。

このＥクラスＣＤＩについて言えば、始動時には、かすかにカラカラ音が聞こえてきたが、エンジンが暖まると薄れていく。室内ではほとんどエンジン音が気にならないし、外から聞いても言われなければディーゼルとは気づかないだろう。唯一10km／hぐらいからの加速でガソリン車と違った音が聞こえてくるが、それとて昔のディーゼルのカラカラでは全然ない。これならまったく気づかない人も多いだろう。

高速巡航でもエンジンの音はかすかに聞こえる程度。振動も少ない。静かでとてもフィーリングがよい。

一方、高回転の伸びはないので、スポーツカーのような気持ちの高ぶりはないが、移動の道具として捉《とら》えるならリラックスできてよい。これならドライバビリティを気にするだろうＥクラスのユーザーにも受け入れられるだろう。

またガソリン車より3割程度燃費がよく、とくに高速での燃費のよさにも感動した。

●期が熟したディーゼル

それにしても、将来、クルマはどこに向かっていくのだろう。究極的には燃料電池車なのだろうが、まだ遠い先のことで、現状では化石燃料に頼るしかない。近未来の現実的な選択としては、ガソリン・ハイブリッドか、ディーゼル（ディーゼルも乗用ハイ

ブリッドタイプの本格市販へ向け着々と動いているとか）が有力視されている。

日本ではトヨタが中心となってガソリン・ハイブリッド（以下ハイブリッド）を推し進めている。ガソリン・エンジンとモーターのふたつを動力源とし、減速時にはエネルギーを回生してバッテリーに蓄えるハイブリッドは、頭の中で考えると素晴らしいシステムに思える。街中で実際に走ってみても、燃料計の減りの少なさには感動を覚える。

しかし、定常走行主体の高速道路ではそれほど燃費が伸びない。そもそもハイブリッドに対する根本的な疑問として、あの大きくて重いバッテリーとモーターのことを考えると、複雑なシステムを製造し、さらに自動車工場へ運んで組み付ける過程で、莫大《ばくだい》なエネルギーが失われているように思えてしまう。社会全体で見ると、ハイブリッドが本当に自然環境によいのかどうかよくわからない。

その点、ディーゼルはシンプルかつ軽量コンパクトだ。

近年、ディーゼルのヨーロッパでの普及率はめざましい。全体のおよそ50パーセント、ドイツにいたっては70パーセント。でも日本では0・1パーセント。

ディーゼルは、NO_x（窒素酸化物）排出量が多く、そこがネックだったのだが、近年は改善されてきた。自分の感覚としては、大気汚染ももちろん問題ではあるが、地球温暖化の方がより深刻

に肌身に感じる昨今だ。その点、燃料消費量が少なくCO_2の排出量が少ないディーゼルは有効だ。高速走行での燃費もよいので、とくにヨーロッパで脚光を浴びる理由も見えてくる。

また、将来的に化石燃料が減ってきて脱化石燃料を推《すす》めていくのにも、燃料を選ばないディーゼルは期待ができる。

●欧州の「革命」を日本へ

いったいいつからこんなにヨーロッパではディーゼルが発達したのだろう。

今から十数年ほど前の１９９３年当時は、ドイツ全体の乗用車中でのディーゼル車比率は15パーセント、同じく日本は10パーセントと、それほど開きはなかった。ヨーロッパで飛躍的にディーゼルが伸びてきたのはここ数年来だ。

「革命」は97年におきた。コモンレール式ディーゼルが採用され、高圧をかけて燃焼効率を上げ、例のガラガラとした音を抑え、パワーも出せるようになった。インタークーラー・ターボと組み合わせることで、スポーティなディーゼルが出現した。

ヨーロッパではそのよさがすぐに認められ、人気が急上昇したが、日本ではなぜかまったく伸びなかった。その理由は、石原都知事のパフォーマンスのせいだけではない。いろいろな問題が絡み合っていたからだ。

ひとつは燃料の質の問題。当時は硫黄分が多い軽油が多く出回り、NO_x排出量を基準値並みにクリアすることはできなかった。さらに、日本独自の規制が厳しく、メーカーもあきらめてしまった要素もあった。

さらに黒煙をあげてガラガラというイメージが定着していたので、どうせ売れないだろう、と国産メーカーがあきらめてしまった面もあったろう。

導入の追い風として、現在、日本製の軽油の性能が飛躍的に向上し、セタン価（軽油の場合、オクタン価ではなくセタン価）でもNO_x排出量の削減面でも有利に働くようになったことがあげられる。今や、日本製の軽油の質は世界有数。そのうえ、ガソリンは現在不足気味だが、軽油はだぶついて輸出もしている状態だ。

地球温暖化や原油高の問題もある。化石燃料に対する不安が世の中に広まってもきている。後はユーザーのネガティブなイメージが残っているだけだ。乗用ディーゼル再投入の環境が整ったのだ。

●なぜメルセデスが

ところで、そもそもメルセデスがどうして日本市場でディーゼル車再投入の一番乗りをしたのだろうか?

今後、レクサスがハイブリッドと合体し、ハイブリッドこそ次世代のエース、というイメージが定着することを打破するもくろみもあるだろう。そして自分たちが得意なディーゼルを、これからのスタンダードにしていきたい考えもあるだろう。

日本人はアメリカ人とは違って、ヨーロッパで評判だからそれでは受け入れましょう、とはならない国民気質だ。実際に自分たちで使ってみてどうかで判断する。そんな日本市場にディーゼルを投入し、口コミでよさを伝えていきたいという考えもある。

もうひとつの要素として、現在ドイツでのシェアは70パーセント。今後、ダイムラー・クライスラー本社としては、技術や資本をガソリンエンジンよりもディーゼルに集中させていくことになる。

一方で、日本市場がディーゼルを受け入れない特殊な市場のままだと、将来、日本市場向けに売る製品がなくなる。今のうちから日本市場を開放し、ヨーロッパ市場と共通性を持たせようとする狙《ねら》いもある。

僕自身は、Ｅ３２０ＣＤＩの登場を歓迎している。いちばん最初に導入されるのがホンダ・フィットやトヨタ・カローラではなく、メルセデスＡクラスやＢクラスでもなく、プレミアムなイメージのあるＥクラスであることは、ディーゼルのイメージアップには好都合だろうからだ。

それに僕はなぜかとてもＥ３２０ＣＤＩに惹《ひ》かれた。自分の感性にはまった。

正直に言うと、僕はメルセデスのイメージがあまり好きではない。プロダクツの良さは認めるものの、メルセデスを選ぶことは成功者の証《あかし》で、どうだ、俺はすごいだろ、と主張しているかのように感じてしまうからだ。もちろん一部のユーザーに、そんなイメージがあるだけなのだが。

昔はそうではなかった。

そんなイメージを受け持っていたのはリンカーンなどのフルサイズのアメ車だった。むしろメルセデスは、モノがわかった人が道具として選んでいた。そういえば、昔もＴＤというワゴンのターボディーゼルがあったよな。当時、サーファーだった僕たちのあこがれだった。どちらかというと、自然愛好家や学者風の人たちが乗るイメージだった。

ディーゼルだと、古き良き時代の道具的なメルセデスのイメージが醸し出されるような気がする。それに社会貢献や自然環境に対して配慮しているという感じも好ましい。

こうなったら昔のＴＤみたいに「ＤＩＥＳＥＬ」というバッジを後ろにでっかく貼ったらどうだろう。「ＣＤＩ」のバッジでは何がなんだかわからないからね。

「最先端」に真っ向から立ち向かうカローラの意地

●カローラよ永遠に

カローラは06年で40周年を迎えた。そして10代目に生まれ変わった。内外装の質感が上がり、走りもしっかりした。だが、僕の印象としてはネガティブな部分もないけど、突出したところもない。まさにトヨタ80点主義のクルマ、それがカローラ。(平均90点はいっているかな)。

ところが、ずっとカローラを乗り継いでいる、僕が連載を持っている自動車雑誌の担当は、「本当にすばらしい」と、うれし涙を流さんばかりだ。彼は新型発売と同時にオーダーを入れ、契約ディーラー第一号として納車されたことを誇りに感じている。その鬼気迫る様子を見ていて、カローラ・オーナーの特殊性を僕は感じた。そしてクルマと人間との関係は、実に奥深いものだと、しみじみと思うのである。

●床屋の行きたては恥ずかしい

新型カローラは、全長もホイールベースも拡大せずに、そのまま5ナンバー枠となる。全高を10㎜下げ、それでいながら座面を15㎜下げたことで、ヘッドクリアランスは3～5㎜の余裕となった。先代と乗り比べて狭い感じはしない。その点は評価できる。

とは言え、現状維持の5ナンバーだし、21世紀への新しい提案があるか、と問われればそれはない。40年の歴史を持ち、そのうちの36年間は販売ナンバー1に輝いてきた。しかし今後は、ミニバンからのダウンサイザー層が増えたとき、一度、巨大なスペースに親しんだユーザーには、背の低さと小ささが不満に感じられるだろう。そういった意味で、新型カローラに、新しい需要を取り入れていく力はないように感じた。「今さら」感が漂うのだ。

しかし、担当によれば、今回のカローラには大満足なのだそうだ。

そもそも彼は、先代カローラが背が高かったことに不満を感じていたらしい。団地の大型駐車場に駐車していて、自分のクルマだけぽつんと背が高くて、一目で「あ、僕のだ」とわかるのが嫌だったそうだ。

僕にすれば、それが問題なの? 探しやすくていいじゃないと思うのだが、彼としては何しろ目立ちたくないらしい。

ランドセルの色が微妙にみんなと違うと、引け目を感じるみたいな感じで、クルマ選びをするのだと言う。

それから、先代のエンジン音がうるさいのも嫌で、そこがよくなってうれしいそうだ。でも、確かに先代は、外で聴く限りはエンジン音が大きくて音質もよくなかったが、遮音材を一杯入れてあるので、室内では、彼が言うほどうるさくはなかった。けれども彼にすれば、室内が静かでも、周りに迷惑をかけたくない（注目されたくない）という思いが強いようだ。「タクシーの運転手さんに『けっこう音が大きいねえ』と言われたことがあって、それ以来、トラウマで」と言っている。

また使い勝手が改良された小物入れやドリンクホルダーもユーザーとしては涙モノらしい。

開発者にすれば、小物類や操作スイッチなどの基本レイアウトは変わらないから、改善点を反映しやすい。目新しさは生まれないが、熟成度は高まる。前モデルを否定してしまうのではなく、こつこつと積み上げてきたカローラ40年の歴史があるからこそなせる業《わざ》なのだろう。

デザインに関しては、僕の目から見ると、先代の足軽っぽいちょっと変な格好が、セダンの王道的スタイルとなってすっきりしたが、そんなには代わり映えしない。昨今のヨーロッパ車と比べて、あまりに印象が薄い。けれどもカローラ愛好者の担当にすれば、これぞ評価ポイントなのだそうだ。

「新型に乗り換えたとわかっては、嫌なんですよ」

「……。なぜ？」

「なぜでしょう……」

「それって床屋に行きたてということがわかったら、なんとなく

照れくさいみたいな感覚かな?」
「床屋の行きたては絶対に恥ずかしいです」
やっぱり。

そういえば、昔、カローラのセダンGTを買って、わざわざ下位モデルのSTのステッカーを貼る「ステッカー・ディチューン」を施すユーザーがいたよな。そういう感覚は、僕にはわかりにくいのだが、担当はまさにそういうタイプだ。クルマに興味がないのではない。むしろものすごいクルマ好き。でも、好きの方向が僕とは違う。いろいろな人が、いろいろな価値観を持って、この世の中で一緒に過ごしているわけだ。

確かに、新型カローラの見ているポイントは未来ではなく、現在のユーザーである。でも、自分を飾るためのクルマではなく、使い倒す道具としての愛車も存在しうる。

僕が考える新型カローラの最大の評価ポイントは、5ナンバーとして出してきたことだ。このクラスのライバル、シビックやファミリアの後継アクセラは、既に3ナンバー化し、サニーは消滅した。見渡しても5ナンバーはほとんどない。ベルタくらいか。カローラも今回からは海外向けには3ナンバーを作る。つまり5ナンバーはわざわざ国内専用なのである。

カローラのユーザー平均年齢は63歳。ご年配の方も乗っているわけだ。そういう人にとって、モデルチェンジでサイズが大きくなられては、取り回しが困る。

それに都内では、縦横がきちきちでうなぎの寝床みたいな車庫を持つ建売住宅を見かける。既に定年退職し、今さら家を買い換える予定もない人のためにも、5ナンバーをメーカーは作り続けるべきなのだ。

確かに、3ナンバー化は、衝突安全性や側突、そして歩行者保護など年々厳しくなる安全基準に対応しつつ、同じ程度の居住性を確保するための要件ではある。

それで、あたかもユーザーのため、と言わんばかりに3ナンバー化の流れが説明されているが、実はメーカー側の事情が3ナンバー化を進めている要素も小さくない。時代の流れは、世界に向けてのグローバル開発だ。自動車メーカーとして国内専用車を作るのはコスト的に厳しい。欧米向けと共用するには、3ナンバーサイズにせざるを得ないという作り手の台所事情があるのだ。

そうした時代の流れに逆行して、カローラが5ナンバーの国内専用車を作り続けることは、ユーザー平均年齢63歳を見捨てないことでもある。

そういう意味では、新しい「革命」がない新型カローラこそ、今の時代には、革命的なのかもしれない。

ユーザーの平均年齢が73歳、83歳になっても、5ナンバーカローラを作り続けてほしいと願う。

ストリームという新しい進化の形

ストリームについて述べるとき、ウィッシュの存在を切り離すことはできない。

「５ナンバーの７人乗り小型ミニバン」の新境地を拓《ひら》いたホンダ・ストリーム。先駆者をよく研究して世に出たトヨタ・ウィッシュ。ウィッシュはストリームよりもミニバンとしての機能を充実させた。居住性を上げ、とくに3列目シートの空間を広げ、大きな窓で開放的な雰囲気作りを進めた。走りはそこそこで、でも乗り心地は柔らかい。より広いユーザー層に受け入れられるクルマとなった。トヨタの販売力と宣伝力で、ストリームを販売で圧倒し、今も売れ続けている。

そして今回、ホンダは新型ストリームを登場させた。僕の予想としては、ウィッシュを徹底的に研究し、ミニバンとしての機能で上回ってくるのだろうと考えていた。ところがそうではなかった。

ホンダお得意の低床化を進め、屋根を低くしてすべての立体駐車場に入る、全高１４００㎜に高さを抑えた。外観はスタイリッシュなデザインだが、その分、窓は小さめで、室内はウィッシュのようには開放的でない。3列目シートは低床化により空間が広がってはいるが、なおやはりミニマムである。つまりミニバンとしての居住性でウィッシュを超えたクルマではなかった。

一方、走りはどうか。開発陣に聞くと「ウィッシュの走りはまったく意識しませんでした」と誇らしげに答えた。今度のストリームは、走りも乗り心地も両方ともさらに改善されてきた。ミニバンとしての居住性よりも、走りの良さで勝負なのだ。ストリームをミニバンとして捉えるとツッコミどころが満載だが、シビックのような走りも重視したファミリーセダンと比べると違った形が見えてくる。姿勢安定性をとても高め、コーナーでロールがとても少ない。新形態の５ナンバーセダンと見ると興味深いのだ。

●新種誕生

言うまでもなく、ホンダはフルラインアップメーカーだ。だが現在、フィットのひとつ上の車種となると、それまでその位置にいたシビックが3ナンバー化したので、ストリームとなる。つまりコンパクトカーのすぐ上がミニバンという「ねじれ現象」が生じている。このことこそが、これからの小型車の方向性を暗示している、と僕は思うのだ。

少し説明しよう。

シビックが05年9月のモデルチェンジで3ナンバーサイズとな

ったのは、おもに時代の要請である衝突安全性からの要求だ。クラッシャブルゾーンを広げることが必要となり、それでいて今までの居住性を確保するためにはサイズ（幅）を広げざるを得なくなった。

では、今後、他の現存する5ナンバーファミリーセダンは、どうなるのだろう。時代が要請する居住性の確保と衝突安全性を満たすには、シビックがそうしたように3ナンバーに移行せざるを得なくなるだろう。もはや5ナンバーファミリーセダンは、現代では成り立ちにくくなってきている。

まるで恐竜が消滅したように、ファミリーセダンはこのまま肥大化を続けるとやがて消滅していくのだろう。あるいは3ナンバー化せずに、そのまま消滅してしまう種もある。サニー、ファミリアなどがそうだ。

しかし日本の狭い道路事情を考えると、やはり5ナンバーサイズのクルマは、取り回しがよくて魅力的である。そこにぽっかり穴を空けておくわけにはいかない。どんな種がそこに入ってくるのだろう。

恐竜の次に程よい大きさの哺乳類が出現して隆盛を極めた。そこには新しい形態が出現してくるのではないか。

それがストリームのような形態だと仮定してみよう。作り手はそこまでは考えていないかもしれないが、ストリームをミニバンとして捉えるのではなく、5ナンバーのファミリーカーの新形態

として捉えると、その魅力が見えてくる。

普段は5人乗りで十分だ。3列目は倒して大きな荷室として使おう。室内は頭上空間が広いので、シビックと比べて大差ない。むしろ広く感じることもある。

セダンだと足元がきついなあと思うが、ストリームだと前席のシート下に足を突っ込めるから、広く使える。こうしてセダンの進化形としての尺度で見るとつぼにはまってくる。

もうフルフラットや完璧なシートアレンジはできなくていい。その代わりにシートはたっぷりと作って走行中に快適であってほしい。

もちろん現時点でのストリームは次世代カーの完成形ではない。ひとつの部屋にシートと荷物が一緒くたになっているような状態だ。3列目をたたんだとき荷室が丸見えで、この点は改めたい。トノカバーや荷室の隔壁がほしい。

たとえばメルセデスＲクラスのように、3列目をたたむと、「あれっ、この車5人乗り?」と見られるような雰囲気を作り出せば、小型ファミリーカーとしての理想像が見えてこないか。

現在、市場では新型ストリームの目指す方向は受け入れられていない。まだウィッシュとの比較でストリームはミニバンとして居住性に難あり、と見られているようだ。しかし作り手の思いはウィッシュとの比較を望んではいない。

最初に開発者と話したとき、「ＢＭＷの3シリーズみたいにしたかったです」と言っていた。

僕は「ＢＭＷにミニバンはないだろう、何言ってんだ!?」と思ったが、今は彼の言わんとすることがわかる気がする。

ポスト・5ナンバーファミリーセダンとして捉えると、次に求められるのはドライバビリティだ。ミニバンには走る喜びはいらないが（乗員が迷惑だ）、次世代カーとしてなら、運転して走りが快適かつ楽しめる方がいい。

現在、肥大化した大型ミニバンの売れ行きが落ち始めているようだ。サイズが小さくなっていくのは正しい方向だと僕は思っている。

地球温暖化や環境問題でも、原油高騰からも、そういう方向に向かうひとつの試金石たる意義を、僕はストリームに感じた。

「無色透明」というレクサスの主張は、プレミアムカーとして通用するのだろうか

●どんなブランド？

ひと頃、テレビでも雑誌でも、レクサスの話題が過熱していた。「ブランド」「高級」そんな言葉が飛び交っていた。しかしそんな連呼を耳にするたびに、僕は不思議な思いにかられた。

そもそもブランドって「作る」ものなのだろうか？

本来は、強い思いを抱いたカリスマが、何かモノ（プロダクツ）を作り、それに触れたユーザーが共感し、評判が伝播《でんぱ》して人気を博すようになる。そんな過程を経てブランドとして認知されていく。作るのではなくて、ユーザーが祭り上げて「出来上がる」ものだと思う。

もちろんブランド戦略は必要だろうが、レクサスに関する報道では、プロダクツよりも販売店のおもてなしの様子ばかりが映し出されていた。そんな疑問をレクサスのブランドマネージャーにぶつけてみたところ、「おっしゃるとおり、レクサスはブランドを作っちゃえ、というところから始まっています。歴史がない、カリスマもいない。そういったなかからの新しい挑戦です」という答えが返ってきた。

たとえば、高級車は複雑な作り方をしているから壊れるのは仕方ない。あるいは、パワーがあるから燃費が悪くても仕方ない。ディーラーが売ってやるという姿勢でも仕方ない。そういう今までの高級車のネガティブな面をなくすことも、新たな高級の定義だという考え方だそうだ。

おもてなし。お客が高級な店構えのレクサス店に足を運んで店の中でくつろぐ様子がテレビで映っている。

だがちょっと待ってくれ。日本の本当のお金持ちって、モノを買うとき、あまり自分から店に出向いたりしないよなぁ。自動車販売でも、セールスマンが上得意のところへ出向くのが一般的になっている。

それについてブランドマネージャーは、「セールスマンとのウエットな付き合いで仕方なく買う人も少なくないはず。とくにお金持ちはそんな付き合いを煩わしく思うのではないか」と考えている。

●どんなプロダクツ？

ではプロダクツはどうなのだろう。

レクサス・マスツという一定の基準が設けられる。ロードノイズ、静粛性、アイドル振動、風切り音などのNV性（騒音微振動）や、アクセルオンのショック、レスポンスなどのドライバビリテ

ィなど、レクサスとしてこれだけの要素はＯＫを取れよという項目だ。

実際にレクサスに乗ってみて、欧州プレミアム・ブランドに対しても、現時点で相当なレベルにあることはわかった。高出力だけど好燃費。静かでステアリングに伝わってくる雑な振動が極端に少ない。ドアは金庫のようにバコンッと閉まるし、内装の見た目も豪華だ。その作りですでにライバルを上回っている面もある。とくにここはダメだというネガティブな部分がなかった。でも、本質的な価値は何なのだろう、ということが今ひとつ見えてこない。

たとえばＢＭＷを買う人は、あの「走る悦び」に魅力を感じ、メルセデスには高い操縦安定性に裏打ちされた「安全・ステータス」を感じる。アウディはＡＷＤ（４ＷＤ）の走りが高級だという新しい価値を自ら創造し、「アウディ＝ＡＷＤ＝先進的＝高級」というイメージで成功した。

どのブランドにも、ならではの走りがある。ステアリングを握ると、「あぁ、これが○○の考える走りなのだなぁ」と伝わってくる。ところがレクサスの場合は、そこがはっきり見えてこない。

レクサス・マスツはＮＶＨを取ることが絶対条件で、それがウリ。でもＮＶＨをこそぎ落としていくと、その過程で運転に有用なインフォメーションも消えて、たとえばＢＭＷにあるような手応え感が消えていく。速いことは速いのだけど、スピード感がな

く、運転している実感が薄い。まるで雲の上を走っているようでもある。

もし、レクサスの進む先が、快適な移動のためのショーファードリブンなのだとしたら、この方向でよいだろう。でも、プライベートカーとしてなら、運転手の気持ちをもっと高揚させてほしい。

ネガティブな要素がないだけでは、感受性が強く、嗜好《しこう》性が強いお金持ちのハートをつかめないのではないだろうか？

●どんな人を狙っているのだろう

アメリカで、ヤッピーに代わる新しい概念としてBOBOS（ボボズ）という言葉がある。「ボヘミアン＋ブルジョア」の複合の略で、たとえば脂肪分ゼロのカフェオレを求め、農薬ゼロの野菜を購入する人。服装はこれ見よがしではないが、実は数万円もするTシャツを着ている。そういう人にとっては、クルマは無色透明がよい。

「レクサスは無色なんです。無色こそ色の多様性があるんです」

欧米市場に参入するとき、欧米文化を模倣《もほう》したテイストの高級車を作っても存在感がない。では、日本車らしいテイストを、といって、妙な和のテイストを持ち込んでも、それは違う。つまり、たどりついたのは無色透明。

「わずか四畳半程の狭い茶室で行なわれる千利休のあの世界。それこそが日本の美点であり、レクサスの本質なのです」

お金持ちであることをクルマで主張したくない。そんなユーザーを狙っている。でも、果たしてそういうお金持ちが日本にどのくらいいるのだろうか。僕自身は金持ちの心理はよくはわからないのだが、おそらく、みんな金持ちは、自分が金持ちであることを何らかのカタチで主張したいのじゃないだろうか。

僕たちクルマ好きにとっては、クルマと野菜とは「思い入れ度」が違う。脂肪分ゼロのカフェオレがいくら体によくても、味にコクがなくちゃほしくはならない。ただ単に同じスペックの割には安いという、トヨタの延長線上の高級では、商売は成功しても、ブランドとしては根づかないのではないか。

あるいは、日本の高級車ユーザー層に、こだわりでクルマを買うクルマ好きがどのくらいの割合でいて、あるいは、有機野菜を買う感覚でクルマを買う人がどのくらいの割合でいるのだろうかという問題か。違うか？

今、レクサス登場で高級車市場も活気づいている。話題も大いに提供してくれた。レクサスがこの先どんな走りのテイストを身に着けていくのか。僕は、物語をつむいでユーザーの感情を揺さぶるような、日本が誇る、プレミアムブランドとして確立されることを期待する。クルマ好きとしてはそこが楽しみである。

好きなクルマが家にあるという幸せ

最近は若者がクルマに興味を持たなくなった。だから自動車雑誌が売れなくなった。そんな話がよく業界関係者の中で持ち上がる。——そうかなぁ……？

僕は中学や高校の講演に呼ばれ、直に中高生と接する機会が多いのだが、講演後の質問では、彼らから、けっこうクルマの話題が出るのだ。

「アルファロメオやフェラーリってどんな感じですか？」「クルマが好きで好きでたまらないんですけど、クルマに関係した仕事に就くのって難しいのでしょうか？」「太田さんがすすめるコレは！　っていうクルマは何ですか？」……などなど。

講演後は僕が乗ってきたクルマを中心にして記念撮影をするのが恒例だが、いつも大勢の子どもたちが集まってくる。女子でさえ、「カッコイイ！」「乗ってみたい」と言って携帯電話で写真を撮りまくる。「みんなクルマ好きかーっ？」と聞くと、「好きーい！」と元気のよい声が返ってくる。そんな様子を見ていると、クルマに興味を持たなくなってはいないよな……と感じるのだ。

そもそも赤ん坊だって動くものに興味を持つ。成長するにつれ、自然と乗り物に興味が移っていくものだ。人は潜在的に乗り物が好きなはずだ。でも、僕が「君んちのクルマは？」と聞き返すと、

「わかりません」

「なんだ自分んちのクルマの名前も知らないのか」と苦笑するのだが、このあたりに「最近の若い子はクルマに興味がない」の意味が隠れていそうだ。

近頃は、マーケティングに基づいて作られたクルマが多く出回っていて、特に日本車はそれが主流で、そういう車はたいてい使い勝手最優先だ。クルマ好きが興味を持てるようなクルマではない。自動車雑誌も、車種や売れている台数が多いゆえミニバンの記事を多く採り上げる。ゴルフバッグが何個入るか、寸法を比べたりする。けれど、中高生の心をかき立てるのはそうしたクルマではない。彼らにとってミニバンは、ただの移動の足。あるいは部屋。

家にあるクルマには気持ちが奮い立たないのだ。

やっぱり、作り手のこだわりが強く感じられるモノが、いつの時代も関心を持たれるのだ。そういう意味で僕らは、あまり世に知られていない面白こだわり車を紹介し、将来のクルマ好きを養成すべきではないか、と熱く語ってみよう。

そんなに高価ではなくて、家族で普通に乗れて、でも、熱い情熱やスポーツ心も持っているような日本車を僕はすすめたい。

具体的にどんなクルマをすすめるのか——。

こだわりと聞いてすぐに思い浮かぶのは、マツダ・ロードスターだ。でも2人乗りだから、お父さんに家族車として買わせるわけにはいかないし、自分が買うにしても、最近の子は友達との関係をとても大事にするから、2人乗りじゃやっぱりツライだろう。やっぱりロードスターはどちらかというとマニアックな人のための趣味のクルマだ。

もっと社会への影響力を持てるような一般的なクルマで選ぶとすると、何がよいか——。

スイフトスポーツはどうだろうか。

数えればキリがないほど、ベースとなったスイフトにチューニングが施されている。エンジンの微振動がアクセルオフで大きくシートに乗り手に伝わってきてしまうところなど、音振性能の面ではまだまだ改善すべき点が見受けられるが、走りはいい。意外なことにスポーツと名がつくほどギンギン&スパルタンじゃなくて、ゴツゴツした乗り心地ではない。街中でも快適だから、家族のクルマとしても使える。

マツダスピード・アクセラもいいと思う。日本ではスポーツ・ハッチは下火だけど、ヨーロッパでは、ゴルフＧＴＩ、ＢＭＷ１シリーズ、フォード・フォーカスSTなど群雄割拠状態だ。

こうしたクルマは、スポコン（スポーツ根性≠スポーツ・コンパクト）を期待する向きには逆にツッコミどころで、「スポーツ

と名づけるからには、もっと足を固めてスタビリティを上げて、たとえばホンダのタイプR的なチューンにせい！」と主張する走り系の自動車評論家もいるが、僕はこのくらいの硬さ（軟弱さ？）であっていいと思う。

というのは、スポーツって突き詰めていくとシビアな世界に入って、どこまで自分の身体《からだ》と精神をいじめ抜けるかにかかってくる。プロ選手ならそれも仕方ないけど、でもアマチュアならば、健康的で気持ちよくて、生きている実感がわく程度にとどめるべきだと思う。スポーツカーに僕が期待するレベルも同様だ。

だから、限界は高いけれど乗り心地も硬い車は、レースカーならまだしも、スポーツカーには認めない。フェラーリだってポルシェだって乗り心地はいいんだ。足は全然硬くない。

極論だが、速さだけを考えるなら、どんなクルマだって足を固めれば、たいてい速くなるのだ。でもそうすると、エンジョイ・スポーツの領域から外れてしまう。日本のスポーツカーって、ギンギンを極める……みたいなところがあって、そういうクルマでは中高生たちに、「お父さんに買えって言いなよ」とは勧められない。速さよりも、扱いやすさや快適さを重視している。コレがいい。

そのスポーティ・カジュアルなイメージも魅力だ。概してコンパクトカーはみなカジュアルではあるが、たとえば日産のノートは、主張が薄くネガがないところが長所だ。服で言えば、ユニクロや無印良品的な〝無個性ゆえのカッコよさ〟だろう。

一方、スイフトスポーツなどは、ナイキやプーマ、アディダスみたいなスポーツブランドが提案するスポーティ・カジュアルのノリを感じる。この手の小さな車で主張や個性が強過ぎると、「がんばっちゃってる」と見られてカッコ悪くなるから、そのアピールの程度が難しいが、スイフトスポーツなどは、メーカーが作るギリギリの線でとどまっていると思う。

まあ、なにはともあれ、もしお父さんがスイフトスポーツなどのようなクルマに乗ってたら、その家の子どもはきっとクルマ好きに育っていくだろう。そうすれば大きくなってきっと本書シリーズを買ってくれる読者が増えるだろう。

家にシエンタやモビリオなどの小型ミニバンがあったら家族で出かけるときなど楽しいだろうけど、どうもクルマ好きに育ちそうにないもんな。中高生に「家のクルマ、何？」と聞くと、「ちっちゃいバス」と答える子が多いんだ。みんな同じように見えるんだね、あの手は。

他のメーカーも、マーケティング主導の「売れる」クルマばかりではなく、こういうコンセプトのクルマをもっと作ってほしいよなぁ……と、しみじみ思うのだ。

自動車雑誌出版社や車メーカーは、社員に、愛車にミニバンはやめて、「こだわり車」に乗ることを義務づけるべき（？）である。

第二章

知識ゼロからのクルマ選び

part 1
輸入車

IMPORT CAR

ゴルフ

ジェッタ

ゴルフプラス

ゴルフGTI

1007

407

1シリーズ

3シリーズ

Aクラス

Bクラス

CLS

ルーテシア

300C

159

アルファGT

ソナタ

グレンジャー

ひと目でわかる

輸入車相関図

ドイツ車勢の優位変わらず。
なかでも人気はラインアップが充実したコンパクトクラスとプレミアムクラスに集中。
ラテン系メーカーは独自路線を貫き、クルマ好きにアピール。

担当（28歳女性・普段は小説担当）によれば、本書の中で輸入車とスポーツカーの章が一番、面白かったそうだ。かつて文学少女だった彼女は、さほどクルマに興味がなく、輸入車を買う予定もない。でも読み物として興味が持てたという。

それは、それぞれのクルマのキャラクターがはっきりしているからだろう。ひと口に輸入車と言っても、ひとつのカテゴリーでくくれないほど、多種多様。それぞれの個性がまったく違う。最近はアウディやアルファロメオのように、その違いを「顔」でも表現するメーカーが増えてきた。そして走りにも「お国柄」がはっきりと出る。

欧州車メーカーも資本再編成の中で、たとえばジャガーやボルボはフォード傘下となった。それで個性が減ったかというと、その反対だ。

フォードとしては、各々のブランドが個性的になってくれなければ所有した意味がないわけで、以前にも増してブランドイメージを明確にしようとする傾向にある。ジャガーは昔よりもジャガーらしく、ボルボはさらにボルボらしく。さながら漫画の登場人物のようにキャラ立ちし、ブランドイメージを抽出して濃厚な味となっていく。

それでもEU統合直後の頃は、たとえばフランス車もヨーロッパ全土で売られるようになると、ドイツでも通用する必要性が出てきて、一時的に、お国柄が薄れた時期があった。とくに走りの面でその傾向が強く出て、ドイツ車的に締め上げられた足を与えられたフランス車が多く見受けられた。それは前作の頃だ。

ところが最近は、またお国柄を反映したオリジナルな、しなやかな乗り味に戻っていく傾向にあるようだ。輸入車を好むユーザーには歓迎すべき傾向だろう。

中途半端なクルマでは生き残れない時代になってきたということなのかもしれない。

ゴルフ【フォルクスワーゲン】

運転しやすさナンバーワン、究極の実用車

新型ゴルフのことを、みんながほめている。業界で自動車評論家と名がつく者が、「ゴルフなんて……」と否定的意見を述べるなら、「アイツはわかってない」と言われるはずだ。でも、僕は思う。ゴルフは確かによい車だが、退屈する。

以前、ホリデーオートの連載コラムで、アルファ１４７と比較して「ゴルフで都内を運転していて退屈だった。ハンドルを切ってもアルファのようにはピュッと曲がらない、アクセルを踏んでもブォーンと飛び出ない。エンジンもグワッと吹き上がらない。でも、これこそが、実用車であるゴルフに対するほめ言葉なのである」と、書いた。

その記事を読んだＶＷ広報の人から、その年のジャーナリスト協会の忘年会で、声をかけられた。

「太田さんの記事を読ませて頂きました」

「（ドキッ）。何の記事でしたかね？」

「ホリデーオートでした」

「どんなこと書いたか忘れちゃったなあ（と、とぼける）」

「退屈、と感じることが実用車ゴルフに対する最大のほめ言葉。太田さんがこんなことを書いてくれたって広報部内で話題になって。まさにあれがゴルフの本質であると、みんなで喜んだのです」

「（皮肉かな？　と内心思いつつ）ああそうですか、そりゃどうも」

もう少し説明しよう。たとえば以前乗っていたアルファ１５６ＧＴＡは僕のお気に入りのひとつだ。３・２ℓエンジンを搭載したセダンだが、ステアリング・レシオがクイックなので、ハンドルを切るとピュッと曲がり始める。僕はこれが好きなのだが、あるときこの短所に気がついた。

友人に高速で運転を代わってもらったときのことだ。彼はスピードを出すうえ、ステアリングをラフに切るので、クルマが蛇行する。本人は感じていないようだが、眠るつもりだった僕は、眠るどころじゃなくなった。

一般的に、レーシングドライバーは乱暴な運転をすると思われているかもしれないが、そんなことはない。７００psのマシンを３００km／hで走らせるときは、繊細なステアリングワークが必要だ。素早く切るとしても、ラフには扱わない。むしろ、運転に不慣れな人ほど、切るタイミングが遅れてラフな修正操作をしがちだ。そのアラは高速になるほど目立ってくる。そんな人には、１５６ＧＴＡのようなクイックなハンドリングよりも、むしろダルな方がよい。つまりゴルフは、ゆっくりした速度域ではクイックさに欠けることを承知で、ドイツ人のおばあさんが雨のアウトバーンをすっ飛ばすことも想定しているのだ。

本書の担当女性編集者（運転へた）に言わせれば、１００台運転した中で、一番運転しやすかったのはゴルフだったそうだ。「ハンドルを切ったら切っただけ曲がって、アクセルを踏んだら踏んだだけ出て、とくにブレーキは国産車みたいにキュッと止まらないから、怖くなかった。とっても運転しやすかった」と言っていた。

僕が退屈に感じるようなクルマだからこそ、運転者が変われば最大評価となるのだ。そう思って改めて運転してみると、なるほど運転がしやすい。この方が同乗者にもやさしい。ゴルフは実用車。これでいいのである。

spec/GLi

○全長×全幅×全高：4205×1760×1520mm○ホイールベース：2575mm○車両重量：1380kg○総排気量：1984cc○エンジン型式：直4DOHC○パワー/トルク：150ps/20.4kg-m○10・15モード燃費：12.0km/ℓ○サスペンション(F/R)：ストラット/4リンク○ブレーキ(F/R)：ベンチレーテッドディスク/ディスク

●現行型登場年月：
04年6月(FMC)／05年10月(MC)
●次期型モデルチェンジ予想：
09年6月
●取り扱いディーラー：
全店

grade & price

E	¥2,404,500
GLi	¥2,793,000
GT	¥3,412,500
GTX	¥3,675,000

プロフィール▼ ＦＦハッチバックの世界基準を作り上げ、未だにそのベンチマークであり続けるのがゴルフだ。初代が登場したのが１９７４年のこと。現行モデルで5代目にあたる。日本国内において、累計販売台数トップであり、年間販売台数でもナンバー１の座を維持している。その内容は常に進化を続け、サイズ的には拡大傾向にあるが、ひと目でゴルフとわかる確固たるアイデンティティは初代より変わるところはない。

メカニズム▼ ＶＷが力を入れているＦＳＩ（直噴）エンジンを搭載し、ミッションについてはクラス初となる6速ＡＴを搭載している。またパワーステアリングは電動だが、ダイレクト感とナチュラルなフィーリングをうまく両立させたセッティングで、ありがちな軽快感だけを強調したものではない。ボディ剛性については連続して可能なレーザー溶接を採用することで飛躍的に高められている。さらに安全性もサイドをカバーするカーテンエアバッグを全車に標準で装備するなど、高いレベルを実現しているあたり、じつにＶＷらしい点だ。

走り／乗り心地▼ じつにしっとりとした味わいで、尖ったところはまったくなく、街乗りでは小気味よく走る。さらに高速では高い直進安定性を披露してくれる。

使い勝手▼ 室内は広く、ゆったりドライブできるが、ボディサイズは大きめ。小型車感覚だと取り回ししづらいことも。

こんな人にオススメ

ボディ剛性の高さが、安定感と高級感をもたらすよい例。ボディがしっかりしているから、柔らかい足のセッティングでも高い操縦安定性が保てる。足が硬いかつてのドイツ車ではなく、低速も高速も乗り心地がよい。あまり目立ちたくはないけれど、自分は物事がわかっていると思っている人へ。あるいはそう思われたい人に。ただしそれが優等生的で鼻につくと思われる危険性もあるから注意。

ジェッタ【フォルクスワーゲン】

ゆったり気分で運転したいなら

ジェッタという名前を最近あまり聞かないけど、まだあったんだ⁉ 確かハッチバックのゴルフにトランクをつけてセダンにした車だったよな。だったらこの本では項目を変えずに「ゴルフ／ジェッタ」でいいか。と思っていたら、ＶＷ広報氏から「まったく別の車なんです」と言われた。ゴルフよりも25㎜幅が広く、３６０㎜全長が長く、全高も50㎜低い。ヘッドライトはゴルフと共通だが、グリルやバンパーそしてサイドパネルもまったく違う。ゴルフとパサートの間を埋める新型車なのだそうだ。

もともとジェッタは１９７９年に初代が登場した。その頃はゴルフにトランクをつけただけの「ポン付け」だった。その後、別車種であることを明確にするため名前を変えてベントが登場し、ボーラに引き継がれ、今回のジェッタの再登場に至る。

ボーラのユーザーが高齢化し50代後半となり、その上のクラスのパサートは50代前半で「ねじれ現象」が生じていた。フルラインアップメーカーを目指すＶＷとしては、ユーザーの囲い込みを行ないたい。そのためには上級クラスになるにつれユーザー年齢も上がるという順列の方向に修正したい。デザインと名前の響きから来るボーラの高齢イメージを是正するために、往年のジェッタの名前が採用された。

でも、もう昔のジェッタではない。ポン付けセダンではない。新しく若々しいデザインが施された。30代から40代への若返りを狙っている。

しかし、実際に乗ってみると、非常にゴルフに近いフィーリングだった。さもありなん、エンジン、トランスミッション、足周りの基本パーツはゴルフと共用で、全体でも70パーセント近くの部品を共有する。ボディサイズは大きいが、ホイールベースは一緒だ。ただジェッタの方が重量があり、足周りがラグジュアリー志向になっていることもあって、ゴルフよりもしっとりした重厚な乗り味となる。

ターボモデルも用意される。エンジンはゴルフＧＴＩと共通で、パドルシフト付きのセミＡＴ（ＭＴベース２ペダル）のＤＳＧも搭載されたが、残念ながらＧＴＩの称号は与えられなかった。パフォーマンス的にはゴルフＧＴＩに近いが、足周りはＧＴＩのサスとは違って、路面からの突き上げが少なく、もっと落ち着いた乗り味。スポーツサスと謳《うた》うが、スポーティにギンギン走るのではなく、余裕のスペックでゆったりとした気分で快走する使い方だろう。

凝った作りの電動パワステはさらに熟成された。最近は国産メーカーのパワステも進歩してきているが、まだまだリードしている。しっとりしたフィーリングは電動とは思えないほどだ。

ブレーキは国産車にありがちなツンと過敏に利くようなフィーリングではなく、踏んだら踏んだだけ利く。ハンドルもひゅいっとは曲がらないがじわーっと切っただけ曲がる。そうしたゴルフ譲りの扱いやすさを持っているから、高齢者や初心者にはとても運転しやすいはずだ。

フロントのデザインが若返ったとは言え、全体の印象としては、僕の目にはおとなしく見えるし、内装デザインもゴルフよりも上質な素材を使って上質な雰囲気を醸し出している。全体のデザインはオーソドックスなゆえ、年齢層高めコンサバティブな人向けという感じはする。

spec/2,0

○全長×全幅×全高：4565×1785×1470mm○ホイールベース：2575mm○車両重量：1410kg○総排気量：1984cc○エンジン型式：直4DOHC○パワー/トルク：150ps/20.4kg-m○10・15モード燃費：12.0km/ℓ○サスペンション(F/R)：ストラット/4リンク○ブレーキ(F/R)：ベンチレーテッドディスク/ディスク

●現行型登場年月：
06年1月(FMC)
●次期型モデルチェンジ予想：
11年1月
●取り扱いディーラー：
全店

grade & price

2.0	¥2,890,000
2.0T	¥3,590,000

プロフィール▼ 初代ジェッタといえば、ゴルフのセダン版として79年に誕生し、日本でも人気を博したモデル。その後、ベントやボーラと名前を変えて存在し続けてきたが、ここに来て世界的にジェッタに統一され、日本上陸となった。新型は単にゴルフをセダン化したものではなく、フロントマスクこそ共通のイメージとなっているものの、ボディそのものは別仕立てだ。

メカニズム▼ エンジンは2ℓ直4で、NAとターボが用意されている。ただしターボといっても過激な味付けではなく、全域にわたる厚いトルクが自慢。MTベースのセミオートマ、DSGと組み合わせることで、ダイナミックな走りを楽しむことができる。NAはマニュアルモード付き6速ATとの組み合わせだ。

走り／乗り心地▼ シャーシ関係がほぼゴルフと共通なうえに、精悍なマスクからはソリッドな乗り味をイメージするが、実際にドライブしてみると、あくまでも実用セダンライク。じつにマイルドでしっとりとした印象を受ける。

使い勝手▼ スタイルは変われども、初代ジェッタで定評を得ていた広大なトランクは健在。527ℓと、国産Lクラス並みのスペースを確保している。さらに室内に関しても、ゴルフとは別のボディ形状としたことにより、ゴルフよりも余裕が増している点に注目だ。ウッドパネルやレザーを品よく取り入れることで、サルーンのようなテイストすら漂っているほど。

こんな人にオススメ

ゴルフと比べた最大の利点は、広大なトランク。ゴルフバッグが横向きに4個置ける。今まで上級クラスのパサートやボーラも横向きには置けなかった。ゴルフ（球技）をやる人にはジェッタはお勧めだ。そういえばゴルフ場には圧倒的にセダンで、ハッチバックやミニバンって見ないなあ。ちなみにゴルフ（車）の意味はゴルフ（球技）ではなく、メキシコ湾流のガルフストリームからきている。

ゴルフプラス【フォルクスワーゲン】

前方視界良好なゴルフ

そもそもなんでゴルフプラスが必要なのか。ゴルフでいいじゃないか。違いはいったいどこにあるのだろう。

全長も全幅も、乗車定員5名もすべて同じ。シートポジションを前席で75㎜、後席で85㎜上げて、その分屋根が高くなっているが、カタログ上ではそれくらいの違いしかない。

実際に乗ってみると、車高が高くなった影響とタイヤの違いで、ゴルフよりもコーナー限界が低くなり、ちょっと攻めるとタイヤがキーキーと悲鳴を上げる。でも扱いやすく安心感はある。どんなに攻めても、おっとっと、という挙動が出ないのは、さすがゴルフの兄弟だ。

それ以外に気づいた違いは、ゴルフよりもシート位置が高くダッシュボードが低いので、直前視界がよいことくらい。といっても僕は、ドアやダッシュボードにある程度の高さがあって多少閉鎖的な空間の方が安心感を持つし、その方がスペシャルティーカー的要素が強くなって格好よいと思う性質なので、ゴルフの方が好み。

ゴルフプラスはもっとずっとファミリーカー風で地味な印象だ。使い勝手を重視していくと、モノとしてのこだわり感がカタチから薄れていく。たとえばミニカーにしたときに、ほしいと思うのはゴルフの方だなぁ。

たとえばこれがトゥーランなら7人が乗れるので意義が感じられるけど、ゴルフと同じ5人乗りでカタチだけが普通のファミリーカーぽくなったゴルフプラスをあえて望む人がいるのだろうか?

ＶＷのマーケティング氏に聞いてみると、ゴルフだと前が見えにくいという声が女性からあったようだ。でも、それだったらアジャスターを調整してシート位置を上げればいいじゃないかと思う。ゴルフはダッシュボードが高いからこそ安心感があってそこがいいのだから。と、考えたのだが、じつは小柄な女性にとってはシート位置を上げて視界が確保できたとしても、今度はペダル位置がしっくりこなくなる場合があるらしい。

となると、ゴルフかゴルフプラスの選択は、奥さんが小柄かどうかによるのだろう。ディーラーに行って着座してみて、ボンネットが見えるようになるまでシート位置を上げ、ペダルがスムーズに踏めるかどうかで決めたらいい。

それにしても「少し前を見やすくして」という少数意見（大柄なドイツ人でそれを望む声はないだろう）に対処して新型車を開発してくる事実を捉えると、ずいぶんとＶＷが日本市場を大切にしているのだなあと思う。

外観には、「おっドイツ車だ」と言われるようなオーラはない。でも、とくにゴルフにハード面で負けているわけでもない。

昔、「ＶＷ」はひとつのブランドだった。しかし近頃は、ＶＷという特別なブランドだから選ぶ、というのではなく、使い勝手が良くて操縦安定性も高いコンパクトカーがほしくて、探したらＶＷのバッジがついていた、というユーザーが増えているようだ。

そして自分の好みよりも、奥さんに配慮してクルマ選びをする優しい男性も増えてきた兆しなのだろう。僕なんか、ヨメに「少しぐらい我慢しろよ」と言ってしまいそうで、ゴルフプラスの存在自体が驚きだ。反省。

spec/GLi

○全長×全幅×全高：4205×1760×1605mm○ホイールベース：2575mm○車両重量：1480kg○総排気量：1984cc○エンジン型式：直4DOHC○パワー/トルク：116ps/15.8kg-m○10・15モード燃費：12.2km/ℓ○サスペンション(F/R)：マークファーソンストラット/4リンク○ブレーキ(F/R)：ベンチレーテッドディスク/ディスク

●現行型登場年月：
05年11月（デビュー）
●次期型モデルチェンジ予想：
10年11月
●取り扱いディーラー：
全店

grade & price

E	¥2,457,000
GLi	¥2,845,500

プロフィール▼ その名のとおり、ゴルフをベースにして85㎜車高を高くしているのが最大の特徴となる。もちろんゴルフの資質をさらに高めているのだが、コンセプト的には「シティムーバー」というだけに、より気軽に楽しめるキャラクターに仕上がっている。ターゲットもゴルフより若い設定だ。見た目に関しては精悍さすら漂うゴルフに対して、じつにあっさりとしたスタイルに仕上げられ、もの足りない感じも。

メカニズム▼ エンジンは1・6ℓと2ℓの直4で、エンジン=グレードの違いとなっている。ミッションはどちらもマニュアルモード付きの6速ATが組み合わされる。そのほか、サスペンションも含めて、基本的にゴルフの機構を流用している。

走り／乗り心地▼ 車高が高いこともあってロールは大きめだが、しっかりとした乗り味はさすがゴルフファミリーといったところ。さらにシート座面を上げ、前方視界を確保したというだけに、取り回しもよく、女性でも楽に運転できるだろう。

使い勝手▼ インテリアに関してはゴルフからの流用ではなく、プラス専用。全体的に地味な印象だが、その分、じっくりと使い込むことができる。なかでもリアシートはスライディング機構を装備し、荷物に合わせて自在に変化させることができ、必要に応じて収納も可能だ。2列シートのミニバンと捉えることもできるほど、使い勝手はいい。

こんな人にオススメ

イメージとして、ゴルフは、30代独身のユーザーに。トゥーランは30~50代のファミリー層で子どもがふたりの家庭。7人乗りだからおばあちゃんを乗せてファミレスに出かけるときにも便利。そしてゴルフプラスは5人乗りだけど、ゴルフよりも室内空間が少し広い。30代で子どもがまだ小さい夫婦向け。とくに小柄な奥さんが運転する機会が多い人に。

ゴルフGTI【フォルクスワーゲン】

あまりの扱いやすさに快感

ゴルフは実用車だから退屈でいいのだけれど、スポーティモデルのGTIとなるとそうはいかない。どうなんだGTI。はたしてゴルフベースでスポーティになれるのか⁉

ゴルフGTIはゴルフGLiよりも約62万円高い341万円（DSG仕様）だが、現在、日本でこのモデルが売れている。販売開始当初月販300台！ というから、スポーツモデルの売れ方ではない。

どんな人に売れているのかというと、MT車がほしかったけど、渋滞中はクラッチ操作が煩わしいし、奥さんが嫌がるから無理だとあきらめていた人。そういう人は意外と多いと思う。

キーワードはDSG。セミATミッションのことだ。機構的にはMTだが、アクセルとブレーキのみの2ペダルで、乗り手の操作はATと同じ。パドルシフト付きだから、クラッチレスでシフトチェンジが可能となる。フル加速時に、DSGが素早くシフトアップし、そのたびに体がキュッ、キュッと押し出される感覚は、改めてMTの快感を覚える。

セミATは、今やF1マシンでは定番で、フェラーリの市販車でもF1マチックという名称で採用されている。そのF1マチックとDSGを比べると、シフトアップの速さでは同等、市街地でのスムーズさや使い勝手に関しては、DSGが上回る印象だ。

その他シトロエンやプジョー、アルファロメオなど欧州小型車の多くにセミATが採用されているが、現状ではGTIのセミATが速さと使い勝手において群を抜いている。とくに06年モデルからブレーキアシストが備えられ、坂道発進の際にブレーキを放しても2秒間は下がらないようになった。AT免許の人にとっても、ほとんどATとの違和感を感じないはずだ。

エンジンは、2ℓ直噴エンジンをターボチャージャーで武装し200ps／28・6kg—mを発生する。と言っても、同じ2ℓターボのランエボは272ps／35・0kg—mだから、スペックだけの比較ではたいしたことはない。しかし、このターボは実に低回転から利くのである。

最近の傾向として、国産車では一部のスポーツモデルを除き、実用車でターボを装着した車をみかけなくなった。僕個人はあのトルクフルなドッカン・ターボのフィーリングは好きだが、ターボラグがあって使いにくく感じるからだろう。燃費が悪いイメージもあるかもしれない。

ところがゴルフGTIは、信号待ちでアイドリングからちょっと踏んだだけでもツイてくる。一般的にターボは、信号スタートで一瞬、息継ぎしがちだが、GTIのターボは出だしから速いのだ。だから街中で実用的で扱いやすい。いちばん最初に乗り出したときは、NAかなと思ったほどターボらしくない。実にNA的フィーリングなのである。

それでいて高速で即座に追い越しをかけたいとき、NAではシフトダウンが必要となるケースでも、ターボだからポコンとアクセルを踏めば、瞬時に力強い加速を手に入れられる。つまり低回転ではNA的な扱いやすさを、高速走行ではターボパワーを存分に味わえる。しかも10モードは12・6km／ℓの好燃費だ。

GTIは予想と違って実に楽しい車だった。その気持ちよさが生まれてくる要因は、扱いやすさなのである。

アクセルを1㎝踏めばその分だけ車が動き、2㎝踏めばその分だけ加速してくれる。ブレーキを踏めば、乗り手が止まりたいと思った分だけきっちりと止まる。ステアリングはクイックではないが、切ったら切った分だけ曲がっていく。だからといって、ステアリングを大きく切ったところで、国産車にありがちな「もうこれ以上曲がれません」と、運転者を突き放すようなことはしない。いつも運転手が思うままだ。

この美点は、ベースとなったゴルフと同じ性格だが、ターボでパワーアップされたので、次元が上がって退屈ではなくなった。「意のままにスポーツ」である。

また、スポーティモデルでありながら、足ががちがちではないところも評価したい。とかくスバルやホンダ、あるいは欧州他メーカーの小型スポーツ仕様は、スポーツ=高い限界性=硬い足、となりがちだ。確かに限界性能を上げるには足を固める方向は有効だが、そうなるとクッションの利いた柔らかい乗り心地が失われていく。スポーツモデルとは言え、ガタガタした乗り心地は嫌だと思っている人は少なくないはずだ。僕もそのひとりである。まして運転する本人よりも後席の乗員はもっとつらいもの。GTIは乗り心地とスポーツとのぎりぎりの線をうまくおさえている。

柔らかい乗り心地と操縦安定性のバランスが高い次元でとれたのは、ボディ剛性の高さが起因している。通常はスポット溶接でボディを接合していくところを、ゴルフではレーザー溶接を使用してプレミアムクラスのアウディ並みに70mの長さで行なった。ボディがしっかりしたから、足を柔らかくしても、高い操縦安定性が保てる。旧来のドイツ車の足と違って、サスペンションをストロークさせて、適度にロールを許したしなやかさは、車の挙動を把握しやすくしてくれる。

GTIに限らずゴルフ全般にいえることだが、路面からの嫌な振動（雑味）はきれいに消えている。それでいて運転に必要となるインフォメーションは残してある点が見逃せない。

妻に運転させてみたら、「うーん、なんか地に足がついているというか。たとえばレクサス（IS）なんかだと雲の上に乗っている感じだけど、これはちゃんと地面にくっついているという感じがする」と、わかったようなことを言っていた。

さまざまな操作が、人間主体の考え方に基づき、運転しやすいようにできている。日本国内における車の開発は、リアルワールドでのテストが環境として難しく、とかくテストコースに重点が置かれがちだ。すると、ある局面では優れるものの、オールマイティさに欠ける面が出てくる。ゴルフの場合は、ものすごい距離を走ってテストしてひとつずつ潰していったのだろうなと感心させられた。

新型ゴルフは現代でもこのクラスのベンチマークたる存在だ。実用車だけどただの大衆車ではない。実用車としての理想を追い求めている作り手の思いが、乗っているとビシビシと伝わってくる。いつの時代もベンチマークたれ、先進であれ。それがゴルフのすごさである。

GTIはそうしたゴルフを踏襲したうえで、楽しさも取り入れた手軽なスポーツ。とあっては売れない理由がない。

これなら誰からも好かれるはずだ。

難点を挙げれば、勉強も運動もできる、でもあまりジョークを言ったりはしない生徒会長みたいなキャラクターに、自分が馴染めるかどうかである。

spec/GTI（6速DSG）

○全長×全幅×全高：4225×1760×1495mm○ホイールベース：2575mm○車両重量：1380kg○総排気量：1984cc○エンジン型式：直4DOHC○パワー/トルク：200ps/28.6kg-m○10・15モード燃費：12.6km／ℓ○サスペンション(F/R)：ストラット/4リンク○ブレーキ(F/R)：ベンチレーテッドディスク/ディスク

●現行型登場年月：
04年6月(FMC)／05年10月(MC)
●次期型モデルチェンジ予想：
09年6月
●取り扱いディーラー：
全店

grade & price

GTI(6速M/T)	¥3,255,000
GTI(6速DSG)	¥3,412,500

プロフィール▼ ゴルフの歴代モデルに用意されるスポーツグレードがGTIだ。実用性重視の他グレードに対して、こちらはホットハッチの要素を兼ね備えているといっていいほどで、存分にレベルの高い走りを楽しむことができる。また見た目に関してもフロントが専用デザインとなり、精悍なイメージを見る者に対して強烈に印象づける。まさにスペシャルモデルだ。販売面でも好調で、一時は受注を控えるほどだった。

メカニズム▼ なんといっても注目なのはMTに加えて用意される、6速のDSGだ。これはMTを自動で変速させるもので、通常のATにはないダイレクトな走りが楽しめる。また従来から問題だった変速時のギクシャク感を完全に解消しているのはさすがだ。組み合わされるエンジンは2ℓのターボ付き直4で、200psを発揮。サスペンションも専用チューニングが施され、スタビリティが高められているだけでなく、25㎜もローダウンされ、ローフォルムを作り上げている。

走り／乗り心地▼ イメージ的にはガチガチに固められているように思えるが、実際のフィーリングはじつに懐が深く、しなやか。ターボの利きも穏やかで変に主張するところもない。またDSGはシフトダウン時は自動でアクセルを吹かしてくれる。

使い勝手▼ あくまでも実用性に優れたゴルフということで、パッケージングは秀逸で、日常的に使うことができる。

こんな人にオススメ

とかくスポーツモデルと言うと、国産車の場合はマニアックになりがちで、ユーザーを限定してしまう傾向がある。GTIはさりげないスポーツなので、幅広い年齢層に受け入れられるはずだ。通勤にも普通に使える。ゴルフユーザーのなかにあっても特別の存在なので、実用車のゴルフとちょっと違ったスペシャルなゴルフを所有する喜びもある。

１００７［プジョー］

「使い勝手」をカタチで表現

プジョーの車種の呼称は3桁数字で表記される。たとえば２０６であれば、最初の2が車格、真ん中の0は固定、そして最後の6は世代を意味する。それと異なった4桁数字の名称が与えられたのは、１００７が新しいジャンルのクルマだということを示している。

どういう点が新しいのかというと、背高スタイル（国産車としてはもう珍しくはないが）と、電動両側スライドドア（コンパクトクラスでは世界初）を同時に採用したことだ。今までのプジョー（＝走りのイメージ）と違って、「使い勝手」をカタチで表現した。

セサミドアと名づけられたドアは、ドアノブに指を掛けずともキーのリモコン操作で自動で開く。荷物を持ったときは便利だし、ドアを横に開くスペースがいらないので狭いスペースに駐車したときに乗り降りも楽だ。

もうひとつの特徴は、内装のカメレオンコンセプトだ。オプションとして設定された交換キットを３万１５００円で購入すれば、シートクッションやエアコン吹き出し口のリング、ドアパネルなどインテリアの18個のパーツをまるで携帯電話感覚で着せ替え可能となる。実際にするかどうかは別として、その日の気分で着せ替えできるとなるとなにやら楽しそう。またこのシートクッションはドライクリーニングも可能だ。

楽しいといえば、運転も楽しい。スピードを出さなくても、タウンスピードで楽しめるのだ。

というのは2トロニックと呼ばれる2ペダル式ＭＴ（セミＡＴ）が採用されるからだ。慣れない人がＡＴのつもりで運転すると、変速時にクラッチが自動的に切れてギクシャクしたり坂道発進でずり下がったりするので違和感を覚えるだろうが、ＭＴを運転できる人ならパドルでシフトチェンジしてＭＴぽいダイレクト感覚を楽しめる。

足周りに関しては、２０６は一時的に硬くなっていた時期があったが、１００７には昔のプジョーのしなやかさが戻ってきているのがうれしい。

最近の傾向として、ファミリーカーでもロールせずにフラットライドなクルマが増えている。１００７はそうではなくてピッチングしたりロールしたり車体が大きく動くので、乗り始めはちぐはぐな感じがするかもしれない。けれども、しばらく乗っていると車の動かし方がわかってくる。運転のうまい人には、ある程度車体が動いた方が挙動がつかみやすく運転がしやすいし、自分で操縦している実感があって面白いはずだ。また足がしなやかなので、路面状態を選ばない乗り心地の懐の深さも利点だ。

リアビューミラーの上にもうひとつ小型のバニティミラーがあって、車内を見わたせるのも特徴のひとつ。運転席から助手席や後席に座った小さな子どもの様子がわかる。筆者が試乗会で気づいたときは助手席に男（編集）の顔が映っていたので有り難みがなかったが、女性が乗っていればちらちらと様子を窺えもするわけだ。

小さい子どもを持つママがターゲットであることをこのミラーの存在で推察した。となると、助手席スライドドア（片側）から子どもを送り出すお母さん御用達のポルテとキャラが被《かぶ》るが、雰囲気はかなり違う。ポルテは日本のお母ちゃん。１００７はフェラーリのデザインも担当するピニンファリーナの手による「元カタカナ職業のママ」のイメージだ。

spec/1.6

○全長×全幅×全高：3730×1710×1630mm○ホイールベース：2315mm○車両重量：1270kg○総排気量：1580cc○エンジン型式：直4DOHC○パワー/トルク：108ps/15kg-m○10·15モード燃費：──○サスペンション(F/R)：ストラット/トレーリングアーム○ブレーキ(F/R)：ベンチレーテッドディスク/ディスク

●現行型登場年月：
06年1月(デビュー)/06年10月(MC)
●次期型モデルチェンジ予想：
11年1月
●取り扱いディーラー：
全店

grade & price

1.4	¥2,030,000
1.6	¥2,310,000

プロフィール▼　セザムの名前でパリサロンで発表され、その登場が待望されていた106の後継車。ついに、車名が初めて4桁へと突入した。ただし、メーカーによると今後すべての車種が4桁化されるわけではなく、個性的なモデルについてのみに与えられるという。まず注目なのが、セサミドアと呼ばれる、コンパクトカーでは世界初となる両側電動スライドドア。ボタンひとつで、室内外両方から開閉でき、安全装置もしっかりと装備し、挟み込みにも対応している。

メカニズム▼　日本仕様についてはエンジンは1・4ℓと1・6ℓの2タイプが用意される。ミッションについてはどちらもMTベースのセミオートマの「2トロニック」を採用し、イージードライブを実現。これもプジョーでは初の搭載となる。

走り／乗り心地▼　「2トロニック」は慣れないうちはギクシャクすることもあるが、アクセルを多めに踏み込むことでキビキビと走らせることができる。またサスペンションの味付けも、プジョーらしくしなやかで、いわゆる「猫足」となっている。

使い勝手▼　広大な開口部を誇るセサミドアは、もちろん乗降性向上に大いに貢献している。ただし、リアシートへのアクセスはフロントシートを倒す必要があり、サイズ的にも必要最小限で、2＋2として考えた方がいい。ただし、リアシートは前後にスライドするだけでなく、ワンタッチで畳むこともできる。

こんな人にオススメ　欧州でエンプティネスラー（NESTLER）と呼ばれる層がある。子どもが巣立って残った夫婦の意だ。こうした層は、プジョーだったら307や207のカブリオレ（オープンカー）を選ぶ傾向があるが、1007も人気のようだ。さもありなん。背が高いので乗り降りは楽だしドアは自動だ。パドルシフトを駆使して街中をきびび走るのは楽しい。腕に覚えがあって運転が好きな老夫婦にも。

４０７【プジョー】

金属の魔術師プジョー

カタチも乗り味も国産車と似ているなら、あえて輸入車を選ぶ必要はない。値段の高い輸入車を選ぶのであれば、それならではの特色を求めたい。そう考える輸入車ファンは多いだろう。

そうなるとヨーロッパで求められるよいクルマと、日本で求められるよい輸入車はおのずと違ってくるはず。やっぱり日本車にはない特色がほしい。

プジョーらしさといえば「猫足」である。ところが近年、あのひたひたと猫のように走るクッションの利いたしなやかな足が失われる傾向にあった。それはＥＵが統合され、プジョーもフランス国内だけではなく、ヨーロッパ全土で、そしてドイツでも大量に売らなければならなくなったからだ。速度域が高いドイツに適合するクルマを作るためには、猫足とか言ってられなくなり、限界を上げなければならなくなった。

具体的には、２０６あたりまでは柔らかなボディとしなやかなサスペンションのセットで猫足を作り出していたが、さらにボディ剛性を強くして、サスペンションも硬いバネを入れて強くしなければならなくなった。そして３０７あたりからドイツ車的な乗り味の方向へ進み出した結果、プジョーらしさが失われた。

おそらく今度の４０７も、フランス車好きには残念だが、そうしたドイツ車的な方向に進んだのだろう、と僕は予想していた。ところが、実際に乗ってみると、これがなかなかの猫足であった。うれしい誤算だ。

どういうことなのだろう？

昔に戻ってボディを柔らかくしたわけではない。ボディ剛性は時代の要請であり、しっかりと作られていた。そしてサスペンションの横方向のねじり剛性も上げられていた。その結果、高速性能やコーナリング性能は、ドイツ車的に限界レベルが高いものになっていた。

しかし、縦方向はよく動く。つまり足がしなやかにストロークし、乗り心地はフランス車風なのだ。

それが可能となった具体的な手法は、素材と製法へのこだわりだ。

設計図面を見てみると、それほど凝った足周りをしていない。むしろシンプルな部類で、どこにあのしなやかさの秘密が隠されているのかと不思議に感じてしまう。

その秘密は素材選びなのである。

軽量化のためにアルミの部品を多用しながら、すべての部品をアルミ製とせずに、たとえば路面からのざらざら感などの振動を吸収しやすい鉄の特性を生かして、ハブキャリアなどは鉄製とした。アルミを使用するにも成分を調整して、部品によって硬さを変化させるという手法をとった。

もともとプジョーは１８８９年に自動車の量産を始める前は自転車屋で、その頃から金属の特性を利用するのがうまかった。自転車は今でこそサスペンションが装着されるようになってきたが、基本的にはフロントフォークやフレームのしなりを利用する。

プジョー４０７もサスペンションの横方向はしっかりと位置決めし、縦方向はしなやかに動かして、乗り心地をよくして雑味を取る。そんな手法を活用して、新しい時代のフランス車作りの方向性をつかんだのだ。その第一弾が４０７なのである。

ところで、この４０７には２・２ℓと３ℓＶ６の２つのモデルがラインアップされる。まあ通常であれば、２・２ℓの方が安くてお買い得ですよ、と言いたいところだが、この2台はかなり違う。

２・２ℓ車はギアが4速ＡＴでしかもハイギアードなので、40km／ｈくらいまでの出足が鈍い。

Ｖ６車は、実用的なトルクを重視するヨーロッパ人の嗜好を考慮して低回転からでも力がある。しかも6速ＡＴでギアがクロスしているので、力を有効に発揮しやすい。

そして何といってもＶ６車のみ採用されている可変ダンパーは、とくに40km／ｈ以下での猫足度が２・２ℓ車よりもずっと高い。

２・２ℓ車でも、巡航に入ってしまえば猫足が出てくるが、ゼロからの発進では猫足は出てこない。

ステアリングのフィールも高級なのはＶ６の方だ。２・２ℓは、燃費に有利な電動パワステを採用する。Ｖ６は油圧パワステを採用するので、ステアリングフィールがしなやかとなる。可変ダンパーの猫足とあいまってひたーっと走る高級感とラグジュアリー性をうまく演出する。

そして山道に入ってスピードを上げると、可変ダンパーが今度はきつく減衰力を上げるので、ボディの安定感が増す。

このようにＶ６と２・２ℓでは圧倒的に性能が違うのだ。価格差は同じ程度のグレードで比較して30万円だから、これはもう４０７の場合は絶対にＶ６をおすすめしたい。

販売台数も通常の車種であれば圧倒的に下位モデルが大半を占めるものだが、プジョー・ジャポンは40パーセントをＶ６で売り上げるつもりだ。

輸入車を買うのであれば、輸入車ならではの特徴を持ったクルマがいい。そういう意味ではＶ６モデルこそがプジョーらしい。

デザインに関しては、先代の４０６はちょっと国産車っぽいというか普通な感じのデザインだった。よく見れば細部のデザインにフランスのエスプリが生かされていて、それをマニアな人はかえって喜んだが、そうでない人から見ると、ぱっと見ではそんなに国産車と変わらないデザインをしていた。

それが４０７ではピニンファリーナによるフェラーリのような（あくまでも「ような」。今回は社内デザイン）デザインのラジエター開口部や、バックライトの意匠などに、最近のトレンドを取り入れたプジョーらしい独特のデザインを得たことは喜ばしい。

ただし、相変わらずウインカーやワイパーなどのスイッチ類の操作感は、プラスティッキーなパキーンとした安っぽい感触で、もちろん性能的には問題ないのだが、高級な操作フィールからは程遠い。やはり４００万円からの高級車であればこういう微細なことも大事なはずだ。そういう点でやはりアウディやＢＭＷの方が高級車づくりに関して一日の長がある。

これについてプジョー・ジャポンのマーケティング氏は、「やっぱりそういうところがプジョーなんですかねえ。金属素材の使い方はうまいけど、プラスティックの使い方はいまいちですねえ」と、うまい冗談で返した。

いっそのこと、ウインカーレバーも金属で作ったらどうだろう。

……僕の下手なジョークである。

spec/Sport2.2

○全長×全幅×全高：4685×1840×1460mm○ホイールベース：2725mm○車両重量：1560kg○総排気量：2230cc○エンジン型式：直4DOHC○パワー/トルク：158ps/22.1kg-m○サスペンション(F/R)：ダブルウィッシュボーン/マルチリンク○ブレーキ(F/R)：ベンチレーテッドディスク/ディスク

●現行型登場年月：
05年6月（デビュー）
●次期型モデルチェンジ予想：
10年6月
●取り扱いディーラー：
全店

grade & price

ST 2.2	¥3,600,000
Sport 2.2	¥4,000,000
Sport 3.0	¥4,300,000
Executive 3.0	¥4,300,000

プロフィール▼ プジョーを代表するミドルクラスセダンだが、クーペとワゴンについてもラインアップしている。ピニンファリーナのデザインをベースに社内デザイナーが手を加えており、最近のプジョーのアイデンティティである「動物顔」に仕立てている。曲線をうまく取り入れた、流麗なスタイルが印象的だ。

メカニズム▼ エンジンは2・2ℓ直4と3ℓV6の2本立て。トランスミッションは前者が4ATで、後者が6ATとなっている。また安全性にも配慮されており、9つものエアバッグを装着する。

走り/乗り心地▼ プジョーといえば、しなやかで懐の深い猫足が特徴だが、407も例外ではない。ただし3ℓモデルにはボタンひとつで硬さが変わる可変ダンパーを採用しているので、よりしっかり感を高めることができ、スポーティな走りが楽しめる。エンジンのフィーリングは、低速から太いトルクが出る3ℓの方がストレスがないだろう。また最廉価グレード以外はレザーシートが標準となる。作り自体もフランス車の例として肉厚でクッションも絶妙で、ゆったりとした乗り心地が楽しめる。

使い勝手▼ スタイルだけでなく、使い勝手に合わせて、セダン/ワゴン/クーペから選ぶのもいいだろう。インパネ周りは日本向けにアレンジが加えられており、カーナビやマルチファンクションディスプレイなども付く。

こんな人にオススメ
プジョーらしい猫足と、ドイツ車的なしっかり感と操縦安定性の高さの融合。フランス車の香りは、乗り味にもデザインにもぷんぷんただよう。せっかく値段の高い輸入車を選ぶのだから、単に性能が高いだけではなく、フランスならではの味がほしい、そう考える人に。僕もそう。407に関しては2・2ℓ車よりもV6モデルが絶対におすすめ。

1シリーズ【BMW】

BMW初のスモールHB

現在、このCセグメントは欧州において最大の激戦区である。

欧州のメジャーメーカーは、すべてラインアップにハッチバック（以下HB）を用意している。VWゴルフ、アウディA3、ルノー・メガーヌ、オペル・アストラ、アルファ147、プジョー307など、強豪がひしめいており。それらのクルマの多くは平凡な実用車としてではなく、はっきりとキャラクターを打ち出している。

その中に割って入る1シリーズ。BMWらしさをどう演出できたのか？他のライバルになくて1シリーズだけにあるものは——。

1シリーズは、初めてBMWが出したスモールHBだ。最大の特徴は、ライバルの多くがFFを駆動方式に選ぶのに対して、FRである点だ。FRだとセンタートンネルが後席の足下を圧迫するので、FFに比べて室内の居住性が悪くなる。スモールHBには不利なレイアウトであるにもかかわらず、あえてFRを採用した意図は何だろう？　その答えは走り出すと見えてくる。

販売上のライバルと想定されるVWゴルフ、アウディA3のときはそうは思わなかったけれど、僕は1シリーズのステアリングを握って走り出してひとつ目の角を曲がった瞬間、「このクルマがほしい」と思った。理屈ではない、フィーリングだ。それはどこからくるのだろう？

それは何よりもステア・フィーリングのよさだ。切ったときの感触がしっとりしているのだ。そして操舵に少しも反応遅れがなく、それでいて過敏なこともなく、切ったら切っただけ正確に車の鼻先が反応する。ステアリングレシオがそれほどクイックなわけではないが、自分の腕の延長上にタイヤがついているように感じた。

FRであることで前輪が駆動力から解放され、前輪が操舵に専念できていることが、良好なフィールをもたらす要因だ。また前後の重量配分がほぼ50対50と理想的であることも貢献している。プラットフォームもサスペンションも新設計。新型3シリーズにも流用されている。

「このクルマがほしい」のもうひとつの理由は、エンジンフィーリングのよさだ。メイングレード120は、直列4気筒2ℓユニット。バルブトロニック、ダブルVANOS、DISA（共鳴過給吸気システム）などの機構を備え、最高出力150ps、最大トルク20・4kg—mを発揮する。最高出力はたいしたことがないが、実際にはスペック以上によく走る。低い回転域からレブリミットの6200rpmまで、BMWらしい「絹」のようなきめ細かい鼓動を伴って気持ちよく吹け上がる。

そして乗り味。不快なビビリ振動やキックバックが極端に少ない。スモールHBとは思えない重厚で上質で高級感溢れる乗り味が魅力だ。

他のスモールHBは、たとえばアルファロメオやアクセラは、ヒラヒラと鼻先が過敏に動く感覚。少し演出じみたところがある。僕は好きだが、万人向けではない。

一方、ゴルフはどっしりとしていてスポーティな感じではない。

1シリーズはどうかと言うと、駆け抜ける悦び、ちょうどいいバランスだ。HBだけど、スポーティ+プレミアムのイメージだ。

足のセッティングは、低速走行では乗り心地硬め。しかし、巡航速度に乗れば、路面からの突き上げはそんなに気にならなくなる。姿勢安定性が高いので、高速になればなるほど乗り心地が良くなる。そういう点ではいかにもドイツ車的。

一方、荒れた路面や強くうねっているような路面では、サスペンションのストロークが短いこともあって、車体がバタバタと上下に暴れる傾向があった。凸凹道よりもフラットな路面に合わせたセッティングだ。

そして何よりも1シリーズの強みは、攻め込んだときに見えてくる。

峠を飛ばして改めて「いいなあ」と強く感じたのは、奥が曲がり込んだブラインド・コーナーで、ライバルのＦＦではアクセルを戻してアンダーを出さないようにして我慢するしかないところを、1シリーズだとさらにステアリアングを切り足してあげればノーズがインを向いてくれることだ。前輪が駆動力から解放されたＦＲだから、舵が利く角度が大きいのだ。

さらにそこでアクセルをタイミング良く踏み込めばもっと曲げられる。ＦＦのようにアンダーステアが少ないから、安心してそれだけ気持ちよくアクセルを踏めて気持ちよくコーナリングができる。どんなときも乗り手の意思を裏切らないという信頼を乗り手に与えてくれることが、1シリーズの強みだ。

これは他の前輪駆動のライバルではできない芸当だ。

後輪駆動だからＢＭＷを選択した、というＢＭＷユーザーは多いのではないだろうか。ＢＭＷは「車が動く」ということを考えたとき、重量配分の面でも、駆動と操舵を分けられるという面でも、後輪駆動が理想的だと信じている。僕もそう思っている。それは限界走行に限らない。ゆっくりと走ったときでも十分に感じられることだ。

ただし、1シリーズは、日本でどんな人が買うのだろうかということを考えてみると、まったくイメージがわいてこないのも事実である。

日本では現在、スモールＨＢはまったく人気がないからだ。国産ハッチバックは1・6～2ℓクラスよりも下のクラス、すなわちマーチ、ヴィッツ、フィット、ブーンなどのコンパクトＨＢが主流だ。「実用車」「女性の買い物用」「1マイルカー」というイメージだ。大人の男でＨＢに抵抗を感じる人は少なくないだろう。

だからといって、1シリーズはゴルフやアウディのようにお金持ちの奥さま向けではない。あのハンドルの重さだけをとっても、作り手がそこを狙ってないことは明らかだ。引き締まった足の硬さ。ＦＲ。やっぱり男のクルマだ。1シリーズを選ぶ人は「クルマを走らせる楽しみを知っている男」に尽きるはずだ。

もし、大多数の人々から「うわっ、すごいクルマ！」と見られたいと願う人は、もっとガラが大きくて見栄の張れるセダンを選ぶだろう。1シリーズを選ぶ人は、万人にカッコ良く見られたいという価値観とは離れたところに意識があると思う。

かつてＢＭＷ3シリーズが「六本木のカローラ」と呼ばれた時代があった。そう呼ばれてあえてＢＭＷを選んだ人はいないだろうが、もし、いたとしたらそういう人は1シリーズを選ばないだろう。六本木のカローラと対極にあるのが1シリーズの価値観だから。

わかる人からわかってもらえればそれでよい。家族のためでもなく、周りの目を意識してでもない。自分に自信を持って、納得して、人生に彩りを与えるために自分で買う。そういう大人の男のためのクルマ。

spec/120i

○全長×全幅×全高：4240×1750×1430mm○ホイールベース：2660mm○車両重量：1370kg○総排気量：1995cc○エンジン型式：直4DOHC○パワー/トルク：150ps/20.4kg-m○10・15モード燃費：12.4km/ℓ○サスペンション(F/R)：ストラット／5リンク○ブレーキ(F/R)：ベンチレーテッドディスク/ディスク

●**現行型登場年月：**
04年9月(デビュー)／05年10月(MC)
●**次期型モデルチェンジ予想：**
09年9月
●**取り扱いディーラー：**
全店

grade & price

116i	¥2,888,000
118i	¥3,245,000
116iMスポーツパッケージ	¥3,308,000
118iMスポーツパッケージ	¥3,605,000
120i	¥3,665,000
120iMスポーツパッケージ	¥4,025,000
130iMスポーツ（6速MT）	¥4,870,000
130iMスポーツ（6速SMG）	¥5,020,000

プロフィール▼ 登場したのは、04年のこと。それまではハッチバックボディを持ったことがなかったBMWが、欧州でメインとなるCセグメントに投入したのが1シリーズだ。

メカニズム▼ BMWが満を持して投入しただけに、ボディはもちろんのこと、プラットフォームやサスペンションを新開発としている。エンジンについては直4のみで3タイプが用意され、当初からの118iと120iが2ℓ、116iは1・6ℓに加え、05年には265ps発生の3ℓ直6を搭載するホットモデル130iMスポーツが追加されている。ミッションは6速MTの130iMスポーツ以外はマニュアルモード付き6速AT。駆動方式は車内スペースを犠牲にしながらもFRにこだわり、前後重量配分もBMW伝統の50対50を実現している。

走り／乗り心地▼ 4気筒モデルでも、バルブトロニックなどの採用で、じつにBMWらしい滑らかで気持ちのいい吹け上がりを楽しむことができる。またボディ剛性が高いうえに、ハンドリングもしっかりとしており、上級シリーズ同様のソリッドでスポーティな走りを楽しむことができる。他メーカーのライバルとは一線を画する、プレミアムコンパクトの風格十分だ。

使い勝手▼ 車内空間はそれほど広くはないが、自動内気循環システム採用のエアコンやオンボードコンピュータなど、装備も豪華でコンパクトとは思えない快適性を実現している。

こんな人にオススメ

大勢から、すごい車に乗ってますね、と見られたい人は、もっと大柄で見栄の張れる高級セダンを選ぶべき。1シリーズを選ぶ価値観はそんな意識とは対極にある。自分がよいと思ったら脇目もふらずわが道を行くタイプで、自己の選択眼に揺るぎない自信を持った人が乗るべきクルマ。僕が考える大人の男のひとつの理想型。でもちょっと間違うと頑固ジジイになりかねないから注意が必要。

3シリーズ【BMW】

作り手のこだわりが伝わってくる

国産車メーカーの、スポーティ・セダン開発担当者の誰もが、3シリーズを研究し尽くすと言っても過言でない。先々代E36、先代E46の「走る喜び」に僕自身心酔していた。傑作車だと捉えていた。ところが、新型7シリーズ、5シリーズがあの i ドライブを採用して登場し、「車をわかっている人が作ったBMW」の神話が崩れた現在、残る3シリーズの行方を僕は案じていた。そして今回、ラインアップ中、最後となる3シリーズが満を持してフルモデルチェンジを果たした。

広報資料を見る限りは大きな変更点はない。キャッチフレーズは、相も変わらず重量配分50対50。アルミ製フロントサスペンションに5リンクリアアクスル、そしてFR。モデルチェンジしてもコンセプトはまったく変わらない。

しかし、実際に走り出してみると、乗り心地がとってもよくなっていることがすぐにわかる。先にモデルチェンジした7シリーズ、5シリーズに共通する重厚さを感じられる乗り味となった。それは良いことなのだが、その分、高速道を流してみると、車体がふわっと揺れる傾向があり、かつてのBMWらしい引き締まった乗り味ではなくなった。旧E46はとても精度が高いステアリングで、まるで自分の腕の延長であるかのようだったが、フロントタイヤの位置決めの精度が落ちた印象は否めない。

このように進化軸上では疑問が残るのだが、他メーカーとの比較では、やはりなおもよいクルマである。箱根の山道を飛ばしてみたら、さすがBMWと思った。足が柔らかくなっても、限界付近ではよく曲がるし、挙動が安定しているので安心感が持てる。操縦安定性は依然として高い。

この点に関しては、マークXとは対照的だ。マークXの場合は、唐突に滑り出すリアを、飛び道具（スピン防止装置）で抑えようとする。開発者は3シリーズを意識したというが、限界領域での挙動のあり方に関して、思想の違いを感じる。

3シリーズのボディのねじれ剛性25パーセントアップは、運転してみるとすぐにわかる。基本性能を上げることで、車体の操縦性を上げようとする考え方は変わってはいなかった。それはよかった。

中立部分がわかりやすく、かつしっとりしていて気持ちよいステアリング・フィーリングも残っていることにも安心した。クラウンでさえ先のモデルチェンジで電動パワステとなったが、3シリーズは今回も依然、油圧にこだわる。ステアリング・フィーリングは、高級車として、また運転に有用な情報を伝える手段として最重要であるとBMWは考えている。そこに僕は共感する。

ボリュームゾーンとなる３２０の２ℓ直４エンジンは、わずか１５０psで、国産車のレベルに比べるとスペック的にはたいしたことはない。しかしバルブトロニックで特装し、どの回転数からアクセルを踏み込んでも踏み込み量に忠実に反応する。何よりもシュイーンと吹け上がるエンジンフィールの気持ちよさは、そんじょそこらの国産Ｖ６よりも上だ。実用的パワーとそのフィールのよさはスペックでは語れない。内装の見た目もそんなに豪華なわけではないが、むしろ乗ってみて初めて感じる「動的な高級さが、今回の3シリーズでもやはりウリなのだった。

自動車メーカーに限らず大方の企業がそうだと思うが、新任者は前任者の手法を否定することから始まるものだ。また、最近の国産車メーカーは、ユーザーの考えや流行りを多く取り入れたクルマを作ろうとする傾向がある。だから、スカイラインのように名前は一緒でも違うクルマがときどき出現する。そして、前モデルが持っていた美点が失われてしまいがちだ。

ＢＭＷの特徴は、ユーザーが何を考えているかということではなくて、作り手がこうあるべきというクルマを作っていることだ。

たとえば、ランフラットタイヤの採用がそうで、おそらくユーザーはあのごつごつしたフィール自体は好まないだろう。しかし、ＢＭＷの作り手は、高速走行中に万が一タイヤがバーストしたら、ランフラットタイヤの方がよいのだ、という信念に基づいて車作りを進めている。

たとえば、３３０は、世界でも珍しくなった直6ユニットを今回も採用する。直6はV6に比べて、前後のスペース効率では劣るが、重心位置が低くなるメリットを考慮してのことだ。さらに、今回から、クランクケースにアルミよりもさらに軽量なマグネシウム合金を採用した。

エンジンルームを覗いてみると、エンジンを目いっぱい室内側に後退させてフロント部には隙間《すきま》ができる位置に搭載していることがわかる。そこまでして50対50の重量配分を作ろうとしている。そうしたこだわりの積み重ねにより、限界領域での安定性や操縦安定性と乗り心地とのバランスが生まれている。だから操縦安定性を今までのレベルにキープしたまま、足を柔らかくすることができたのだ。

結局は、ユーザーに気づかれないようなところまでも、作り手が手を入れるかどうかがブランドの力なのだ。見た目をよくして、ユーザーにはわからないところでコストを削減するのも、ひとつの方法かもしれないが、たとえばルイ・ヴィトンのかばんのように、高級なイメージは、本当に10年くらい使ってみてわかる「作り」によりもたらされるものだろう。

よい意味でユーザーの声を無視して、作り手がこだわりを推し進めている。それがブランドの信用力につながっている。

3シリーズは今回もキャッチフレーズは一緒。「ウリは正常進化です」と、マーケティング担当者も言っていたが、彼もおそらく、変わらない部分が多くてよかったと思っているに違いない。

目新しさはないが、走りやiドライブの採用など変に先進性を強調しすぎた7シリーズ、5シリーズに対して、今回の3シリーズでは作り手のこだわりすぎの修正も行なわれた。残念ながら（？）ｉドライブは採用されてしまったが、エアコンは別スイッチがつき、ラジオのボリュームも個別ダイヤルで調整できるようになったのはよかった。

ただし、フルモデルチェンジしてサイズが大きくなったのは残念だ。ボディ幅は前モデルより30㎜拡幅して１８１５㎜で、先代5シリーズと比べても15㎜ほど幅広い。ホイールベースも35㎜延長されて２７６０㎜だ。幅はフーガよりも大きくてレジェンド並み。最近はゴルフにしても3シリーズにしてもそうだが、ドイツ車はモデルチェンジのたびに大きくなる。もうここらで止めてほしいものだ。

ＢＭＷジャパンのマーケティング担当に理由を尋ねたら、ドイツ人の平均身長が年間１㎝ほど伸びているからだそうだ。——いったいドイツ人、どこまでデカくなる気だッ。

まあ、下に1シリーズができたこともあるし、時代が要求する安全装備が増えていることもあるし、値段は旧型から据え置き（装備を考慮すると40万円ほど安価）で大きなボディが買えるならよしとすべきかもしれない。

spec/325i

○全長×全幅×全高：4525×1815×1440mm○ホイールベース：2760mm○車両重量：1510kg○総排気量：2496cc○エンジン型式：直6DOHC○パワー/トルク：218ps/25.5kg-m○10・15モード燃費：9.3km/ℓ○サスペンション(F/R)：ストラット/5リンク○ブレーキ(F/R)：ベンチレーテッドディスク/ディスク

●現行型登場年月：
05年4月（FMC）
●次期型モデルチェンジ予想：
10年4月
●取り扱いディーラー：
全店

grade & price

320i（6速MT）	¥3,885,000
320i（6速AT）	¥3,990,000
320iMスポーツパッケージ（6速MT）	¥4,390,000
320iMスポーツパッケージ（6速AT）	¥4,500,000
323i	¥4,800,000
323iハイライン	¥5,084,000
323iMスポーツパッケージ	¥5,160,000
325i	¥5,250,000
325iMスポーツ	¥5,900,000
330i	¥6,250,000
330iMスポーツパッケージ	¥6,700,000
330xi	¥6,650,000
335i	¥6,680,000
335iMスポーツパッケージ	¥7,010,000

プロフィール▼
BMWを代表するMクラスセダン。5代目となる現行モデルは、初代登場からちょうど30周年となる05年に発表された。先代で用意されていたハッチバックモデルのtiシリーズは1シリーズが登場したこともあり、現行型では用意されていない。ラインアップ的には幅広く、全8タイプ。4WDモデルやステーションワゴンであるツーリングも用意される。

メカニズム▼
2ℓモデルは直4となり、2・5ℓ/3ℓモデルは直6となる。なかでも直6は量産車では世界初のマグネシウム・アルミニウム合金を採用し、大幅な軽量化に成功。またストレスのない吹けが自慢のバルブトロニックは全エンジンに採用されている。ミッションについては、6速ATをメインに2ℓモデルにのみ6速MTが用意される。

走り/乗り心地▼
パワフルに、そして滑らかに吹け上がるエンジンや、しっかりとしたボディ。さらに粘る足周りなど、じつにBMWらしい、スポーティなセダンに仕上がっている。

使い勝手▼
セダンとしての資質ももちろん高く、リアシートのスペース自体は広大でないものの、乗員がしっかりと座ることができ、長距離の移動でも疲れにくい。またトランクも容量はたっぷりだ。装備についてもかなり充実しており、お買い得な面もあるのだが、iドライブを始めとして凝りすぎて逆に使いにくい部分もあるのは確か。

こんな人にオススメ
走りやiドライブの採用など変に先進性を強調しすぎた7シリーズ、5シリーズに対して、3シリーズは作り手のこだわりすぎの修正が行なわれた。iドライブは付いてるが、エアコンやラジオは独立スイッチが設けられてよかった。7、5シリーズを前にして、オマエらわかってないな、とほくそえむ喜びと、乗った瞬間にこれぞBMWだと感じる伝統の乗り味は、モデルが新しくなっても健在。

Aクラス【メルセデス】

高級イメージを取り戻すも……

先代のＡクラスは、微妙な位置にあった。

知人の編集者は、ずっと小さなフランス車を乗り継いできて、あるときＡクラスに乗り換えた。本人はＡクラス自体を気に入っての指名買いなのだが、周りの人間から「なんだ、結局オマエ、ベンツのブランドがほしかったのか」と、あまりに言われて閉口し、半年もしないうちに手放した。

Ａクラスはメルセデス・ベンツのヒエラルキーの一番下にあるから、どうしても「ビンボー人がベンツに憧《あこが》れた」と思われてしまいがちだ。でもそれ以外に、Ａクラス自体にもそう思われてしまう要素もあった。

もともと小型車は衝突時に大型車並みの安全性を確保するのが難しい。そこでＡクラスは床を二重構造とし、エンジンを床の間に挟み込むサンドイッチ構造をとった。衝突時にはエンジンが床下にもぐり込むし、相手の車のバンパーがＡクラスの乗員の着座位置よりも低いところに衝突するので、乗員の安全が確保される。そんな考えに基づいていた。

しかし不幸なことに、ある自動車雑誌が行なった急激な車線変更テストで転倒し、その事実が世界中に広まってしまった。そのテストの内容は他の車でも転倒しかねない厳しい条件ではあったが、「メルセデスの安全神話がひっくり返った！」と、過度に伝わってしまった気の毒な面がある。

メルセデスとしては急遽、対策を施すことにした。しかしトレッドやホイールベースは今さら変えられない。足を固めてタイヤを太くして対策したので操縦安定性は高まったが、乗り心地がゴツゴツと硬くなってしまった。もともと小型車は乗り心地の面で大型車よりも不利だが、さらに高級車のメルセデスらしからぬ乗り心地となってしまった。

また若返りを意識して内装にプラスティック素材を使用してポップな雰囲気を取り入れたので、インパネやシートがメルセデスらしからぬ高級感に欠けた質感となった。「ポップ」と「高級」は相容れにくい要素だが、小さな高級車を期待している人からは「これがメルセデス!?」と首をかしげられた。

ニューモデルはその反省からスタートしている。今度はユーザーが期待するメルセデス＝高級イメージにぴったり寄り添ったプロダクトを打ち出してきた。

全長を旧型から２００㎜、トレッドもホイールベースも拡大し、走りの安定度を高めた。踏ん張りが利くようになった分、そのマージンを乗り心地にも振り分けられたので、旧Ａクラスよりも乗り心地がぐっと良くなった。またステアリングの操舵フィーリングも国産上級セダン並みで、コンパクトカーとして世界のトップクラスだ。

また室内の質感も向上している。インパネなどの質感がぐっと上がり、シートも大ぶりになった。小さな高級車、面目躍如《やくじょ》。もうバッジがほしいだけとは言われまい。

個人的には、あのポップで都会的な雰囲気がなくなったのは残念ではある。でも、やっぱりメルセデスは本人が好むか否かにかかわらず、高級路線をいくしかないのだ。ユーザーからそうあることを求められている。

ただこれにより、本来メルセデスが将来に向けて熱望していた「若々しいイメージの獲得」はできそうにない。それでよかったのだろうか。

spec/A200エレガンス

○全長×全幅×全高：3850×1765×1595mm○ホイールベース：2570mm○車両重量：1320kg○総排気量：2034cc○エンジン型式：直4SOHC○パワー/トルク：136ps/18.9kg-m○10・15モード燃費：11.8km/ℓ○サスペンション(F/R)：ストラット/スフェリカルパラボリックスプリングアクスル○ブレーキ(F/R)：ベンチレーテッドディスク/ディスク

●現行型登場年月：
05年2月（FMC）
●次期型モデルチェンジ予想：
10年2月
●取り扱いディーラー：
全店

grade & price

A170	¥2,520,000
A170エレガンス	¥2,888,000
A200エレガンス	¥3,098,000
A200ターボ アバンギャルド	¥3,465,000

プロフィール▼ メルセデス初のAセグメント、つまりコンパクトカーとして初代は大いに話題になったのは記憶に新しいところ。転倒問題などはあったが、新たなスタンダードとしてしっかりと根付いた。2代目にあたる現行型は、初代のイメージをうまく受け継ぎつつも、よりボリュームアップしたスタイルとなっており、プレミアム感も増した感じではある。

メカニズム▼ 初代では燃料電池車のベースとしても考えられていたので、フロアが二重構造になっていたが、それは2代目でも受け継がれている。肝心のサスペンションは、転倒対策もあってか、乗り味の硬さも不評だっただけに、2代目では一新。「セレクティブ ダンピングシステム」を採用するなどかなり熟成が進んでいる。エンジンについては1・7ℓと2ℓの2タイプで、ミッションはメルセデス初のCVTが採用される。

走り/乗り心地▼ 足周りが見直されたこともあり、かなり乗り心地はマイルドな感じになった。さらにエンジンも初代にあったがさつな部分はなくなり、低速トルクが太いこともあり、ストレスのない実用的な走りも得意としている。

使い勝手▼ リアシートは分割可倒式となるだけでなく、またラゲッジフロアを外すと長尺物を縦に積むことができるなど、ミニバン的な使い勝手のよさも備えており、日頃の足としては十分すぎるほど。

こんな人にオススメ

名に恥じない質感を身に着けたので、CやEクラスオーナーで、子どもと乗る機会が減ってきた夫婦にすすめられるようになった。座面が高いのでかがまなくても乗れてラク。ただし高重心ハンデはいかんともしがたく、長距離移動が多い人には、やはりCやEクラスの方が快適。だから街中主体の人に。でも今度のサイズはそれなりに大きいので、その点は注意。

Bクラス【メルセデス】

中途半端だからこそ扱いやすいのかも

Bクラスは立ち位置がわかりにくい。

Aクラスは小さな高級車という存在理由がある。Cクラスもメルセデスファミリーの中で最小セダンというキャラクターがわかりやすい。ところがBは一見、ミニバンのような形だが実は5人乗り。でも、コンパクトカーと言うには大きすぎる。位置的にはAとCの間。どんなユーザーがどんな価値観で、AではなくCでもなく、Bを選ぶのだろう。

価格はAクラスとCクラスの間だが、ホイールベースはCクラスよりも210㎜ほど長い。室内高もあるのでCよりも居住スペースが広く、こっちの方がお得ですよ、ということはいえる。

さらに今まで欧州車があまりやらなかったシートアレンジを導入した。Aクラスと同じ5人乗りだが、助手席も前に倒せて後席も倒して長尺物を入れられる。リアシートはウォークスルー機能を備え、分割も可能。日本車のミニバンでは当たり前でも、それを欧州車が、しかもメルセデスがやったことが画期的だ。

収納を考えたシートだと小さく薄く作らざるを得ず、実際に乗っているときの快適性や安全性が落ちるから絶対にやらない。そんな哲学を貫いてきたメルセデスが転向した。

注目のシートアレンジだが、日本車のレベルまでは到達していないのが現状だ。日本車は手馴れていて、まるでシステム家具のように、アレンジしたシートを車室内にきれいに収め、ときには床を平らにする工夫さえなされている。一方、Bのそれは、折り畳んで邪魔になったシートや肘かけは、取り外して車庫かどこかにしまっておいてくださいねという割り切りだ。僕だったら、どこかにしまっているうちに紛失してしまうだろうな。

だからといって、メルセデスの機能が劣っていると判断するのは性急だ。シートは大ぶりで、ヘッドレストも日本車と違って頑丈な作りをしている。あくまでも大事なのは止まっているときではなく、走っているときのこと。そんな考えがプロダクトに反映されているのだ。

常に口うるさくて、でもまっとうな理屈を述べる頑固オヤジ。そうしたユーザーに媚《こ》びない態度は、やっぱりメルセデス。

いざ乗り込んでみるとき、「あれ？」と違和感を持った。最近はホンダのミニバンを手始めに、多くの国産メーカーは低床化をすすめ、屋根は低いけど居住空間が広いという方向に進んでいる。それに対してBは、床そのものが高いのだ。

これはベースとなったAクラスにも共通のことなのだが、実際乗ってみると、シート位置も高いが足の床面も高く目線も高い。そのうえ、スポーツカーのように足を前に投げ出した格好だ。僕は足を前に投げ出して背もたれを倒し気味にしたストレートアームの運転姿勢を好むが、その僕であっても、高いお座敷に座って食事をしているような感じで落ち着かない。カーブに入ると浮き足立つ感じなのだ。

高床式の方が衝突時に安全ですよ、とメルセデスは言う。でも、重心位置も高まるし、揺れもより大きく感じる。厚底シューズでサッカーやっていれば、スライディングを受けたときにも足をけがしないよと言われているような感じがする。

それでもAクラスの場合は、長距離は乗らずに、山道を走る機会も少なく、市街地走行が中心となるだろうから、床の高さはさほど気にはならなかった。しかしBクラスのユーザーは、長距離移動や山道を走ったりする機会が多いだろう。この高いところに座っている感覚に慣れるかどうかが問題だ。

まあ、長く乗っていたら、そんなに気にならなくなるくらいは慣れてきた。それに乗り込むときに屈まなくて済むのでラクはラクではある。見晴らしもよいし。

一般的にミニバン型の背高クルマは高速走行で姿勢が揺れやすく、それを防ぐには足を固めるしかないのだが、そうなると乗り心地が硬くなってしまう二律背反の要素が大きい。ところがBクラスは全車に可変ダンパーを採用したことで、通常は柔らかい乗り心地だがコーナーに入るときなど負荷がかかると減衰力を上げて姿勢を安定させるシステムを採用した。（メルセデスの割には）安価な油圧式で構成されていることも長所のひとつだ。それによって、高床式のハンデを消して姿勢安定性を保っている。

デザインは、一見オーソドックスだが、じつは新しいトレンドをいくつも取り入れている。サイドの斜め上に駆け上がるキャラクターラインは彫刻刀で彫ったような大胆な印象を与えるし、力強く張り出した後輪のホイールアーチは、後ろから見ると両足で踏ん張った動物的なダイナミックさがある。また運転したときのボディの見切りがよいのも長所である。不快な振動や音もよく消されていて、長く乗っていて、ああやっぱりこれはメルセデスだ、という高級な味わいは感じた。

ではBとC、どちらを選ぶか。

BよりもCの方がパーソナルでかつ上級に見えるだろうし、それに誰が見てもメルセデス。乗り心地と操縦安定性のバランスも背が低い分、Bよりも有利。そこを考えるとオーソドックスな使い方をするユーザーにすすめたいのはやはりC。でも、バッジに憧れたと見られたくないから、あえてBを、という選択もある。

またオートキャンプやルアーをするようなアクティブなユーザーには、Bクラスの使い方が見えるはずだ。そういう人は今まで「メルセデス」というブランドに触れたくても、セダンやワゴンだけで、対象となるモデルがなかった。そういう人にはカジュアルな印象のあるBはいい。

どちらにしても、選択肢が広がったということはユーザーにとってはありがたいことではある。

またメーカーからみた存在理由としては、Cクラスユーザーが高齢化し、旧Aクラスで若返りを図ったが、それも市場に受け入れられずに失敗。なのでBクラスでメルセデスブランドの若返りを図る。そんな一面もあるだろう。

乗ってみるまで存在理由が不明だったし、シートアレンジは複雑でレバーの操作も簡単ではないので、使いこなすのが面倒で難しいけれど、でも、オートキャンプやルアーをするようなアクティブな人はきっと器用だろうから問題はないのかもしれない。

販売は概ね好調。Aだと、どうしてもメルセデスの一番下というイメージがつきまとうが、Bはそれよりも上。Cはメルセデスセダンの中で一番下であっても、Bはそことはジャンル違いのイメージがある。Bの立ち位置はわかりにくいが、それだからこそ人気を博している面もあるだろう。

spec/B200

○全長×全幅×全高：4270×1780×1605mm○ホイールベース：2780mm○車両重量：1390kg○総排気量：2034cc○エンジン型式：直4SOHC○パワー/トルク：136ps/18.9kg-m○10・15モード燃費：11.8km/ℓ○サスペンション(F/R)：ストラット/スフェリカルパラボリックスプリングアクスル○ブレーキ(F/R)：ベンチレーテッドディスク/ディスク

●現行型登場年月：
06年1月（デビュー）
●次期型モデルチェンジ予想：
11年1月
●取り扱いディーラー：
全店

grade & price

B170	¥2,993,000
B200	¥3,465,000
B200ターボ	¥3,938,000

プロフィール▼ 流麗なスタイルと広大な室内空間の両立という新しいコンセプトでまとめられたのがBクラス。日本流にいえばミディアムクラスのミニバンといったところだ。

メカニズム▼ エンジンやミッションをフロア下に収めるというサンドイッチ構造を採用することで、優れた安全性と居住性を確保している。エンジンはグレード名からもわかるように、1・7ℓと2ℓで、2ℓに関してはターボも用意される。

走り/乗り心地▼ ターボでは胸のすくような加速が楽しめるが、1・7ℓでも不満はなく、メルセデスらしいしっとりとした走りを楽しむことができる。サスペンションには走行状況に合わせて硬さが変わる「セレクティブ ダンピングシステム」や常に姿勢を適切に保つ「スフェリカル パラボリック スプリングアクスル」などにより、走りの安心感はかなり高い。さらにターボは専用のスポーツサスペンションが装着される。

使い勝手▼ コンパクトなボディで、女性でも取り回しが楽にできるのがまずは利点。そしてミニバン的な自在なシートアレンジにも注目だ。リアシートはウォークスルー機能を備えつつ、分割可倒であるうえ、助手席も倒すことができるので、荷物に合わせて幅広く変化させることが可能となっている。また広大なスペースを誇るラゲッジは頼もしさ十分で、フロアの高さも変えることができる。

こんな人にオススメ

メルセデスのプロダクツに興味を抱きながら、そのがちがちなブランドイメージは避けたいと考えていた人。スリーポイントスターのバッジに憧れていると周りから見られたくないので、あえてBという選択もある。またオートキャンプやルアーをするユーザーは、今まで「メルセデス」というブランドに触れたくても対象モデルがなかった。そんな人にはBクラスの使い方が見えるはずだ。

ＣＬＳ【メルセデス】

優等生からちょい不良《ワル》オヤジへ

もしかしたらＣＬＳの登場は、メルセデスの歴史上革命的かもしれない。少し大げさかな。

今までメルセデスの車は、理詰めで作られていた。すべての要素に理由があり、無駄なところが一切なかった。ところがＣＬＳは今までメルセデスの辞書になかった言葉を持ち出した。

それは、「エモーショナル」。

ＣＬＳはＥクラスのプラットフォームを用い、ホイールベースは同じだがトレッドをワイド化し、全長と全幅をＥクラスより少しずつ広げ、屋根を低くした。オーバーハングは短いほどいいのだ、というメルセデスのポリシーを崩してまでスタイリングを重視した。

内装はメルセデスの中で最も木目パネル使用率が高いのではないか。着座姿勢もウエストラインが高いために、実際以上に低く座っている感じがしてスポーツカー気分だ。

新設計のエンジンは、これがメルセデスのエンジンか（！）と思うほど鼓動が強く感じられる。エモーショナル性を一切認めなかったメルセデスが、変わろうとしていることがここでも窺える。

今までのメルセデスはとにかく安全第一の操縦性。多少乗り心地が硬かろうが、操縦安定性絶対重視を貫いてきた。ところがＣＬＳでは、電子制御の可変ダンパーを標準装備し、室内から手動で、コンフォート、スポーツ1、スポーツ2の3モードを選択できる。それぞれの振り幅が大きく、かなり柔らかめにもできる。

ハンドリングは今まではスタビリティ重視で、とにかく後輪は絶対に横滑りさせない安定志向だったけれど、ＣＬＳでは気持ちよく曲がる方向にシフトしてきた。スピン防止装置は、かなりのスリップアングルまで後輪の横スライドを認めてくれる。つまりスポーツドライビングを楽しめる余地ができた。

ステアリング・フィールも、柔らかくとろとろした甘美なフィーリングの中に芯の通った手ごたえがあってよい。

つまり、以前は振り向きさえしなかったのに、ＢＭＷの路線、走る悦びを意識してきた印象だ。

機械的な新しさはほとんどない。にもかかわらず、その登場に僕が興味を抱いたのは、ひとえにメルセデス・ベンツらしからぬエモーショナルへの転換ゆえ。僕は今までメルセデスの理屈づくしの作りに、よい車だなぁとは思いつつ、人にはすすめながらも、自分では絶対に乗ることはないと思っていた。

メルセデスが主張する考えは至極まっとうで、世界中の自動車メーカーに対して規範となっていた。しかし、勉強嫌いな生徒の目にはつまらない講義と映る。不良少年は、多少カリキュラムを踏み外しても面白い授業をしてくれる先生が好き。

それを知った頑固教師は、一部の生徒から人気を博しているＢＭＷやジャガーを横目で見て、講義の内容を少し変えてきた。自分のポリシーをくいくい曲げて周りの動向に敏感に反応する多くの国産メーカーにすれば当然のことでも、メルセデスとしては、大転換なのである。

spec/CLS350

○全長×全幅×全高：4915×1875×1430mm○ホイールベース：2855mm○車両重量：1740kg○総排気量：3497cc○エンジン型式：V6DOHC○パワー/トルク：272ps/35.7kg-m○10・15モード燃費：8.5km/ℓ○サスペンション(F/R)：4リンク/マルチリンク○ブレーキ(F/R)：ベンチレーテッドディスク/ベンチレーテッドディスク

●現行型登場年月：
05年2月(デビュー)／06年9月(MC)
●次期型モデルチェンジ予想：
10年2月
●取り扱いディーラー：
全店

grade & price

CLS350	¥8,715,000
CLS350スポーツパッケージ	¥9,849,000
CLS550	¥10,395,000
CLS550スポーツパッケージ	¥10,983,000
CLS 63 AMG	¥14,280,000

プロフィール▼ コンセプトカーを源流に持つだけに、その大胆なサイドを貫くプレスラインなど、見る者に強烈なインパクトを与える流麗なシルエットが特徴。塊感もかなり強い。メルセデスとしても4ドアクーペという新たなジャンルを切り拓く、エポックなモデルといっていい。

メカニズム▼ ベースはEクラスでサイズ的にも大きく変わる点はなく、エンジンは3・5ℓV6と5・5ℓV8で、どちらも7速ATと組み合わされる。こちらも目新しい点はないが、キャラクターにマッチしているのは確かだろう。もちろんサスペンションやステアリングフィールなどには独自のチューニングが施され、CLSならではの味を演出している。

走り／乗り心地▼ 味付けはじつに絶妙で、スタイリッシュクーペらしいゆったりとした味わいを演出し、ロングクルージングも楽々こなす一方で、スポーティなエッセンスもしっかりとプラスされている。ワクワク感すら覚えるほどで、さすがにキビキビさはないものの、操る楽しさを存分に味わえるだろう。今までのメルセデスのサルーンとは、一線を画す味付けで、今後につながる新たなる境地といっていい。

使い勝手▼ 外観から想像がつくように、室内はじつに広く、とくにリアシートまわりのスペースは広大そのもの。足を前に投げ出すことができて、気持ちよく移動することが可能だ。

こんな人にオススメ

日本で700万円以上の輸入車のうち、50パーセントにあたる2万台はメルセデスの顧客である。その多くは、クルマはベンツが一番よいと思っている。でも最近はジャガーが気になる。そんなお客さんを引き止める役目。CLはクーペの意味だが、最後のSにはとくに意味がない。ベースはEだけど、お客さんがSクラスのSの意味だと思ってくれれば、それはそれでうれしいと広報マンは考えている。

ルーテシア【ルノー】

男性向きのフランス車

輸入車が増えたとはいえ、まだ輸入車比率は日本全体の7パーセントしかない。この狭いシェアの中でルーテシアは、プジョー２０６やＶＷポロとしのぎを削っている。先代ルーテシアは欧州では爆発的に売れた。なのに日本ではプジョー２０６のわずか10分の1程度しか売れなかった。走りがよいのでクルマに関心が高い男性に支持されたが、女性からの支持はわずか10パーセント程度だった。

ヨーロッパで大人気のルーテシアが日本で売れないはずがない。というのがルノーの見解だ。日本市場で、プジョー２０６やＶＷポロは女性を中心に売れていた。だからルノー・ジャポンは今度は女性に売ろうとしている。広告展開を女性誌に絞り、フランス映画とコラボレートするなどして、「走り」よりも「フランス製」であることを強調しようと考えている。ターゲットユーザーのイメージは、横文字職業のキャリア志向の女性。

だが、この点に目を向けると、ルーテシアの魅力が見えてこない。

フランス車の内装は、プラスティックなどの安っぽい素材を使いながら、デザインの力とポップな雰囲気が魅力で、とくに女性に人気を博していた。ところが新型は、デザインの奇抜性よりも、ダッシュボードにソフトパッドを貼るなどして上質感を持たせることに注力している。シルバーとブラックを基調とした内装は高級感があるけれど、どちらかといったら、男性に歓迎されそうな雰囲気だ。

サイズも拡大し、ルーテシアもついに3ナンバーとなった。堂々とした感じになったが、女性には、とくに横文字職業の人が多く住む都会の狭い道では、サイズを持て余すかなと思う。

作りに関しては、たとえばライバルのプジョー２０６と比べると、ＮＶ性（騒音微振動）、走り、乗り心地、安全性など、いずれの項目でも上回る。エンジンの吹き上がりはスムーズだし、ブレーキもアクセルも手ごたえがあって扱いやすい。先代譲りで、Ｂセグメントの他の欧州車ライバルと比べて、とくに走りと乗り心地のレベルはかなり高い。

国産車と比べてもルノーの仕事ぶりが光る。日産ティーダは姿勢安定性を高めたが、その分、乗り心地が硬くなってしまった。それを考えると、さすがＦ１で絶好調のルノーが作るクルマという感じ。

デザインにフランス度が高くないとは言え、乗り味にはフランス車特有のひたひた感も残っていて、走りと乗り心地のバランスを重視するユーザーには、日本でわざわざ高い金を出しても、ルノーに乗る意味はある。電動パワステの感触にも気が配られている。ステアリングの切り始めのところで重みをつけて中立位置をはっきりとさせる工夫をしてきた。これによりステアリングがピシッとした印象となって、とくにロングドライブの際、ふらふらしないのでとても具合がいい。でも、かよわい女性が市街地で乗るには、この切り始めの工夫が重く感じてしまうかもしれない。

ルノー・ジャポンが女性向けイメージで売りたい気持ちはわかるが、クルマの性格は、クルマをイメージではなく実体で買う、どちらかといったら男性向けの商品だ。プジョーに勝つには、イメージ戦略ではなく、販売店を増やすことが先決だろう。現在、ルノーディーラー86店舗中、63店は日産車も併売する店で、専売店は23か所しかないのだから。

spec/1.6エル5ドア

○全長×全幅×全高：3990×1720×1485mm○ホイールベース：2575mm○車両重量：1190kg○総排気量：1598cc○エンジン型式：直4DOHC○パワー/トルク：112ps/15.4kg-m○10・15モード燃費：──○サスペンション(F/R)：ストラット/トレーリングアーム○ブレーキ(F/R)：ベンチレーテッドディスク/ディスク

●現行型登場年月：
06年3月（FMC）
●次期型モデルチェンジ予想：
11年3月
●取り扱いディーラー：
全店

grade & price

1.6 3ドア（5速MT）　¥1,898,000
1.6エル3ドア　¥2,098,000
1.6 5ドア（5速MT）　¥1,998,000
1.6 5ドア（4速AT）　¥2,098,000
1.6エル5ドア　¥2,198,000

プロフィール▼ ゴルフなどライバルがひしめき合う、ヨーロッパ最大の激戦区であるBセグメントで、大ヒットを続けてきた。その総販売台数たるや850万台にも上るという。さらに現行である3代目についてもヨーロッパ・カー・オブ・ザ・イヤーを受賞するなど、すでに高い支持を得ている。3代目になって大きく変わったのはまずそのデザイン。張りのあるダイナミックなシルエットへと変貌した。またボディカラーについても、輸入コンパクト中最多の全13色も用意されている。

メカニズム▼ エンジンは1・6ℓのみで、ボディ形状は3ドアと5ドアの2タイプ。ミッションは4速ATに加えて、受注生産ながら5速MTも用意されている。また15インチアルミホイールやオートエアコンが備わる「エル」と呼ばれるグレードも標準車に加えてラインアップされる。またルノーの特徴である衝突安全性の高さについても、欧州基準のユーロNCAPで最高ランクの5つ星を獲得している。

走り/乗り心地▼ フランス車の身上といえば、ふんわりとしたソフトながらもコシのあるサスペンションだが、その味わいは薄れ、乗り心地は硬めである。その分、安心感は高いものがあるというのもまた事実だ。

使い勝手▼ とくに目立った部分もない分、過不足なく不満なく使える。ラゲッジもまずまずの広さだ。

こんな人にオススメ ゴーン氏がルノー社長となり、日産との関係がいっそう強化された印象がある。日産の併売店にルーテシアを買いに来たお客さんは、ティーダやノートをすすめられないのだろうか。そんな疑問をルノー・ジャポンのフランス人のマーケティング担当にぶつけてみたところ、「欧州車を買う人は日本車に興味を持ちません」とのこと。そうなのだろうか。

３００Ｃ【クライスラー】

見てくれだけのクルマではない

クルマを買うときは、まずは写真か実物を見て、それからカタログや記事を読んで中身を知って、「あ、こんなクルマか」と思いつつ、だんだん自分に合うかどうかを考えていく過程をたどるものだろう。でも、ぱっと見た瞬間、「むむ、これは……」とひっかかるクルマがある。そんなケースは、たいてい自分の中にそのクルマにひっかかる理由がある。そのときは気づかなくても、あとでそれが何かがわかることもある。３００Ｃは僕にとってそういうクルマだった。

言うまでもなく３００Ｃはアメ車だ。僕はアメ車のことをほとんど知らない。購入対象に考えたこともなければ、興味もない。ところが３００Ｃは気になった。なぜなんだろう?

初めて見たのは、自動車雑誌の写真だったと思う。大きくて威風堂々としたラジエターグリル。ブルドッグが四肢で踏ん張っているようなスタイル。ぱっと見、高級な趣もあるが、ふざけた雰囲気もある。

50年代、60年代のアメ車のデザインは、優美で伸び伸びしていた。デコラティブなテールフィンとか長大なボンネットとかきんきらきんのメッキグリルとか、とにかく個性の塊だった。ところがいつの頃からか、アメ車というとぬめーっと丸みを帯び、グリルも小さくて特徴の薄いデザインになった。このスタイルの変化は駆動レイアウトも関係している。ＦＦを採用するアメ車が多くなり、ボンネットが短くなってキャビンが伸びたのだ。

先代３００ＭはＦＦだったが、３００Ｃは１９５８年（！）以来のＦＲの復活だ。Ｖ８エンジンを縦置きに配置することで、ロングノーズ、ショートデッキの高級車らしいスタイルを得た。つまり、四つ足を踏ん張ったスタイルは、ＦＲであることから生まれたものなのだ。

このクルマがアメリカで人気を博している。クライスラーＣＥＯのツェッチェは、「こんなに売れるとは思わなかったが、やはりアメリカらしいデザインと、他にはないキャラクターや押し出しがよかったのでしょう」と語っている。

かつてクライスラーは個性的なクルマを作るメーカーだった。昨今はネオンのような凡庸なコンパクトカーを作ってみたが販売上は成功しなかった。原点に戻って、大衆車ではなく、惚れる人が惚れてくれる個性的なクルマを作ろうとしたのが３００Ｃだ。

一部のジャーナリストは、アメリカでの３００Ｃ人気の要因を、９・11以降、アメリカ神話が失墜した中で、ベトナム戦争前の強いアメリカへの回帰志向だと分析する。つまり、あの時代は良かったね。夢よもう一度、という期待感だという。

――そうかなぁ。僕としてはぴんとこない。僕なりに答えを出すため乗ってみた。

クルマの速さを決めるのはエンジンパワーだけではない。最近の主流は、エンジンと足周りのバランスがとれていること。むしろ足周り性能がエンジンパワーを上回っていることが、賢いクルマの条件と業界ではみなされている。

ところが３００Ｃに搭載されるＨＥＭＩエンジンといったら、排気量が５・７ℓ、最大出力３４０psのビッグパワーだ。デバイス（トラクションコントロール）を切って強くアクセルを踏み込んでみたら、映画「マッドマックス」みたいに簡単に後輪をホイールスピンさせて白煙を上げることができた。5・7ℓの唸《うな》りや分厚いトルクは間違いなく期待どおり。ホイールスピンさせることに意味はないが、ただ爽快《そうかい》だ。賢くなんて思われなくていい。乗り手もクルマもおバカ加減が楽しいのだ。

しかし走り出してみると300Cは見てくれだけのおバカなクルマではなかった。中身はメルセデス、というほどではないが、ミッションやESPなど、合併後のメルセデスの技術が取り入れられているところも少なくない。

それでいて、乗り心地はメルセデスよりもずっと柔らかくて安楽方向だ。欧州コンプレックスをわずらったキャディラックが、「アメ車=乗り心地重視」の大切な伝統を外してしまったのと対照的だ。

高速道路では直進性がよくて、何よりも僕がいつも重視しているステアリングの操舵フィーリングがよかったのは、さすがメルセデスの血が投入されたFRだ。

V8エンジンは負荷が減ると4気筒が休止する。切り替えがわからないほどフィーリングが自然だった。とは言っても燃費に関しては10〜20パーセントの向上しかないから、やっぱりV8はV8で大食いである。

このクルマを箱根に持ち込むのは無理があるかなと思ったが、意外にもよかった。足が柔らかいのでロールは大きめだが、パワーのオンオフでロールを抑制できてさすがFR。乗り心地と気持ちのよいスポーティさが共存していた。

峠からの帰り道、FMからラップが流れてきた。なぜか妙にこのクルマの雰囲気に合っていた。そういえば、ご当地のトップラップミュージシャン、スヌープドッグが、300Cを気に入って、「おい、クライスラー、俺によこしな、乗ってやるぜ。そうしたらばんばん売れるだろうぜ」と吼《ほ》えたらしい。クライスラーが彼に300Cをプレゼントしたか否かは未確認だが、現在、彼は300Cを愛車にしているようだ。

ギャングスターといわれる彼の300Cへの思いは、「懐かしきアメリカ」ではないだろう。むしろ体制や社会に対する対抗意識の表れとみるべきではないか。ここまで来て、冒頭の疑問、なぜ俺は300Cに惹かれたのかが見えてきた。

僕らの子ども時代は「日本の軍国主義を自由の国アメリカが排除した」と教えられてきた。僕らの青春時代は、「アメリカン・グラフィティ」に始まって「グリース」や「サタデー・ナイト・フィーバー」や、サーフィンやら音楽の志向やらアメリカ文化がいっぱい入ってきて、なんでもかんでもアメリカアメリカ。アメリカが憧れだった。

しかし9・11以降、イラクではアメリカが主張した核兵器も見つからず、「強き正しきアメリカ」のイメージは地に墜ちた。僕は憧れていただけに余計にブッシュのアメリカに嫌気がさしている。僕の中では「あの頃はよかった」ではなく、むしろ「だまされた」「俺はバカだった」という気持ちがある。300Cにひっかかったのは、「高級車」ではなく、「強いアメリカへの憧れ」でもなく、「過ぎし日の青春への郷愁」でもなかった。ギャングスターにも刺さった300Cが持つアウトロー的な雰囲気に、自分の気分がひっかかったのだ。

spec/3.5

○全長×全幅×全高：5010×1890×1490mm○ホイールベース：3050mm○車両重量：1750kg○総排気量：3518cc○エンジン型式：V6 OHC○パワー/トルク：249ps/34.7kg-m○10・15モード燃費：8.2km/ℓ○サスペンション(F/R)：ダルウィッシュボーン/マルチリンク○ブレーキ(F/R)：ベンチレーテッドディスク/ベンチレーテッドディスク

●現行型登場年月：
05年2月(デビュー)/05年8月(MC)
●次期型モデルチェンジ予想：
10年2月
●取り扱いディーラー：
全店

grade & price

3.5	¥5,166,000
5.7HEMI	¥6,216,000
SRT8	¥7,266,000

プロフィール▼ コンセプトカーをベースに作られ、60年代の古きよきアメリカンテイストもうまくプラスされたスタイルは存在感十分だ。開発に関してはクライスラーだけでなく、メルセデスの技術も存分に投入され、たとえば駆動方式はFRを採用している。5mを超える全長や、V8エンジンなど、まさにアメリカンフルサイズサルーンの貫禄たっぷりだ。

メカニズム▼ アメ車といえば、まずはエンジンだろう。3・5ℓV6も用意はされているが、真骨頂はやはり5・7ℓV8のOHVで、これを60年代にレースで用いられたHEMIヘッドやツインプラグでチューニングしており、その出力はなんと340psにもなる。となると、燃費の悪化が気になるところだが、巡航時は4気筒を休止させるなど、最新技術でクリアしている。

走り/乗り心地▼ メルセデス製の5速AT（V6は自製の4速AT）は強大なパワーを余すところなく路面に伝え、各ギアのつながりもスムーズ。スポーティかつジェントルな味わいが、最新デバイス（トラクションコントロールなど）によって安全に楽しめるのは特筆すべき点だろう。またホイールベースが3m超ということもあり、その乗り味はじつにゆったりだ。

使い勝手▼ これぞアメ車といった体格だけに、室内は広大で、ラゲッジも恐ろしく大量の荷物を飲み込んでくれる。ただし、クルマとしての取り回しはさすがによくはない。

こんな人にオススメ ハマーを運転しているときと似た気分になった。狭い都内を、こんなでかいクルマに乗っちゃって、必要のない速さを手にしちゃってる俺ってばかみたい。いい歳してホイールスピンをして喜んでいるのもどうなんだろう。でも、こんなおバカな俺って、それもまたすてき、っていう感じ。みんなあきれて見ているのだろうな。でも、それが快感だ。と思える人に。ラグジーな雰囲気で乗りたい。

１５９【アルファロメオ】

アルファの新しい方向

今から思えば、先代１５６の登場が小さな変化に感じられる。僕は、その後の１４７、１６６、そして最新のＧＴの登場も素直に受け入れることができた。デザインはピニンファリーナだったりベルトーネだったりして車種によって違った印象を与えられはしたが、中身はアルファ。すべての車種にアルファ・ドライビング快楽主義が貫かれていた。僕はそんなアルファが好きだった。

官能的とか気持ちよいとか、そんなあいまいな言葉で表現されることが多いアルファだが、僕はその魅力を2つの面から捉えていた。

ひとつはエンジンの音と鼓動だ。大方のクルマが静かがよいという方向に進んでいるなか、あえて音を主張し、エンジンサウンドを高らかに謳い上げる。心地よい音なんだから消さない方がいいんだと言わんばかりに、じゃんじゃん聞こえてくる。エンジンからの気持ちよい鼓動も伝わってきて、乗り手はその気になる。そういう点ではフェラーリに似ている。この音や鼓動を、ＮＶ（ノイズ・バイブレーション）と捉えるか否かが、アルファにハマるかどうかの分かれ道だった。

新型１５９は、そういう「官能的な」とか「走りの癖」とかはない方がよいという方向に進み出したようだ。

ジウジアーロとアルファデザインセンターの共同作業によるそのスタイリングには、先代１５６のイメージが色濃く残る。けれども生まれ出てきた背景はまったく違う。アルファの親会社フィアットとＧＭは２０００年に提携したが、２００５年に解消された。１５９はこの提携期間中に開発されたクルマで、シャーシの開発はＧＭ、オペル、サーブ、そしてアルファ共同で行なわれた。だから中身はこれまでのアルファと大きく違う。

デザインは１５６のイメージを踏襲するが、実際に見ると「え、こんなに大きいの！」という感じ。とくに横幅は上のクラスの１６６よりも広い。イタリアではジャストサイズだった小ぶりの１５６は、日本でも使い勝手がよかったが、１５９は欧州ＤセグメントのＢＭＷ3シリーズ、アウディＡ４、メルセデスベンツＣクラスよりも大きくなった。つまりこのサイズアップは、本気でドイツのプレミアムクラスに戦いを挑む意図の表れなのだ。マニア向けに少量生産するつもりではない。

エンジンは官能的と表現されたアルファ製から、ブロックがＧＭ製に変更となった。今までは低速トルク重視型だったが、新ユニットはこれがアルファか（！）というくらい高回転までシュイーンと回る。オールアルミ製で大幅な軽量化も果たした。そうだよな、アルファのエンジンは重かったもんな。タイミングチェーン駆動方式になったので信頼性も上がった。ベルト交換を怠って、切れてエンジンを壊してしまう心配はもうない。

シフトレバーの操作フィールも変わって、ドイツ車的なカチカチと精度の高いパーツを組み合わせているフィーリングとなった。鍵も最近のトレンドを取り入れたボックス差し込み式となり、エンジン始動はボタンを押す方式だ。内装のデザインは１５６のイメージを踏襲するが、金属風の塗装処理にはゲルマンの匂いを感じさせられる。

全体的に機械としての信頼性が上がり、操作フィールのあいまいさもなくなってネガが消えたことは喜ばしい。しかし、同時にあの官能的な音と鼓動が薄れてしまったのは個人的には残念だ。実はあのロロローッというアルファの独特の音は、排気系の不等長がもたらす影響だったが、そういう何やら怪しいアルファらしきものが僕は好きだった。

ドライビングポジションも変わった。今まで手が遠くて足が近いあのイタ車伝統ポジションはすべてのアルファに共通していたが、１５９はドイツ車のようにアップライトなポジションとなった。僕はストレートアームのポジションに慣れ親しんでいたので残念だが、万人に違和感のないポジションを得たということなのだろう。

走りの中身はどうだろう——。

１５６は、乗り心地はよいのだけど、その反面、高速走行で車体がふわふわと揺れて姿勢が収まらない面があった。コーナーを80パーセントくらいの領域で走ったときはクイクイ曲がって気持ちよいのだけれど、本気モードで攻め込んでいくと、「もう無理です」とあきらめられてアンダーステアを出して曲がらなくなる二面性もあった。

新型１５９はその点が改良された。姿勢安定性が上がりコーナーでロールが減った。では足が硬いのかというと、そうでもない。ボディ剛性が従来よりも大幅に高まって、たとえば段差を越えたとき、ボディがきしまずガツンブルルンとならなくなった。多少、「関節」の硬さを感じさせられるが、路面からの突き上げや振動が上手く抑えられていて快適だ。走りの総合バランスは高まった。

アルファユーザーは喜ばないかもしれないが、印象としてオペル・シグナムと似てきた感じだ。「え、オペルなの!?」と不満を持つ人もいるだろうけど、近年のオペルは以前のオペルではない。ＢＭＷから来た技術者が社長になってその走りが変わり、信頼性や品質が向上した。オペル・ベクトラは欧州でそのクラスのベンチマークとなっている。１５９はその上級車であるシグナムをベースにアルファなりの味付けを加えた、つまりゲルマンのハード面とイタリアのデザインが融合したクルマとなった。

そして最後に、僕がアルファの魅力として捉えていたもうひとつの側面、走りの気持ちよさに関して。アルファのステアリングを握っているとつくづく運転って楽しいなと思えてきた。クイクイと曲がろうとするところがいとおしく感じることもある。日常的にそんなにスピードを出さない領域でも運転を楽しめる。自分がやった動作に対して、「はーい」と機嫌よく返事する感じ。

そうした面では、１５９も走る喜びが感じられるクルマだった。中身が変わって食材は違ったけれど、シェフ（開発者とテストドライバー）の考え方は変わっていないから、味付けは似ている。僕にとってそこはよかった。ただ、マフラーはＡＭＧのような左右に振り分けた二本出しだが、スポーティな形状ではない。ホイールのデザインもきらびやかで上級車的な雰囲気だ。バンパーの形状も走りを印象付けるものではない。

つまり意図として、あくまでも欧州プレミアムクラスへの参入なのである。日本のアルファ・フリークの立場からいえば、もっと、走りの良さを印象付けるスポーティなカタチや音がほしかった。

もっとも、アルファは輸入車の中でツルシで乗られるケースが少ない珍しい存在だ。おそらくアフターマーケットが充実してエアロとかマフラーとかが今後つけ加えられるだろう。そうなればワイドトレッドとあいまって迫力ある雰囲気に変わってすごみが出ると思う。

よいクルマになったなあと思う。それはいいことなのだ。僕は新しいアルファを受け入れていこうと思う。

spec/2.2JTS

○全長×全幅×全高：4690×1830×1430mm○ホイールベース：2705mm○車両重量：1570kg○総排気量：2198cc○エンジン型式：直4 DOHC○パワー/トルク：185ps/23.5kg-m○10・15モード燃費：9.3km/ℓ○サスペンション(F/R)：ダルウィッシュボーン/マルチリンク○ブレーキ(F/R)：ベンチレーテッドディスク/ディスク

●現行型登場年月：
06年2月（デビュー）
●次期型モデルチェンジ予想：
11年2月
●取り扱いディーラー：
全店

grade & price

3.2JTS Q4	¥5,290,000
2.2JTS セレスピードディスティンクティブ	¥4,710,000
2.2JTS	¥3,990,000
2.2JTS セレスピードプログレッション	¥3,990,000

プロフィール▼ 日本でも大ヒットとなった156に続く、アルファロメオが送り出す、スポーツセダン。スタイル的には156を正常進化させているといっていいが、各部は斬新なまとめ方がされ、最新のアルファロメオをアピールしている。

メカニズム▼ 最新技術を存分に投入したというだけに、プラットフォームから新開発。プレミアムフロアパネルと呼ばれ、高剛性だけでなく、安全性についてもトータルで高めている。またエンジンは従来からのものを熟成させる形で採用しており、185psを発揮する2・2ℓ直4と260psの3・2ℓV6を用意。どちらもJTSと呼ばれるダイレクトインジェクションシステムや連続可変バルブタイミング機構を採用することで、パワーと環境・燃費性能を高いレベルで実現している。トランスミッションは新型の6速MTに加えて、今後は156で人気の高かったMTベースのATであるセレスピードも用意される予定。

走り／乗り心地▼ アルファロメオの乗り味といえば、どこか鷹揚で、懐の深さがその味わいとなっていたが、EU統合もあってか、その味付けはドイツ車的といっていいほどしっかりとしたものになった。その結果、走りのレベルはさらに高みへと上り詰めたが、アルファらしさが薄れてしまったのは確かだ。

使い勝手▼ 4ドアだけに、使い勝手は実用セダンと変わらないし、トランクも想像以上に広い。

こんな人にオススメ 外観も中身も全部イタリア車だった旧156から、新159はゲルマンのハード面とイタリアのデザインが融合したクルマとなった。それについてアルファ・フリークは納得しかねる面が多々あるとしても、イタ車に不安を持っていた人もいるだろうから、そういう人が新規参入するには好都合だろう。ただし150よりも横幅はだいぶ広い。

アルファGT【アルファロメオ】

オヤジだからこそ真っ赤なスポーツカーで

愛車をアルファGTに変えた。それまではアルファのフラッグシップである166に乗っていた。内装がタンのレザーでいかにもイタリア的で、とても気に入っていた。家族からも4ドアで便利だと好評だったが、あえて2ドア・スポーツクーペにした。

僕は新生アルファ159やブレラの進化の方向を否定してはいない。GM製と揶揄《やゆ》されたとしても、間違いなくアルファのカタチだし、足も熟成されている。多少の戸惑いはあるがよさは認めている。ただ今しばらくは「アルファ旧派」と過ごしたいと思ったのだ。

僕の中にあるアルファ――。人によってはうるさく感じるだろうあの有機的なエンジンサウンドや、くたーっとした乗り味。高速道路を飛ばすと姿勢が揺れて安定しない面があって、159と乗り比べると古さを感じさせられる。でも、旧派独特のアルファの味に浸っているとなぜか心が和む。そして、やっぱりスポーティで楽しいと感じる。

それを言うならスバル・インプレッサやホンダ・インテグラ・タイプRの方がずっとスポーティだという意見もあるだろう。でも、僕が言いたいのは、運転して感じるスポーツ・フィーリングのことなのだ。確かにタイプRなどは飛ばせば楽しい。性能も高い。でも、通勤で使ってみると、そんなに楽しくない。想定している速度域が高すぎて、カーブでは安定しきって何も起こらないし、高回転型エンジンは回さなければ、トルクバンドから外れたスカスカの領域で走ることになるからだ。

それにしてもアルファGTはいい。156とほぼ同サイズだから取り回しがいいし、格好がよいし、それでいて目立ちすぎることはない。後席は意外にも156よりも広くてトランクも大きい。そして何より消去法ではなく積極的に選んだ雰囲気がある。

選んだのは2ℓ。今までずっと3・2ℓV6が搭載されたモデルに乗ってきて、そのトルクフルな魅力はわかっているつもりだけど、街乗りには頭の軽い4気筒のフットワークの方が好都合かなと思った。ミッションがセレスピード（2ペダルセミオートマ）だから、パドルを操作して手軽にシフトチェンジしてパワーを引き出せる。そして乗ってみて改めて2ℓの燃費のよさも感じた。

色は赤。俺もオヤジもオヤジなのだから、もう赤もいいだろうと考えた。今まで乗ってきたアルファは緑の164、玉虫色の166とGTV。ガンメタの156GTA。そして黒メタの166。アルファは赤がイメージカラーだけど、レースカーは別として、普段乗りでは赤がなかった。

個人の主観だけど、赤だとどうも「このクルマを溺愛《できあい》してます。みんな見て！」と表現しているように周りから思われないかと照れくさかった。でもこの歳になればもうコワクはない。赤の方がみんなが思う太田哲也のイメージだし、講演先で子どもたちが喜ぶはずだ。イイ歳したオヤジだからこそ派手な色が似合うのだ。子どもの世代に見せつけてクルマ好きにさせたいという思いもある。

市場ではGTはまだ人気に火がついていないけれど、ここらでいっちょGTを盛り上げようという気持ちもある。

spec/2.0JTS Selespeed

○全長×全幅×全高：4495×1765×1375mm○ホイールベース：2595mm○車両重量：1360kg○総排気量：1969cc○エンジン型式：直4DOHC○パワー/トルク：166ps/21.0kg-m○サスペンション(F/R)：ダブルウィッシュボーン/ストラット○ブレーキ(F/R)：ベンチレーテッドディスク/ディスク

●現行型登場年月：
04年6月(デビュー)／04年11月(MC)
●次期型モデルチェンジ予想：
09年6月
●取り扱いディーラー：
全店

grade & price

2.0JTS Selespeed	¥4,389,000
2.0JTS Selespeed-Exclusive	¥4,536,000
3.2 V6 24V	¥5,439,000

プロフィール▼

１５６をベースにしたクーペで、スタイルを重視した大胆なシルエットが注目だ。イタリアンデザインの実力の高さをまざまざと見せつけてくれる。デザインを手がけたのはカロッツェリアのベルトーネで、生産までを担当する。

メカニズム▼

基本的には１５６と同じで、エンジンラインアップも、２ℓ直４＋５ＡＴ（ＭＴベースのセレスピード）／３・２ℓＶ６＋６ＭＴの２タイプとなる。またサスペンションも同じとなり、味付けもほぼ同様といっていい。

走り／乗り心地▼

デザインもさることながら、そこから感じられる走りへの期待感を裏切らないのはさすがだ。軽快でシャープな吹けの２ℓ直４に対して、太いトルクと官能的なサウンドがこだまする３・２ℓＶ６と、それぞれの味わいがある。またセレスピードの完成度も高く、もったり感はほとんど感じないだろう。足周りも柔らかさとしっかり感が同居するじつに奥が深い味付けで、伝統のアルファテイストを存分に楽しめ、イタリアンクーペのなんたるかが全身で味わえる。

使い勝手▼

２＋２扱いとされることが多いが、リアシートはボディサイズ自体が大きいので窮屈というほどでもない。またラゲッジも広く、子どもも含めた家族で移動するのは問題ないだろう。ただしそのデザインゆえ、リアの見切りなどはあまりよくないので、街中での取り回しには気を使うかもしれない。

こんな人にオススメ

ゆっくり走ってもスポーティ。通勤でもスポーツドライビングに浸っていたい人にはアルファはいい。アルファに限らず、イイ歳したオヤジがクーペに乗ることで、それを見た子どもの世代がクルマ好きになることを期待する。オヤジ諸君よ、周囲から注目を浴びることで、オヤジは生まれ変わる。ミニバンを捨て、クーペで街に出ようではないか。青春を取り戻すのだ。

ソナタ【ヒュンダイ】

韓流ドラマが好きな奥さまは

ペ・ヨンジュンがイメージキャラクターで、名前がソナタじゃ、車の名付けとして安易すぎはしないか。と思っていたら、実は「冬のソナタ」が始まる前の1985年から存在するそうだ。今回が日本に初導入で馴染みのない韓国車ということもあって、正直期待していなかったのだが、実際に乗ってみると意外と良かった。ちょっと前のトヨタ製セダンみたいな安楽な乗り心地。

韓国車って確か昔にアメリカで品質劣悪問題を引き起こしていたはず。いつの間にこんなレベルまで上がっていたのだろう?

そもそもヒュンダイは軽自動車から大型トラックまで製造する総合自動車メーカーで、生産量で世界7位の座をホンダと競っている。そんなに大きなメーカーだったの(!?)と驚く人が多いのではないか。

日本では馴染みの薄いソナタだが、2004年は世界で約23万台も売れている。数値で見ると先代シビックを上回り、アメリカでは11万4000台、本国韓国で約9万6000台。ソウル市街では、ソナタのタクシーやソナタの社用車が、なにしろいっぱい走っているようだ。

ヒュンダイモータージャパンの広報氏によれば、車格的なライバルは、日産ティアナ、トヨタ・マークXの2・5ℓ、マツダ・アテンザあたりだそうだが、実質的なライバルは、カムリ、アコードだろう。カムリをばらして徹底的にリサーチしたという噂があるが、そのとおり、ふかふかした柔らかい足の方向性は、先代のカムリとよく似ている。

ラグジュアリー志向の強い内装、そして地味だけど誰にでも受け入れられる堅実なデザインも、カムリの方向性だ。

アクセルを強く踏み込むと、エンジンがガーガーとちょっと安っぽい音を立てるが、巡航では静かだ。1速と2速のギアが離れていてエンジンも非力で、今の日本車レベルからみると加速がゆっくりだが、普通に市街地を走るには問題ない。ボディ剛性もしっかりしていて、静粛性が高く不快な振動も少ない。

スポーティという言葉は、ソナタの走りにもハンドリングにも加速フィーリングにも存在しないが、年輩の人がゆったりとした気分で乗るにはよいだろう。

サイドエアバッグやカーテンエアバッグなど装備品は満載だ。このクラスの日本車ではオプションとなりがちな安全装備が標準装備でお得感がある。

電化製品でも韓国製品って装備品で比べると安いのだが、買ってみると基本性能が弱くて「やっぱり国産にしとけばよかった」と思うことが、とくに昔は多かった。ところが最近は、たとえば僕が今この原稿を書くのに使っているサムスンの液晶モニターなどはトップレベルの基本性能に向上している。ソナタももはや「装備品は満載で安いけれど壊れる」ではなくなってきている。

もともとヒュンダイグループは、80年代に造船を中心とした現代重工業が躍進し隆盛を極めた。その手法は、とにかく低価格で仕事を請け負ってしまい、あとは何とかするという類のものだった。

ヒュンダイも同時期にアメリカ市場に向けて本格的に輸出を開始。低価格を武器にシェアを一気に伸ばした。

ところがその後、品質劣悪問題が生じて、「壊れる」というイメージが定着して評判が落ち、アメリカで売れなくなった。

その後98年に、現代自動車の社長にチョン・ジュヨン氏の次男チョン・モング氏が就任。一説には父親とけんか状態となり、業績の悪かった自動車部門だけを譲られたとある。

彼はそれまでと違って「品質向上」方針を打ち出し、そこからヒュンダイは様変わりしていく。最近では、アメリカのある品質評価機関での品質評価でソナタが中型車部門1位を獲得したことからもわかるように、品質向上、信頼性の回復に成功し、アメリカ市場でのヒュンダイ車の飛躍的売上げ回復につながっている。

そのチョン・モング氏の悲願は日本市場で認められることだそうだ。世界中で売っていてワールドワイドのイメージがヒュンダイにはあるのに、日本では売れていないとなると、世界7位のプライドが許さない、ということらしい。

と、同時に、世界で一番、品質に厳しい日本市場に製品を投入することで、さらに技術に磨きをかけようという狙いもある。

さらに日本に対して特別の感情もあると聞く。

トップがそういう強い意志を持ってきたからこそ、ヒュンダイは世界での競争に食らいついてこれたのだろう。きっと日本人のユーザーに鍛え上げられて、ソナタが日本車レベルに追いつく日は近い。

満を持しての投入である。韓国本社は莫大な資金を投じてペ・ヨンジュンをイメージキャラクターとして起用した。ソナタにかける期待度合いが窺える。

さて勝負の行方はどうなるのだろう——。

国産車のシェアが極めて高い日本市場において、輸入車を選択する層は、その特徴的なデザインやブランドに惹かれるので、売るとなると地味な存在のソナタは苦戦するだろう。でも、ソナタを輸入車としてではなく、日本車に溶け込ませて売ろうとするなら話は変わってくるかもしれない。

デビュー当時に行なわれた試乗イベントには、全国60店舗に8000人（！）も来場したそうだ。ソナタに試乗するとペ・ヨンジュンのグッズがもらえる。ファンの奥さまたちが押しかけ、試乗に2時間待ちの店もあった。ものすごい集客効果を挙げたのは確かである。

僕がさらに望むのは、スポーティな味とか心地よいエンジン音とか、数値では表しにくい官能部分だ。その点においては欧州車や国産車に引けをとっている。車そのものにこだわりの強い人には訴求力が弱いだろう。

しかし、ヨン様を追いかける奥さまたちが官能部分を気にするとは思えないし、以前、「冬のソナタ」のドラマの中でヨン様が乗っていた白のフォード・エクスプローラーに問い合わせがたくさんあったことから考えても、ヨン様効果でソナタはそれなりに売れるのではないか。

イメージキャラクターがクルマを作るわけではないが、運転しているとそのイメージキャラクターのことを思い浮かべるときがある。実際に今回ソナタと数日間過ごしてみて、ぽかぽかと暖かい秋の日差しの中でゆっくりと河口湖湖畔を走ってみたとき、フォトスタンドをダッシュボードに付けたらどうだろうと思いついた。きっとファンの人だったらこの柔らかい乗り味の空間で、ペ・ヨンジュンのソフトな微笑みとともにドライブしているような気分になれるのではないか。

spec/GLS

○全長×全幅×全高：4800×1830×1475mm○ホイールベース：2730mm○車両重量：1490kg○総排気量：2359cc○エンジン型式：直4DOHC○パワー/トルク：164ps/23.1kg-m○サスペンション(F/R)：ダブルウィッシュボーン/マルチリンク○ブレーキ(F/R)：ベンチレーテッドディスク/ディスク

●現行型登場年月：
05年9月（デビュー）
●次期型モデルチェンジ予想：
10年9月
●取り扱いディーラー：
全店

grade & price

GL	¥2,090,000
GLS	¥2,363,000
GLS Sパッケージ	¥2,678,000

プロフィール▼ 日本では馴染みがないが、デビューは意外に古く、85年で、現行型は5代目となる。それだけにヒュンダイが総力を挙げて開発しており、「新開発のパワートレイン」や「人間工学に基づいた滑らかなデザイン」など、さまざまなコンセプトを掲げている。なかには「最新装備とインパクトのある価格設定」というものまでも……。これを高いレベルでバランスをとり、結果として「真のバリューフォーマネー」を実現しているというのがヒュンダイの自慢である。

メカニズム▼ 新開発となる2・4ℓ直4ユニットは、可変バルブタイミング機構やツインバランスシャフトを備えており、164psのパワーを発揮するとともに、滑らかな吹け上がりを実現している。またミッションは4速ATながら、マニュアルモードが備わるなど、日本車と比べても遜色のない装備を誇る。また安全装備についても、一部グレードながらカーテンエアバッグやESPを標準で設定しており、高いレベルにある。

走り/乗り心地▼ 乗り味は至って普通で、とりあえず不満や不快に思うところはない。万人向けの味付けだ。エンジンはストレスもないし、ミッションの制御もスムーズでショックもほとんどない。実用セダンとしては合格点だろう。

使い勝手▼ 実用セダンとしては申し分ないものの、2・4ℓということを考えるとそれほど広くはない。

こんな人にオススメ

加速性能や高速姿勢安定性はたいしたことがないが、実用セダンとしてみれば申し分ないので、ブランドよりも実質を重んじる人には最適。あるいは、ペ・ヨンジュン・ファンの奥さまにぜひ。ディーラーでもらったペ・ヨンジュンの写真を室内に貼ったらどうだろう。ペ・ヨンジュンの微笑みと過ごす甘いひと時。それを思い浮かべるだけで、幸せを感じられるご婦人に。

グレンジャー【ヒュンダイ】

装備品は充実しているが……

ゴレンジャーみたいな変な名前だなと思っていたが、グレンジャーとは「壮麗な」という意味なのだそうだ。大層な名前だが、その名のとおりサイズは大きい。

全長でトヨタ・クラウンよりも55㎜、日産フーガよりも65㎜ほど長く、全幅ではそれぞれ85、90㎜ほど幅広い。

安全装備も充実している。クラウンやフーガでは、前席サイドエアバッグ、後席サイドエアバッグ、カーテンエアバッグなどがオプション装着、あるいは装着不可であるのに対して、グレンジャーは標準装備となる。さらに本革シートも標準装備だ。

それでいて値段は、２・５ℓのクラウン・ロイヤルサルーンが３６３万円、フーガＸＶが３４１万円なのに対して、排気量の大きい３・３ℓグレンジャーＧＬＳは２９９万円。３ℓクラスで比較すると、マークＸ３・０ℓプレミアムが３５４万円。買い得に思える。

多くの韓国人には「大きいクルマほどエライ、かっこいい」という価値観があるらしい。現にグレンジャーは韓国ではソナタよりも売れている。デザインは個性的ではないが、確かにボディは大きいし室内空間も広い。

ところが走り出してみると、ぴゅっという感じで飛び出る。高級車としては、それらしくスタートの瞬間はじわーっと動き出してほしいものだ。乗り味はふわっとした柔らかい足で乗り心地はよいのだが、それ故、スピードを上げていくと車体の収まりが悪くなり、揺れて安定性が落ちていく。ステアリングのフィールも、切り込んでいくと不自然に突っ張る感じだ。すーっと気持ちよく曲がっていくフィーリングではない。

見た目装備は充実しているが、実際乗ってみると安っぽいフィーリングだというのが正直な感想。というか、ひと昔前のトヨタ車的で、よいところも、よくないところもじつに似ている。ソナタと同様、その走りは昔のトヨタ・カムリを連想させられる。業界仲間から聞いたところ、ヒュンダイのテストコースには結構な数のトヨタ車があったというから、徹底研究をしたのだろう。

とは言え、性能自体ではなくフィーリングの問題だから、気にならない人にはまったく気にならないかもしれない。ただ、僕は気になった。

印象として、ソナタをただ大きくしただけの印象だ。ソナタ・クラスの実用車だったら許せることも、なにせ３・３ℓエンジンを搭載した高級車として見てしまうと、スペックとフィーリングのギャップが大きい。装備が充実していてサイズも大きくてコストパフォーマンスが高い点は大いに評価できるが、高級な味わいは薄い。

ブランド力や高級フィーリングが足りないので、高級車として考えて愛車とするのはどうかと思う。大きくて安い実用車と捉えるならいいけど。

これからは、よいところは模倣しても、良くないところは見習わない。そのための見極めの目を持つことがヒュンダイ技術者の仕事だろう。日本市場に導入する姿勢として、トヨタ車を超えるモノを作ろうとしなくては、同じレベルまでも到達できないはずだ。

意志の力がクルマ作りに限らずモノづくりの原点であることを、グレンジャーに乗って思った。

spec/Q270 Lパッケージ

○全長×全幅×全高：4895×1865×1490mm○ホイールベース：2780mm○車両重量：1650kg○総排気量：2656cc○エンジン型式：V6 DOHC○パワー/トルク：165ps/25.0kg-m○サスペンション(F/R)：ダブルウィッシュボーン/マルチリンク○ブレーキ(F/R)：ベンチレーテッドディスク/ディスク

●現行型登場年月：
06年1月（デビュー）
●次期型モデルチェンジ予想：
11年1月
●取り扱いディーラー：
全店

grade & price

Q270	¥2,971,500
Q270 Lパッケージ	¥3,286,500
GLS	¥2,992,500
GLS Lパッケージ	¥3,391,500

プロフィール▼ 2005年の東京モーターショーで発表され、翌06年1月に発売となったLクラスサルーン。先代に当たる「XG」で大いにアピールした高級感をさらに昇華させている。エンジンは3・3ℓV6＋5速ATで、グレードはGLSのみとなるが、豪華装備のLパッケージが別に用意される。200万円台からという高級車とは思えない低価格もウリのひとつだ。

メカニズム▼ 234psを発生するエンジンは新設計で、アルミ製ブロックを採用することで軽量化とより効率のいい燃焼を実現。さらにCVVTと呼ばれる可変バルブタイミング機構も備えており、スペック的には日本車と比べても遜色はない。またレギュラー仕様というのも経済的である。また安全装備についても高いレベルを実現している点には注目で、8エアバッグやアクティブヘッドレスト、さらにはESP（エレクトロニック・スタビリティ・プログラム）まで標準装備されている。

走り/乗り心地▼ V6ユニットは確かにパワフルだが、サスペンションのフィーリングには煮詰めが必要だろう。ただし本革シートが標準装備され、ウッドパネルのあしらい方もセンスよく、高級車としての味わいはうまく演出されている。もちろんスペースも広大だ。

使い勝手▼ 日本車なら高級車でもオプションで用意されるような装備が標準で用意され、不満のない使い勝手だ。

こんな人にオススメ

個人タクシーとしてはどうだろう。タクシーって後席にヘッドレストがなかったりシートベルトがシートの下に埋もれてしまったりしているクルマがごろごろしている。安全装備にもっと目を向けるべきである。グレンジャーは後席のエアバッグやヘッドレストなど安全装備が充実。しかも広いし値段も安い。運転手さんが飛ばさなければ、車体もそれほど揺れない。あるいは社用車としてもどうか。

part2
ミニバン

MINI VAN

エスティマ

MPV

エディックス

アイシス

ノア／ヴォクシー

セレナ

ステップワゴン

プレマシー

アルファード

エルグランド

ザフィーラ

オデッセイ

ウィッシュ

ストリーム

Rクラス

ひと目でわかる

ミニバン相関図

あらゆるニーズに応えるべく、各メーカーとも多彩なラインアップを揃えている。

近頃では実用一辺倒ではなく、走行性能もしっかりと備えたミニバンが支持を集めている。

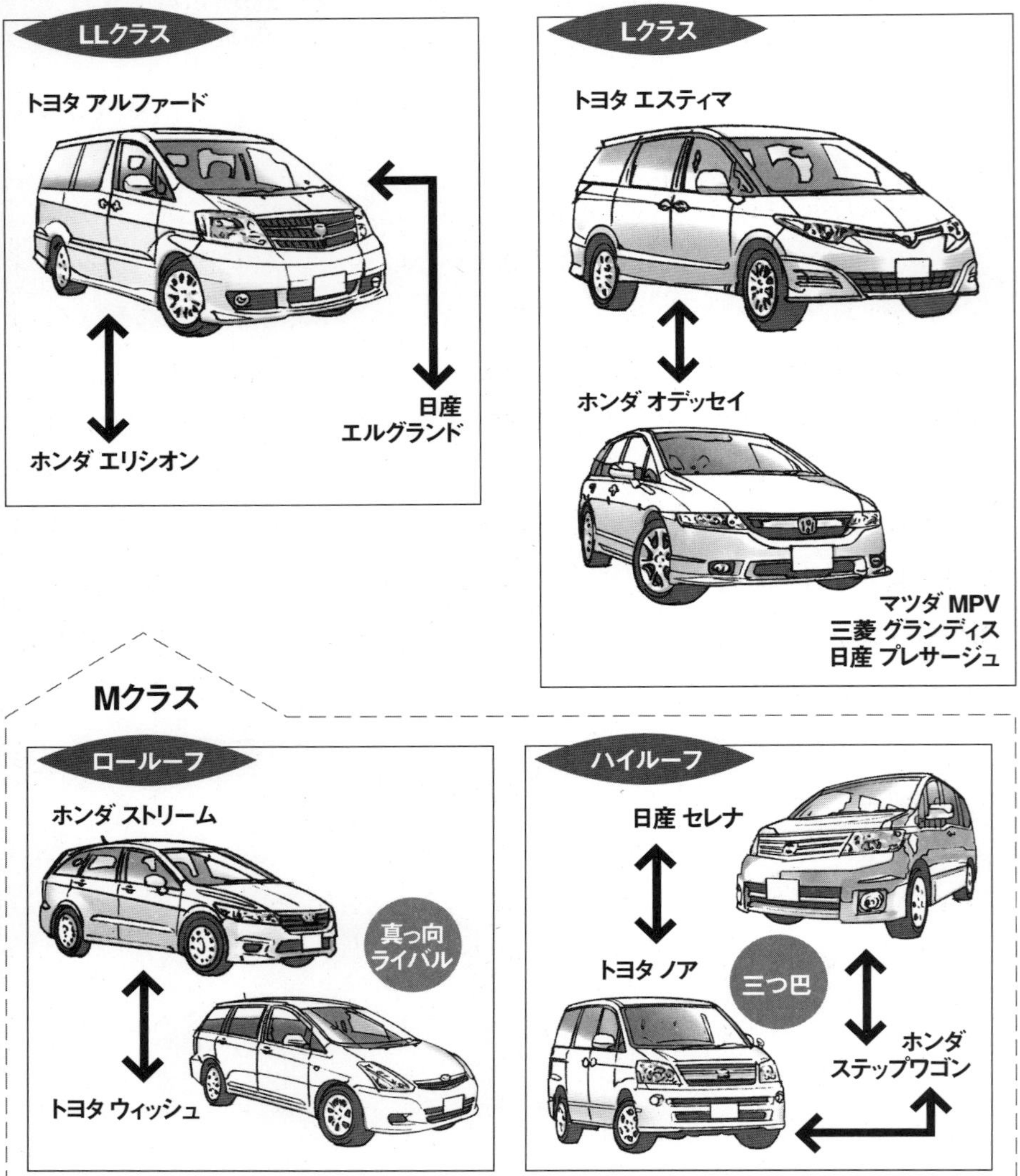

個人的にはミニバンを好ましい乗り物と思っていないが、でも、これだけ世の中にミニバンが溢れているとなると、ミニバンを書かずして自動車評論はあり得ない。正直に言って、前作はこのミニバンの章が弱かった。そう思って、頑張った。

試乗会でちょろっと乗っただけではわからない。長期間預かったうえで家族を乗せて長距離走って、初めて見えてくることがある。

ミニバンの世界は多種多様の価値が入り混じる。本書では6人から8人乗りをミニバンと捉えたが、背高の箱型ミニバンから背の低い流線型ミニバン、観音開きドアあるいはスライドドア、といった目に見える違いだけではない。大まかに言って、欧州車は走行中の快適性や安全性を最優先し、国産車はシートアレンジを工夫するなどして停車時の使い勝手を優先させる傾向がある。だから、「いまどきクルマなんて、なに選んでも一緒だろ」的な意見は当たらない。

ミニバンほど走りと乗り心地のバランスが悪いクルマはない。背が高ければ高いほど重心が高くなり、車体がぐらぐらしてしまう。それを抑えるには足周りを固めなければならないが、そうすると乗り心地がごつごつしてしまう。この二律背反の要素は、技術が進んだとは言え、現代のクルマすべてに付きまとう問題だが、ミニバンだとそれが顕著にあらわになるからだ。

走りをとるか、乗り心地をとるか、停まっているときの居住性か、さまざまなミニバンが登場している。だから自分のライフスタイルや家族構成に照らしてよく考えて選ばないと、こんなはずじゃなかったと後悔することになるだろう。ミニバンの世界は魑《ち》魅《み》魍《もう》魎《りょう》、複雑多岐にわたる。それを見極めてほしい。

エスティマ【トヨタ】

シャチョー気分を味わいたいなら

フルモデルチェンジだが、外観はそんなに代わり映えしない。けれども中身は大きく変貌を遂げていた。

最大のウリは、3列目シートを荷室の床下に格納できるようにしたことだ。そして3列目シートがなくなったスペースに2列目シートをスライドさせると、2列目席に座る人には1580㎜（！）の広大な空間が出現する（7シート車）。リクライニングさせてオットマン（足置き）に足をのせて伸ばして、リムジンに乗ったシャチョー気分だ。

最近のミニバン作りにおいて、3列席をどう扱うかは大きなテーマとなっている。というのは、ミニバン世代が成熟して子どもと出かける機会が減り、3列目席の使用率が大幅に下がってきたからだ。邪魔モノはなくせ！　が最近のミニバンの傾向である。

初代エスティマは、3列目席を左右にはねあげて両サイドの窓側に立て寄せる方式をとった。運転者から見て後方視界が目障りだった。2代目は前後に重ねて折り畳み、前にスライドさせて2列目にくっつける方法をとった。目障りではなくなったが、荷室の奥行きが狭くなった。今回の最大のウリは床下完全収納で、邪魔モノは完全に消滅した。

ホンダ・オデッセイも3列目席を床下に収納できるが、フロアには段差ができてしまう。エスティマは完全フラットだ。荷室の使い勝手にはそんなに差し支えないが、セールスマンがお客の前で「こちらは完璧に平らです。目障りなものはまったくありません」とアピールできる。こういうところがトヨタはうまい。

完全収納を実現するためにはいろいろな工夫がなされている。燃料タンクを平たくして2列目席左側下に押し込んだ。スペアタイヤは荷室床下に配置するスペースがないので、2列目右側床下に吊り下げることにした。まさかこんなところにスペアタイヤがあるなんて誰も思いつかないだろうから、パンクに備えてオーナーマニュアルは必需品だよな。4WD仕様車やハイブリッド車の場合は、機構上、どうしてもスペースがとれなかったため、スペアタイヤは廃止されてパンク修理剤を携行して対応する。――そんな安易な対応でいいのか!?　と思うが、法的にはOKだ。

冒頭で外観は代わり映えしないと述べたが、よく見るとエスティマの外形上の特徴だった「卵型もっこり感」が薄らいでいる。ホンダ製ミニバンの特徴である低床化を見習って、全高を40㎜下げたのだ。

フロア20㎜、運転席30㎜、2列目40㎜、3列目40㎜下げたことで、デザインだけでなく、操縦安定性にも影響が出てきた。実は僕はこのことが、今回のフルモデルチェンジの大きなポイントだと考えている。

今までのトヨタは、ユーザーの多くが望む（とトヨタが考える）乗り心地重視のミニバン作りを進めてきた。背が高くて足が柔らかいミニバンは、高速移動中は豆腐の塊が揺れるようだ。急ハンドルを切ろうものなら、グラッと揺れて怖いシロモノだった。エスティマもアルファードほどではないが、豆腐傾向があった。

おそらくトヨタの技術者も、もっと操縦安定性を上げなければならないと思っていたはずだが、販売面を考えると妥協せざるを得なかった。確かにあの低速域でのトロ～とした乗り味は、エスティマの魅力でもあった。

　しかし、今回、二番煎じとは言え低床化を図り、ロール剛性で40パーセント、ボディねじり剛性で20パーセントほど強めた。そして足周りも強化した結果、姿勢安定性がぐっと上がった。

　その効果は、交差点でカーブを曲がるときでも車体のロールが少なく姿勢が安定していることや、高速道路を飛ばしても豆腐のぐらぐら感が減ったことでも窺える。

　ちなみにフロア高はエリシオンよりも低くオデッセイより高いレベル。低床化により乗り降りも楽になった。

　ところが、望ましい方向に進んだ、よかったよかった。と、ならないところが、クルマ作りの難しさである。運転しているときはさほどではないが、後席に座ると乗り心地のごつごつ感が前モデルよりも気になるのだ。高速ではまだしも、一般道では足が硬い。あのトロ～とした上質な乗り味ではなくなった。

　これを前モデルから乗り換えるユーザーはどう感じるだろうか？　例の2列目席でふんぞり返ってシャチョー気分を味わうつもりでいたら、「おい運転手、ちょっとゴツゴツしていないかッ」と言いたくなると思う。

　エスティマのリアサスは、旧型ＭＰＶと同じトーションビーム形式だが、柔らかい足で乗り心地を確保していた。ところがそれを固めたため、トーションビームの弱点があらわになってしまった。「今度、操縦安定性を上げました。今までの乗り心地はなくなりましたけど、そこは少し我慢してください」では物足りない。

　欧州車メーカーはどちらかというと、操縦安定性を前提としつつ、そのなかでいかに乗り心地をよくするかを考えてきた。トヨタは反対に乗り心地絶対重視だったが、ここにきてエスティマでもヴィッツでも操縦安定性に目を向け出した。そのチャレンジ精神を評価するし、変革の方向性も好ましいが、今の時点ではアラが目立つ。

　エスティマらしい上質な乗り味を捨てるべきではない。だからと言って、単にマイナーチェンジで元の柔らかい足に戻すのではなく、操縦安定性を保ったうえで、乗り心地で前モデル並みを実現してくれることを望む。

　苦言を呈したが、随所に細かい心配りがある。たとえばドアの開閉や、シフト、ペダル、スイッチ類の操作フィールが滑らかで心地よい。こういう細かい点に配慮があると、高級感を覚えるものだ。

　また今回から３・５ℓＶ６が導入された。ミニバンになんと２８０ps（！）。やりすぎではないかと危《き》惧《ぐ》したが、シフトアップのときエンジン回転を抑えて制御をすることでシフトショックを和らげる工夫がなされ、6速ＡＴで多段変速になったこともあり、とてもスムーズで気持ちよかった。

　２・４ℓエンジンはＣＶＴを採用する。今までのトヨタのＣＶＴは、アクセルを強く踏み込むと回転だけがゴーッと上がって、安っぽい印象を受けた。今度は、そんなにエンジン回転が上昇しないような工夫があり、その分いくらか加速は鈍るが、安っぽく感じないようになった。運転しているドライバーとしてみれば余計なおせっかいだが、2列目にふんぞり返っているシャチョーにはクルマががくがくしないので喜ばれるはずだ。

　また、エスティマは元々静粛性がよかったが、さらにエンジン音が低く抑えられた。しかし、このことで、今度は高速走行で風とタイヤの音が大きく感じてしまう面もあった。クルマ作りの難しさを感じさせられた。

spec/2.4アエラス（7人乗り）

○全長×全幅×全高：4795×1800×1760mm○ホイールベース：2950mm○車両重量：1810kg○総排気量：2362cc○エンジン型式：直4DOHC○パワー/トルク：170ps/22.8kg-m○10・15モード燃費：9.8km/ℓ○サスペンション(F/R)：ストラット/トーションビーム○ブレーキ(F/R)：ベンチレーテッドディスク/ディスク

●現行型登場年月：
06年1月（FMC）
●次期型モデルチェンジ予想：
11年1月
●取り扱いディーラー：
トヨタ店／カローラ店

grade & price

2.4X (8人乗り) ¥2,540,000	3.5X (8人乗り) ¥2,897,000
2.4G (8人乗り) ¥2,900,000	3.5G (8人乗り) ¥3,257,000
2.4G(7人乗り) ¥2,940,000	3.5G(7人乗り) ¥3,297,000
2.4アエラス (8人乗り) ¥2,720,000	3.5アエラス (8人乗り) ¥3,077,000
2.4アエラス(7人乗り) ¥2,760,000	3.5アエラス(7人乗り) ¥3,117,000
2.4アエラスSパッケージ(8人乗り) ¥2,880,000	3.5アエラスSパッケージ(8人乗り) ¥3,237,000
2.4アエラスSパッケージ(7人乗り) ¥2,920,000	3.5アエラスSパッケージ(7人乗り) ¥3,277,000

プロフィール▼ 丸みを帯びたボディやミッドシップに搭載されたエンジンなど、斬新さで日本のみならず世界に衝撃を与えた初代エスティマ。「すべてを革新し洗練させる」をテーマにかかげた3代目となる現行型にもその精神は脈々と受け継がれている。スタイルは先代のイメージをうまく受け継ぎつつも、大きく切れ上がったライトなど、精悍さが増している。

メカニズム▼ プラットフォームやサスペンションを一新。ボディ剛性を高め、低床化することで重心を下げて操安性を高めている。注目は従来からの2・4ℓ直4ユニットに加えて、3・5ℓV6を新たに搭載している点。280psという今までのミニバンでは考えられないハイスペックを誇っている。ミッションは2・4ℓがCVTとなり、V6については6速ATとなる。安全装備にも力を入れ、3・5ℓにはミニバンで初となるS—VSCを設定、緊急時の安定性を高めている。

走り／乗り心地▼ 経済性に優れ、実用レベルではパワーなどに不満のない2・4ℓ。3・5ℓについてはグランドツーリングの風格すら感じられるほど、ゆったりとした乗り味が楽しめる。

使い勝手▼ 2列目がキャプテンシートとなる7人乗りとベンチシートの8人乗りに分かれる。3列目は簡単にラゲッジ床に収納でき、使い勝手向上に大いに貢献している。そのほかスライド可能なセンターコンソールなど、アイデア装備も多い。

こんな人にオススメ

中国では富裕層を中心にエスティマが人気を博している。きっと、社用車としても積極的に選ばれるだろう。僕自身、あの広大なリクライニングシートにふんぞり返ってシャチョー気分を味わいたい。でも、実際は自分が運転してスタッフが2列目に座るのが現実だ……。家族で乗る場合に子どもやかみさんが後席で寝て自分が運転、というパターンに陥っても腹が立たない心の広いお父さんに。

MPV【マツダ】

静粛性が増し、会話も弾むようになった

先代はミニバンながら、スポーツカーのようにきびきびと気持ちよく曲がるハンドリングだった。ステアリングを通して路面のざらつきやうねりなどの情報が振動となってよく伝わってきて、ぱっと乗ったときはエスティマよりも運転しやすく好印象を受けた。

ところが長時間運転していると、ステアリングを通して伝わってくる路面のざらつきがわずらわしく感じてくる。室内の騒音レベルも高めで、高速道路のロングツーリングで、後席に移って前席と会話しようとすると、声を高める必要があって段々疲れてくる。じゃあ寝ようかなと思うと、リアサスから微振動と音が伝わってきてうるさく感じる。

要するに、NV性は大きいですけど、走りが楽しいZOOM―ZOOMなクルマで若者向けですからいいですよね、KARAKURIシート（多彩なシートアレンジ）もついてるし、エスティマよりもサイズは大きいし、それでいて安いです、という大雑把な作りだった。

マツダは走りの楽しさをZOOM―ZOOM（ズームズームはアメリカの子どもがおもちゃのクルマで遊ぶときに発する言葉。日本でいえば、ブーブー）で表現するイメージ戦略をとる。僕は、セダンやハッチバックならまだしも、ミニバンの場合はZOOM―ZOOMはやめて、もっと、ミニバン本来の、移動手段として何が必要かを詰めるべきだと考えていた。

そのMPVがフルモデルチェンジした。

マツダの開発者も同じような問題点を感じていたらしく、NV性で優れていたエスティマを購入して、徹底的に研究し、とくにNV性の改善を図ってきた。

まずは後部席に伝わってくる音や振動を消すために、リアサスペンションに施された対策から説明しよう。

今までのトーションビーム形式をやめ、マルチリンクサスに変えた。簡単に説明すると、サスの支持箇所を2点から6点に増やした→支持部が多いから力を分散できる→その分、ブッシュを柔らかくしても操縦安定性は保てる→NVを減らせた。

ちなみに同じ時期にモデルチェンジした新型エスティマは、操縦安定性を高めようとした。しかし旧式のトーションビーム方式のまま足を固めたので、乗り心地が以前よりもそのまま落ちてしまった。新型MPVのマルチリンク新採用が光る。

またフロントサスに関しても対策を施した。機械嫌いの読者はわずらわしいかもしれない。簡単に説明すると、足周りのアームを直接ボディに固定せず、6か所のラバーブッシュを介してテレメーター・フレームで浮かせる方式を採用した。ボディに直接は振動が伝わってこないのでNV性が向上する。さらに支持部の形状を変え、操縦安定性に大きな影響を与える横方向はしっかりと、乗り心地に影響を与える前後方向は柔らかくする工夫をした。さらにエンジンマウントやアンダーボディの剛性もアップした。

こうして走りの性能は保持したまま、先代の弱点だったNV性能を一気に上げてきたのである。

このように僕は今回のモデルチェンジの最大の改善点を、ミニバンらしいNV性能と乗り心地の向上と捉えている。そこで気になるのは、メーカ

ーが宣伝する方向性だ。

キャッチフレーズは「スポーツカーの発想でミニバンを変える」なのである。

――そっちじゃないだろっ！

確かに先代ＭＰＶはそっちの方向のクルマだった。でもいくら運転が楽しくても、後席と会話が弾まなくては、ミニバンの楽しさが半減してしまう。しかし今回はノイズや振動が先代よりも大幅に減って、前席との会話も弾むようになった。数々の改良が施されている中で、僕が一番よかったと思うのはこの点だ。

「スポーツカーの発想で……」を、あくまでもスポーツカーを作る（すごい）手法で作り上げたということならわかるが、もっと直接的に、ＮＶ向上とか質感の向上面をアピールした方が今度のフルモデルチェンジの内容が伝わると思う。

そこで、お節介ながら、僕なりに新型ＭＰＶのキャッチフレーズを考えてみた。

「ライバルと同じレベルの静粛性を身に着けました」

……インパクトがないかもしれないな。批判するのは簡単だが、自分が作るとなると難しいものだ。

また今回から最上級車にＶ６エンジンをラインアップすることをやめ、直４ターボを搭載した。これも大きなニュースである。

ミニバンにターボ!?　ありそうで今までほとんどなかった。僕個人はターボの異次元加速感が大好きだが、それでもミニバンにターボの発想はなかった。

なぜにターボ？

しかし、これがじつによかった。ＭＰＶのターボは低速型なので３０００回転あたりの常用域から力強く加速する。バコンとアクセルを踏み込めば、瞬時にパワーが手に入るので、高速への合流や追い越しどきにはとてもありがたい。スポーツモデルとしての使い方ではなく、余裕のパワーによるロングツアラー。とくに長距離ドライブが多い人には使い勝手がよいはずだ。

一方、今回ライバル・エスティマは最上級Ｖ６モデルを２８０psで武装してきた。ついにミニバンも２８０ps!?　と驚いたのだが、実際に乗ってみるとそんなにすごくはない。もちろん、パワーバンドに乗って猛獣のような唸り声を上げて加速するときの気持ちよさといったら、ビッグパワーＮＡならではである。でも、もともと車重があるので、パワーウエイトレシオは６・６kg／psとそれほど高くない。

ＮＡの性格上、ターボに比べて右肩上がりのトルクカーブを描くので、高速走行中に踏み込んでも、シフトダウンするまでどうしてもワンテンポ加速のタイミングが遅れる。こうした状況では低速トルクのあるＭＰＶターボの方が瞬時にかつ力強く加速する。

２８０psという数値上のインパクトでステイタス性をとったエスティマ。実用面をとったＭＰＶという印象だ。

現ＭＰＶが出てくるまで、ミニバンにターボを組み合わせたモデルはほとんどなかった。でも、意外なほどミニバンとの相性がよかった。どうして誰も今まで気づかなかったのだろう。

カレー味のピザが意外に美味しいことに驚くイタリア人みたいなものか。違うか。

spec/23C

○全長×全幅×全高：4860×1850×1685mm○ホイールベース：2950mm○車両重量：1720kg○総排気量：2260cc○エンジン型式：直4DOHC○パワー/トルク：163ps/21.4kg-m○10・15モード燃費：12.2km/ℓ○サスペンション(F/R)：ストラット/マルチリンク○ブレーキ(F/R)：ベンチレーテッドディスク/ディスク

●現行型登場年月：
06年2月（FMC）
●次期型モデルチェンジ予想：
11年2月
●取り扱いディーラー：
全店

grade & price

23F	¥2,380,000
23F(4WD)	¥2,680,000
23C	¥2,470,000
23C(4WD)	¥2,740,000
23Cスポーティパッケージ	¥2,596,000
23Cスポーティパッケージ(4WD)	¥2,866,000
23T	¥2,800,000
23T(4WD)	¥3,100,000

プロフィール▼ 日本にいち早くミニバンという概念を持ち込んだ初代MPV。登場したのは北米が先行しており、88年のことだった。その後、KARAKURIシートなどを装備した2代目にスイッチしたのが、99年のこと。そのモデルスパンは長く、現行の3代目登場まで7年間もの月日が経っている。それだけに期待は大きく、並み居るライバルに対して逆に後発のうま味を存分に生かしたクルマ作りがなされている。またマツダにとっては、ZOOM—ZOOMの仕上げの最後の車種でもある。

メカニズム▼ スポーツカーの発想を込めたというだけに、なんといってもトピックスはターボをラインアップしている点だ。すでにアテンザに搭載されているが、2・3ℓの排気量に加えて直噴化することで、245psを発生し、3・5ℓV6と同等のパフォーマンスを披露する。またNAは、低速重視とし、可変バルブタイミングを採用した滑らかな加速に注目だ。

走り／乗り心地▼ 足周りの剛性アップに力を入れたというだけに、しっかりとした乗り味で、さらに静粛性も確実に高まっている。こだわり抜いたというシートの出来も上々だ。

使い勝手▼ パッケージングを見直すことで、3列目までしっかりと座ることができるようになった。さらにシートアクションも改良されており、たとえば3列目は床下収納から前方への折り畳み式に変更することで、扱いやすくなっている。

こんな人にオススメ

前モデルは、柄が大きい割には安いことが長所で、ミニバン本来の機能面では前エスティマに見劣りがした。ところが現モデルはライバルを同じ土俵で超えてきた感あり。新型エスティマの購入を考えている人へ選択肢としてすすめられる。トップモデル対決でも、エスティマ3・5ℓV6のステイタス性に対して、4気筒ターボの実質性で挑む。

エディックス【ホンダ】

奇数で行動するパターンが多い人に

最大の特徴は前列が3席。子どもを真ん中に親子3人で横に並んで楽しそう。

前列はベンチシートではなく、3席がそれぞれ独立し、中央席が少し小さく、隣同士で肩が触れ合わないように、少し後ろに下がる。エディックスの購入を考える場合、この配置と、家族構成とのマッチングを考えることがとても重要だ。

まずお父さんとお母さんが両側で子どもが真ん中の場合。これは理想的パターンである。

ところがもうひとり子どもが生まれると、お兄ちゃん（お姉ちゃん）が後席に座るしかなくなる。それでは前列の3人が並んで盛り上がって、後席にひとりじゃあかわいそう。なので、子ども2人が後ろに座ることになるだろう。すると4人が四隅に座ることになり、前3席の特徴がなくなるだけでなく、この中央席が障害物となり会話が弾まない。

つまりエディックスは「奇数人数好都合の法則」が成り立つ。

ではカップルの場合はどうか。彼女が中央席に座れば密着度が増してそれで幸せかというと、それほど甘くはない。前席はフロントウインドスクリーン越しに外から丸見えなので、2人で寄り添う姿が恥ずかしい。

ちなみにうちのかみさんとだと席をはさんで離れて座るから、ケンカしたときは好都合だ。しかし、ケンカをしないアツアツ夫婦の場合は、やはり偶数だと具合がよくないだろう。

友人の場合はどうだろう。4人だと真ん中シートがじゃまでやはり会話が盛り上がらない。しかし、もうひとり増えて中央席にグループの中心的人物が座ると、対角線上に話が大いに盛り上がる。つまり友人においても、3人、5人の奇数好都合の法則が成り立つのだ。

ところで、うちの家族の場合は僕と妻と長男と娘の偶数構成で、エディックスはあり得ないと考えていた。ところが近頃急にエディックスが気になってきたのは、長男が中学生となってあまり親と行動しなくなり、小学生の娘と親子3人で乗る機会が増えてきたからだ。最近は仕事が忙しくてウイークデーに娘と顔を合わせることなく、一緒に風呂も入らなくなり、たまに会うと背が伸びている。会うたびに思い描いていたイメージよりも大人になっている。子どもの成長は早いものだ。

親離れは大人になっていく証だからそれはよいことで、こちらも早く子離れをすすめるべきだが、どうしてもスピード差を感じるこの頃だ。友人によれば、高校生になるといっさい話をしてくれなくなるそうだ。

そんな話を聞くと、「今」が大切に思えてくる。現在の僕の車だと後席に乗った娘と離れてしまって会話がしにくいのだ。娘もつまらなそうだ。これから娘と過ごす機会もどんどん減っていくのだろう。

実際に娘をエディックスの中央席に乗せて並んで「こんな車は楽しいか？」と聞いたら「うん」という返事が戻ってきた。バカオヤジ丸出しだが、今こそ娘との思い出作りをすすめたい。エディックスっていいなあと思ったのだ。

それにしても息子とはそんなに一緒にいなくても平気なのに、娘と会えないとさびしく感じるのなぜなんだろう。

spec/20X

○全長×全幅×全高：4285×1795×1610mm○ホイールベース：2680mm○車両重量：1440kg○総排気量：1998cc○エンジン型式：直4DOHC○パワー/トルク：156ps/19.2kg-m○10･15モード燃費：13.0km/ℓ○サスペンション(F/R)：ストラット/ダブルウィッシュボーン○ブレーキ(F/R)：ベンチレーテッドディスク/ディスク

●現行型登場年月：
04年7月(デビュー)／05年12月(MC)
●次期型モデルチェンジ予想：
09年7月
●取り扱いディーラー：
全店

grade & price

17X	¥1,785,000
17X(4WD)	¥1,995,000
20X	¥2,016,000
20X(4WD)	¥2,205,000

プロフィール▼
横3つ×2列シートというユニークなレイアウトが特徴だ。このレイアウトは海外であればフィアット・ムルティプラ。国内では日産のティーノが採用していたが、さすがにパッケージングなどに無理があったのは事実。そこでエディックスでは真ん中のシートを後ろにオフセットすることでV字に3つのシートをレイアウトし、乗員同士の肩がぶつからないように配慮している。またこれにより、前後方向でのコミュニケーションも取りやすくなっているのも利点だ。

メカニズム▼
ベースとなるシャーシ自体はストリームのものを流用しており、搭載されるエンジンについては経済性重視の1・7ℓとパワフルな2ℓの2タイプが用意されている。またミッションはそれぞれ4速ATと5速ATとなる。駆動方式はFFがメインだが、4WDも選べる。

走り／乗り心地▼
走り自体は6人乗車でもストレスを感じることなく、経済性も高い。なにより、横に3人で座るという独特のレイアウトが生み出す密度感はエディックスならでは。どこに誰がどう座るかも含めて「楽しいドライブ」が味わえる。

使い勝手▼
2列シートということもあり、ラゲッジスペースは広く、さらにシートは折り畳み可能なので長尺物を積むこともできる。日常的な取り回しという点では、横幅があるだけに路地でのすれ違いなどで苦労することもある。

こんな人にオススメ
家族構成や友人関係が3人、5人、あるいはひとりの、奇数好都合の法則が成り立つ人に。ベースとなった旧ストリームよりも、足が柔らかくてその分乗り心地がいいけれど、ワイドトレッドなので、意外とカーブで踏ん張りが利いて車体がそんなにロールせずに姿勢安定性がよくて快適。長距離利用が多い家族にも。SUV風スタイルなので、ミニバン色を薄めたいと思っている人にも。

アイシス【トヨタ】

パノラマドアなのに、意外に乗り心地よい

トヨタに5ナンバーサイズの7人乗りミニバンは、ノア／ヴォクシーとウィッシュがある。そこにアイシスが加わった。最大の特徴は、左側にセンターピラー（支柱）のないドアを採用したことだ。

助手席ドアとスライドドアを両方開けると、パノラマ・オープンドアと呼ぶ広大な開口部が出現する。開放的だし乗り降りや荷物を積むときには便利そうだ。

けれどもピラーがなければ、その分、ボディ剛性が落ちる。路面のでこぼこがサスペンションを通してわなわなと増幅される。すると乗員に不快な微小振動（ビビリ振動）を伝えてきてしまい、安っぽい車の印象になるものだ。僕の予想としては、走りの性能には目をつぶったのだろうと思っていた。ところが実際には、走りに重きを置いたウィッシュよりも乗り心地がしっとりとしていて、走りと乗り心地のバランスが優れていた。

なぜなんだろう？

いろいろな対策が講じられたのだ。まずはピラーレス化で低下してしまうボディ剛性を補うため、ドア自体と周辺部分の強度をとてつもなく上げた。結果的にウィッシュよりもしっかりしたボディとなった。またホイールベースも延長したことで、車の曲がり方が穏やかになった。きびきびとしていないからスポーツカーであればマイナス要因だが、ミニバンだと乗員のことを考えればプラス要因だ。ホイールベース延長により、前後方向のピッチング（上下動）が減ったことも乗り心地向上に寄与している。

ボディ補強対策で重量がウィッシュよりも１４０kgも増えた。加速力は鈍ったが、しっとりとした乗り心地を得た。ボディ剛性とともに重量増は乗り心地向上に寄与する。つまりアイシスは、ウィッシュとは比較にならないほどボディ補強を行なう必要があり、その結果重量も増えたが、そのことが有利に働いてウィッシュよりも乗り心地がよくなってしまった。皮肉といえば皮肉だが、結果オーライ。うれしい誤算。風が吹けば桶屋が儲かる的な効果を挙げたわけだ。

ちなみに車重は増えたが、実用燃費はウィッシュと変わらない。エンジンやＣＶＴの改良が、燃費向上に大きく貢献したからだ。

こうして走りと乗り心地向上に予想外に貢献したパノラマ・オープンドアであるが、それ自体はどんな利点があるのだろうか、という肝心な点については、しばらく乗ってみたがよくわからなかった。

そもそもピラーがないから便利だなぁ、という状況が日常にあまりない。その恩恵には前後ドアを同時に開けないと与《あずか》れないのである。

開発者に尋ねてみたところ、「たとえば塾に子どもを迎えにいったら雨が降ってきて、じゃあ自転車を載せて帰ってこようなんてとき」とか「後ろの荷室にも3列目を畳めば自転車を載せられるスペースはありますけど、そこはカーペットが敷いてあるから泥が気になりますね。濡れた自転車を載せるには、荷室よりも耐水性マットが敷いてある室内の方がいい」という答えをもらった。

はあ、そうですか……？

もしパノラマ・オープンドアのどんぴしゃな状況が見つからなくても、走りと乗り心地が上がったのだから、それでよしとすべきかもしれない。

spec/2.0プラタナ

○全長×全幅×全高：4640×1710×1640mm○ホイールベース：2785mm○車両重量：1470kg○総排気量：1998cc○エンジン型式：直4DOHC○パワー/トルク：155ps/19.6kg-m○10・15モード燃費：14.0km/ℓ○サスペンション(F/R)：ストラット/トーションビーム○ブレーキ(F/R)：ベンチレーテッドディスク/ディスク

●現行型登場年月：
04年9月(デビュー)／05年11月(MC)
●次期型モデルチェンジ予想：
09年1月
●取り扱いディーラー：
トヨタ店

grade & price

1.8L Xセレクション	¥1,785,000
1.8L	¥1,890,000
1.8プラタナ	¥2,100,000
2.0L Xセレクション	¥1,890,000
2.0L Xセレクション(4WD)	¥2,100,000
2.0L	¥1,995,000
2.0L(4WD)	¥2,205,000
2.0プラタナ	¥2,205,000
2.0プラタナ(4WD)	¥2,415,000
2.0G	¥2,310,000
2.0G(4WD)	¥2,520,000
2.0G Uセレクション	¥2,520,000
2.0G Uセレクション(4WD)	¥2,730,000

プロフィール▼
ガイアの後継車として登場した5ナンバー／3列シートミニバン。ノア／ヴォクシーの陰に隠れた形となっているが、独自路線を貫く、使い勝手のよさに注目だ。

メカニズム▼
一番の注目が助手席側に採用された「パノラマ・オープンドア」。一見するとリアドアが電動スライドになっているだけに見えるが、助手席のドアを開けると真ん中にピラー（柱）がまったくなく、広大な開口部が出現するというモノ。これにより、乗降性だけでなく、荷物の出し入れなども楽にできるようになった。エンジンについては、1・8ℓと2ℓの2本立てで、前者が4速ATで後者がCVTとなっている。

走り／乗り心地▼
5ナンバーサイズのミニバンというキャラクターに似つかわしい走りが身上だ。尖ったところがないのはもちろんのこと、フル乗車をしても不満のない実用的なパワーの出し方。さらに実用燃費も10㎞／ℓ前後と、経済性の高さにも注目だ。乗り心地も硬くもなく、柔らかくもなく、ちょうどいいセッティングで、万人向けの味付けとなっている。

使い勝手▼
パノラマ・オープンドアの使い勝手のよさはもちろんのこと、運転席側のリアドアも電動化されている。それだけでなく、シートアレンジにも工夫が凝らされている。2列目のロングスライドに加えて、3列目は完全にフロア下に収納ができ、フラットなラゲッジが出現する。

こんな人にオススメ
トヨタの5ナンバーサイズ7人乗りミニバンが出揃った。室内空間がほしい人には背高のノア。スポーティな雰囲気の実用性の高いワゴンタイプを望むならウィッシュ。しっとりとした乗り心地と、パノラマ・オープンドアによる開放感を味わいたい人にはアイシス。高原に行って車の脇でピクニックをすると楽しそう。自転車を積む機会が多い人にも。でも、そんな人って多いのだろうか。

ノア／ヴォクシー【トヨタ】

ライバルがいなくなって、いつのまにか個性的

発売から5年も経ったモデルだ。ライバル的存在のホンダ・ステップワゴンや日産セレナはすでに新型になっている。なのにヴォクシーは兄弟車のノアと合わせて乗用車販売ランキング2位3位あたりを堅守している。2006年登録で数値が跳ね上がり、堂々1位の月もあった。そんなに売れる理由は何なのだろう？　宅配便の配送車みたいな車を、あえて自家用車として乗る意味を考えてみた。

ハードがすばらしいわけではない。エンジンはガーガーとうるさく、ステアリングには安っぽいざらざらとした振動が伝わってくる。兄貴分エスティマにある雲の上のような乗り味はない。ステップワゴンが誇る低床化の工夫もない。5ナンバー枠の小さな車体に、豆腐を立てたみたいな背高のっぽだから、運動性は望むべくもない。

振り向けば、天井が高くて四隅が四角く広大で、まるで商用車を運転しているような気分となる。トヨタ車にしては硬めの足が与えられ、カーブで車体のロールは意外に少なく、乗員は揺すられない。これが商用車だったら荷物満載時に荷崩れを防ぐ効果もあって、それはよいことなのだが、乗用車としてみればシートの厚みが薄いこともあって、座り心地が硬い印象だ。走りに関して駄目ではないが、現在のミニバンの水準から見れば、とくにここがいいというところもない。考えてみれば、この背高のっぽのカタチに、極上の走りや乗り心地を期待する方がおかしいのである。

そう思いつつ首都高に乗り入れたら、魅力の一端が見えてきた——。

クルマにはそのクルマなりの快適速度があるのだ。気がつけば左車線をのんびりと走っていた。周囲のクルマがビュンビュン抜いていくけれど、気にならない。走り去っていくクルマの低い屋根を見ながら、「よほど急用があるのだろうな。気の毒に」と思えてきた。他が気にならないのだ。

スクエアな背高ミニバンは他にもアルファードがトヨタにはあるが、サイズも価格も各段に上。取り回しのよい5ナンバー枠サイズでリーズナブルな価格となると意外と他にはない。

販売上のライバル、ホンダ・ステップワゴンは今回のフルモデルチェンジで低床化を図って、まじめに運動性を追求してきた。視点が低くなり、四角いカタチでもなくなった。ウィッシュやエスティマはその流線型ボディに「走り」への執着が感じられる。ところがヴォクシーの四角いカタチはまったく走りに無頓着な雰囲気だ。他のクルマとはジャンル違いの感じがするから貧乏臭くない。戦っている土俵が違うのだ。

それでなくても最近は、直線的なカクカクしたデザインのクルマが少なくなっている。そうした流れがヴォクシーをかえって新鮮に見せて追い風となり、人気を支えているのだろう。

乗用車型や低床ミニバンとは違った宅配便配送車みたいなカタチ。見晴らしの良い視点の高さ。みんなが一生懸命努力して低くなろうとしているなか、のほほんと生きていたらかえってキャラが引き立ってしまった。

自分が背の低い車を運転しているときは、視野がふさがれヴォクシーは目障りだけど、中に入ってみればよさが見えてくる。学生時代、ビール配送のバイトでトラックを運転したことがあるが、慣れた乗用車よりも新鮮で楽しかったことを思い出した。

spec/Z

○全長×全幅×全高：4625×1695×1850mm○ホイールベース：2825mm○車両重量：1510kg○総排気量：1998cc○エンジン型式：直4DOHC○パワー/トルク：155ps/19.6kg-m○10･15モード燃費：14.2 km/ℓ○サスペンション(F/R)：ストラット/トーションビーム○ブレーキ(F/R)：ベンチレーテッドディスク/ディスク

●現行型登場年月：
01年10月(デビュー)／05年8月(MC)
●次期型モデルチェンジ予想：
07年4月
●取り扱いディーラー：
ネッツ店

grade & price

X Eエディション	¥1,995,000
X Eエディション（4WD）	¥2,247,000
トランスX	¥1,995,000
トランスX（4WD）	¥2,247,000
X	¥2,079,000
X（4WD）	¥2,378,000
X Eエディション（4WD）	¥2,247,000
X Vエディション	¥2,520,000
Z	¥2,378,000
Z（4WD）	¥2,772,000

プロフィール▼
ノアとヴォクシーは兄弟車となるが、販売チャンネルの違いだけでなく、前者が実用重視のスタイルなのに対して、後者はスタイリッシュなイメージに仕上げられている。とはいえ、人気の秘密は両者とも共通で、扱いやすい5ナンバーサイズとスクエアなボディがもたらす広大な室内で、子どもが数人いても頼もしく使える。3列目を使わないという声にも応えて、2列シートとしたトランスX（ヴォクシー）／YY（ノア）も追加登場し、さらに好評を博している。

メカニズム▼
実用性の高さはエンジンにも表れており、ライバルたちが排気量を拡大するなか、2ℓのみの設定。さらにミッションはCVTのみとなっている。

走り／乗り心地▼
トールスタイルだけに不安定なイメージがあるが、意外にしっかりとした走りを披露してくれ、アイポイントの高さもあり、日常的にじつに扱いやすい。エンジンも実用性能に徹して尖ったところはなく、さらに実用燃費についても、高いレベルを実現。こういった部分でも、経済性を重視するユーザーから人気を博しているといっていいだろう。

使い勝手▼
スクエアなボディのメリットを存分に生かして室内はじつに広大。シートアレンジも派手さはないものの、荷物や乗員数に対して、的確に対応してくれる。また電動スライドドアなど、装備面でもとても充実している。

こんな人にオススメ
ウイークデーは仕事でぼろぼろに疲れ、週末は家族サービスでは、身が持たない。ノアだと、家族思いのお父さんのイメージが強く、よいお父さんを演じているのに疲れてしまいそう。ヴォクシーは兄弟車ノアと違ってファミリーぽくないワルの顔つき。「こう見えても、昔ちょっとヤンチャしててさ」とか言ってみたいお父さんに。俺は仕事で疲れてるんだッ。休日くらい休ませろ、と言えそう。

セレナ【日産】

実用空間5ナンバー最大

ミニバンの開発者と話していて感じるのは、どうやら、背が低くて流線型の方が箱型よりもカッコイイ、という価値観があることだ。でも、そうだろうか？　流線型は、本当はセダンやクーペがほしいんだけど、家族が多いし荷物も積みたいから仕方なく選んだように、僕には感じられてしまう。どうせなら道具箱的な四角い方が潔いと思う。そういう意味で、旧ステップワゴンはけっこう自分のなかでハマッていた。

ところが新型となってそのコンセプトを捨てたので、「道具箱」を受け継ぐのは新型セレナだけとなった。

5ナンバー枠の箱型ミニバンには、元祖・ホンダ旧型ステップワゴン以外にも、トヨタ・ノア／ヴォクシーがある。どちらも売れていた。ところが旧セレナはどうもぱっとしなかった。新型セレナの開発陣は、開発コンセプトを決めるにあたり、原因は旧セレナの認知度が低かったからであり、それは中途半端で印象が薄いからだと分析した。販売成績を上げるには、もっと特徴をはっきりさせる必要がある。

そう考えたとき、開発者には2つの選択肢が浮かんだ。小型化するか、それとも室内空間を広くするか。どっちをとるか。

小型化した方向には売れに売れているトヨタ・ノア／ヴォクシーがいる。日産が同じようなコンセプトで作っても、販売面でトヨタにかないそうにない。それで、大きく広くすることにした。

そちらの方向には箱型背高ミニバンの元祖・ホンダ旧型ステップワゴンがある。それよりもさらに広さを追求し、特に3列目席の居住空間と乗り降りのしやすさの向上を目指した。

ということはトヨタよりもホンダの方が与《くみ》しやすしと思って開発方向を決めたわけだな。改めてトヨタの販売力のすごさを感じさせられる。

セレナは何よりも乗り心地を重視した。旧ステップワゴンにあったような路面からのゴツゴツした突き上げがなく、乗り味が柔らかい。それがセレナの長所だ。これはバネとショックの減衰力をぐっと弱めた効果だ。僕がセレナの開発責任者に「乗り心地がいいです」と印象を伝えたら、「お客さまは柔らかい足を好みます！」と、うれしそう。

しかしそのせいで車体安定性がよくなくなり、スピードを上げて60km／hくらいから車体がふわふわしてくる。カーブでは外輪が沈む前に内輪が浮き上がるように不安定にロールする。ハンドルを握っているときは、揺れがあらかじめ予想できるから平気だが、人に運転してもらって自分が3列目に座ってみたら、山道で法定速度で走っていても体がぐわっと不安定に揺れて、慣れるまでけっこう怖かった。

飼い犬（ボストン・テリア）を乗せたら、ふだんはそんなに酔わないのに、すぐに酔ってしまった。ヨメはヨメで山道を僕が運転していると、「揺れるから、もっとゆっくり走って」と怒るので、僕は運転が楽しめなかった。いったい誰に向かって運転の仕方を注意してんだッと思うが、口には出さない。

高速では、ヘタな人が運転手だと、80km／h巡航あたりまでが後席の乗員が酔わない上限だろう。それをセレナの開発責任者に言ったら、「お客さまは柔らかい足を好みますので……」と、仕方なさそうだ。

5ナンバー枠だから、トレッドもホイールベースも狭い。その小さな底面積に箱型の上モノが載る。いわば狭い下駄の上に四畳半が載ってるようなものだ。広さは得られたが、重心が高く、動くには不利な構造だ。それでも旧ステップワゴンは乗り心地が硬くなるのを承知で足を固め、少しでも姿勢を安定させようとしていた。ところがセレナはお客さまの声を重視するあまり、豆腐のような車に柔らかい足を与えてしまった。

作り手がユーザーの声に耳を貸すことも大事だし、ゴーン政権下の日産はそういうマーケティング主導の開発手法により人気をぶり返したわけだが、やはり、クルマはこうじゃなければならないという主張も作り手は持つべきではないか。部屋は動かないが、クルマは動くのだから。

止まっているときの使い勝手はよく考えられている。シートアレンジや操作方法などに多くの工夫が見られる。

セレナの開発にたずさわった人は、休日には少年野球の監督をしていて、子どもたちを大勢乗せる機会が多かったそうだ。球場に着いて、スライドドアを開けたとき、今まではまずは2列目席の子どもたちが降り、それから2列目シートを前に移動させ、次に3列目の人が降りるという2段階のわずらわしさがあった。

そんな経験から、一度に2列目も3列目もみんながパーッと出られるようにしたかったそうだ。

なお3列目席の乗り降りをさらにしやすくするため、2列目シートを分割式とし、通常は2列目を2座席として使用し、横スライドができるようにした。

ボディスタイルに、虚飾デザインは極力廃されている。完全な箱型なので、実は占有面積はクラウンより狭いのだけれど、運転者にとっては大きく感じてしまうところがある。その対策として窓を四角く大きくとって視界のよさを確保した。

またスライドレールを見えなくするノウハウはトヨタがパテントを持っているので採用せず、あえてレールを隠そうとせずに、サイドからバックまでのキャラクターラインの中に取り込んだデザインでレールを強調した。いわば、道具箱的デザインが魅力だった旧ステップワゴンの正常進化版（？）と言えよう。

新型ステップワゴンは、セレナ開発陣も僕らも、旧型の方向で正常進化すると予想していたが、実際は違い、低重心でコンパクト、スタイリッシュ、ドライバビリティ重視に生まれ変わった。結果的にセレナの5ナンバー枠最大・オンリーワン、というキャラがはっきりした。旧セレナの中途半端で印象が薄いイメージから完全脱却が図れた。めでたし。

僕もそうだが、意外なほど、この道具箱的デザインを好むユーザーは多い。このことが有利に働いているようで、販売は概ね順調で、旧ステップワゴンのユーザーも流入してきている。

そんなに遠出はしないで、日常的な使い勝手重視で、でもいざとなったら大勢で乗って荷物をいっぱい載せてキャンプにも行ける。そんな夢を買う部分にも注目すべきかもしれない。まあ、急ハンドルはしないようにして、高速道路では制限速度厳守で走れば、僕が指摘したような問題はそれほどは生じないし。

新型ステップワゴンはノア／ヴォクシーと似た方向で小型化。セレナは大型化の方向に進んでいる。今後、5ナンバー箱型ミニバンの主流はどういう方向に進むのだろうか。セレナは孤立するのか。それともオンリーワンとして輝くのか。次期ノア／ヴォクシーの方向性が興味深い。

spec/20RS

○全長×全幅×全高：4690×1695×1840mm○ホイールベース：2860mm○車両重量：1610kg○総排気量：1997cc○エンジン型式：直4DOHC○パワー/トルク：137ps/20.4kg-m○10・15モード燃費：13.2km/ℓ○サスペンション(F/R)：ストラット/トーションビーム○ブレーキ(F/R)：ベンチレーテッドディスク/ディスク

●現行型登場年月：
05年5月(FMC)／05年12月(MC)
●次期型モデルチェンジ予想：
10年5月
●取り扱いディーラー：
全店

grade & price

20S	¥2,100,000
20S（4WD）	¥2,384,000
20RS	¥2,121,000
20RS（4WD）	¥2,405,000
20RX	¥2,247,000
20RX（4WD）	¥2,531,000
20G	¥2,384,000
20G（4WD）	¥2,667,000
ハイウェイスター	¥2,405,000
ハイウェイスター（4WD）	¥2,678,000

プロフィール▼ 日産を代表するミディアムクラスのミニバンだが、現行型はよりシンプルに乗る人の楽しさや使い勝手のよさについてこだわる。ボディサイズは初代から守り抜いている5ナンバー枠に収まるもので取り回しがよく、女性でも運転しやすいキャラクターに仕上げられている。パッケージングについてもよく煮詰められており、8人乗りを実現しているのだが、開放感向上のためにサイドウインドウを大きなものにするなどの配慮により、窮屈な感じはしない。ラインアップ的には、実用を重視したスタイルのS／G系と、塊感を強調したエアロを装着するスポーティなスタイルのRS／RX系に分かれる。

メカニズム▼ メカ的にはじつはかなりシンプルで、エンジンとトランスミッションはそれぞれ1タイプのみ。全グレードに共通となる。エンジンは2ℓで、ミッションはCVTなのだが、ストレスのない走りを実現しているだけでなく、経済性や環境性能にも優れている点に注目だ。

走り／乗り心地▼ さすがにスポーティでキビキビした走りというのは無理だが、Mクラスミニバンならではの実用重視の味付けが自慢なだけに、日常的な使用でも不満は出ないハズ。

使い勝手▼ 大人数で乗っても楽しめる開放的な室内に加えて、ラゲッジもじつに広大。小物入れも各所に用意されていて、じっくりと使い込むにはピッタリだ。

こんな人にオススメ

走りよりも日常の使い勝手を何よりも優先する人。あるいは止まっているときの活用方法（BBQなど）も考慮に入れている人。長距離はあまり乗らないし、乗ったとしても左側車線をゆっくりと走る人。実際はそんなに遠出はしないが、いざとなったら大勢乗って荷物を載せてキャンプにも行ける。というような夢を買った部分にこそ注目すべきかもしれない。

ステップワゴン【ホンダ】

脱・箱型。その真意は……

小型5ナンバー箱型ミニバンの新ジャンルを切り拓いたのは、96年に登場した初代ステップワゴンで、売れに売れた。キープコンセプトで来た2代目も売れ始めたところで、トヨタが兄弟車ノア／ヴォクシーを登場させる。

コンセプトはステップワゴンと基本的に同じだが、使い勝手がよいもう少し小ぶりなサイズとした。ステップワゴンは片側だけだったが、両側にスライドドアを採用もした。トヨタの販売力にもモノを言わせ、販売台数でステップワゴンを倍以上も上回った。

これをひっくり返すためにホンダが放った刺客が、今回の新型ステップワゴンである。

ミニバンには丸っこくて似たようなカタチのが多い中、旧ステップワゴンは冷蔵庫のような四角形が新鮮だった。おしゃれ感を排除し機能優先の道具箱的デザインは、スタイリッシュではないけれど、だからこそカッコよい。僕の目にはそう映っていた。

けれども、今回のフルモデルチェンジでは、その四角形を捨ててしまった。残念だなぁ。角が丸くてよくある普通のミニバンぽくなってしまった印象だ。そんな思いを開発責任者にぶつけてみた。すると「普通のミニバンではなくて、これからのミニバンはこういう方向であるという新しい提案なのですッ」という言葉が強い調子で返ってきた。……はぁ、そうなんですか。

新ステップワゴンが示す新しい提案とは――。

それは今回から両側についたスライドドアを開けてみると展開されている。地上から床面までわずか３９０㎜。小さな子どもでもちょっと足を上げれば乗り込めるほど低い。つまり、一見すると背高箱型のカタチだが、中身は低床化ミニバンなのである。ヴォクシーのようにステップに段差がないので、2列目席の足元スペースもそれだけ広い。

低床化は走りに好影響を及ぼしている。旧ステップワゴンよりも乗用車的な曲がり方をするようになったのだ。具体的にはコーナーで旧型よりも車体がグラッと揺れない。もちろん乗用ワゴン型ミニバンと比べてしまえばロール量は多めだが、ロール速度が穏やかだ。しかも横ではなくて斜め前に沈むような方向にロールするようセッティングされているので安心感がある。

旧ステップワゴンは、背高で風の影響を受けやすい四角だったから、以前、レインボーブリッジ上を飛ばしているとき、突風にあおられて車体がぐらぐらっと横揺れして怖かったことがあった。そんなときは動く部屋と割り切ってゆっくり走るしかなかった。しかし今度のステップワゴンは、箱型ミニバンの割には角が丸く風に強そうだ。その走りも新型セレナ、ノア／ヴォクシーを上回っていて満足だ。

小型になったが室内空間がそれほど犠牲になっていないことも優れた点だ。セレナ陣営は「新しいステップワゴンが今までとは方向性が変わったことで、セレナにとってはプラス要因に働くでしょう」と言っていた。確かにイメージとしてはセレナよりもコンパクトになった分、ステップワゴンは室内容積で見劣りしそうだ。だが、じつはノア／ヴォクシーや新型セレナと新ステップワゴンを比べると、それほど室内高に差はない。ヴォクシー1340㎜、セレナ1355㎜、ステップワゴン1350㎜。新型ステップワゴンは低床化によって床を60㎜下げたことで、屋根が低くなっても同じ室内高が保たれているのだ。

ところで、ステップワゴンは左片側スライドドアが個性だった。ボディ剛性面でも子どもの飛び出しを防ぐ面でもそれが特長だったし、ディーラーマンも「片側だからいいんです」とアピールしていたが、新型は両側だ。そこを開発者に突いたら「ユーザーの絶対的ニーズですから、選択の余地はありませんでした」とにべもない答えが返ってきた。

もうこうなったら「部屋」とか「個性」とか言っていられない（言ってはいないけど）。テキを撃破して売らなければならない。それには両側スライドドアと小型サイズ化は絶対だ。という判断をしたようだ。

2代目は部屋イメージの強い左側のみスライド（つまり右側は壁）と箱型フォルムがあいまって、特に一部の若者から人気を博していた。中古価格がこなれてきたこともあって改造の対象となり、金曜日の深夜の大黒埠頭には、巨大スピーカーを装着した改造車が集結し、大音量でヒップホップ音楽を流す若者たちが社会現象となるほどだった。

もちろん、そうした若者はステップワゴンユーザーの一部である。大半はファミリー層である。メインボリュームの団塊ジュニア世代・子育てユーザーの使用状況を考えると、週の5日間は奥さんが運転するケースがほとんどだ。奥さんにとって大きな四角形は威圧感があるので、もっと取り回しのよさそうなクルマがほしい。そういうニーズに対応したのが新型ステップワゴンの小型化なのだ。

つまり社会現象も巨大スピーカーも熱狂的なファンも関係ない。数を売るための方法を考えたとき、必然的に脱・箱型が決まったのである。すべては打倒ノア／ヴォクシーのためになのである。

僕は旧型の無骨なカタチに熱狂はしないまでも、「俺は機能としてこのクルマが好きだ。セダンやワゴンに憧れをもっているわけではない」という男らしい（?）主張を感じていた。しかし、ミニバンが特殊ではなくなり、一家に1台のファミリーカーとなってくると、7分の5日を乗る奥さんの意見を最優先で聞かざるを得ない。男の精神性よりも日常性を重視するのは仕方ないのかもしれない。さびしいけれど。

とは言え、新型ステップワゴンの作りに、作り手の努力やこだわりは強烈に感じられて、また走りもよかった。

最近、ミニバンが増えてきて、僕が住んでいる世田谷近辺はそれでなくても道が狭く、サイズをもてあましてのろのろ走っている大型ミニバンがいっぱいいる。「何だよ、もっと小さいのに乗れよ」と僕は思う。自分が大きいミニバンを運転しているときは、「すみませんねえ」と肩身が狭くなる。

地球環境にも都市の交通問題にも小さいサイズがいいのだから、もうそろそろ無駄に大きいクルマに乗るのはやめようよ、というムーブメントが起きたらいいなと僕は思っている。

そういう僕だから、新型ステップワゴンの小型化・脱箱型を歓迎することにした。

最後に、ひとりの自動車好きとして気になるのは、トヨタの動向だ。次期ノア／ヴォクシーは、背高のセレナの方向でいくのか、はたまた新型ステップワゴンのような低床化の方向でくるのか。それによってミニバンの方向、ひいては日本の車社会の方向性も変わるはずだ。

spec/G Sパッケージ

○全長×全幅×全高：4630×1695×1770mm○ホイールベース：2855mm○車両重量：1530kg○総排気量：1998cc○エンジン型式：直4DOHC○パワー/トルク：155ps/19.2kg-m○10・15モード燃費：12.2 km/ℓ○サスペンション(F/R)：ストラット/車軸式○ブレーキ(F/R)：ベンチレーテッドディスク/ディスク

●現行型登場年月：
05年5月(FMC)／06年5月(MC)
●次期型モデルチェンジ予想：
10年5月
●取り扱いディーラー：
全店

grade & price

B	¥1,995,000
B（4WD）	¥2,258,000
G	¥2,100,000
G（4WD）	¥2,363,000
G Lパッケージ	¥2,205,000
G Lパッケージ（4WD）	¥2,468,000
G Sパッケージ	¥2,300,000
G Sパッケージ（4WD）	¥2,562,000
G LSパッケージ	¥2,394,000
G LSパッケージ（4WD）	¥2,657,000
24Z	¥2,552,000
24Z（4WD）	¥2,814,000

プロフィール▼ 96年に登場した初代は完全なる箱型ミニバンで、スペースユーティリティを徹底的に追求した広大な室内を実現。1〜3列シートをすべて使ったフルフラットが可能など、大ヒットとなった。その後の2代目はキープコンセプト。現行車たる3代目は、ホンダ自慢の低床化により、車高を75㎜も低くしたにもかかわらず、先代同等の室内スペースをしている。

メカニズム▼ エンジンは2ℓに加えて、2・4ℓも用意されている。どちらもi―VTEC搭載で、走行性能と経済性を高いレベルで両立させている。組み合わされるミッションは、2ℓが4ATで、2・4ℓはCVT（4WDは5AT）となり、どちらもスムーズな制御が印象的だ。

走り／乗り心地▼ 尖ったところはないものの、実用にして十分なほどの走りを披露してくれるので、不満はなし。多人数乗車で高速を長時間走っても、疲れは少ない。ただし、さすがに3列目では少々硬さが気になってしまうのは致し方ないか。

使い勝手▼ ベーシックながら、広大な室内を武器にまるで遊び場のようなスペースがステップワゴンの特徴だったのが、現行型では使い勝手という点では今までと比べると遜色あるというのが実際のところ。ただし、オプションで用意されるフローリング調フロアや障子のようなルーフなど、ユニークな試みはされている。

こんな人にオススメ

オデッセイとステップワゴンは価格も近く、ユーザーも子育てファミリー層と同じだ。運転好きなお父さんが気持ちよさを求めるならオデッセイ。奥さんに「スピード出さないでよッ」と言われて、我慢できる人にはステップワゴンだった。でも、新型はスピードを出してもそんなに揺れなくなったので我慢の程度が薄らいだ。7人か8人乗りか、アイポイントが低いか高いかの違いで選ぶべきか。

プレマシー【マツダ】

流線型にスライドドア採用は初めて

マツダは全車種ＺＯＯＭ－ＺＯＯＭを提唱し、運転して楽しいクルマをＤＮＡとする。走りが楽しい小型ミニバンといえばホンダ・ストリームがあるが、マツダはどんな走りでストリームに対抗したのか。そこに僕は興味を持った。

それで、わざわざ山道に行って走ってみた。屋根も低めで重心が低いこともあって、飛ばしても車体がふらつくことはなかった。それでいて足は旧ストリームのようには硬くはなく、乗り心地も悪くなかった。

だが、期待したような、たとえばマツダ・アクセラのようなキビキビと曲がるようなクルマではなかった。ＺＯＯＭ－ＺＯＯＭはどこ行った？

それまでマツダのミニバンはＭＰＶも旧プレサージュも、ステアリングを切ったときの手応えがよくて、路面からのインフォメーションもいっぱい伝わってきて、スポーティなフィーリングで運転がしやすく、かつ楽しかった。でも、後ろの席に行くと振動や音がビンビン伝わってきて、わずらわしくもあった。運転手に必要な情報と、乗員に必要でない情報がトレードオフだったのである。そこを新プレマシーは改めた。

つまり、今までのＺＯＯＭ－ＺＯＯＭの解釈を「運転手が乗って楽しい」から、「乗員全員が乗って楽しい」という方向に変えた。それで大方のミニバンユーザーが求めるであろうニーズに応じることにしたのだ。

たとえばアクセルペダルの調整に関しても、今まではマツダ全車種、ミニバンであっても、発進の際、アクセルをちょっと踏んだだけでピュッと飛び出るような、スポーティ車にありがちなフィーリングだった。けれども、新型プレマシーは緩やかに発進できるように、アクセル開度を調整して、運転に慣れない人がラフに踏んでしまってもピュッとならないようにした。つまりミニバンとして求められているであろう、細かい使い勝手や操作性、そして乗員の快適性に目が向けられたのだ。

しかし、それはよかったと思うが、それだけじゃあ、売れに売れている同クラスのトヨタ・ウィッシュや、ストリームの牙城に入り込むのに弱い。それでなくてもプレマシーは市場で地味な印象だ。なにか特徴づける武器が必要だ。

そこでプレマシーの武器——。

ウィッシュやストリームのように流線型をしたワゴン形状ながら、スライドドアを採用したことだ。このクラス世界初らしい。

開発責任者は、「ウィッシュのデザイナーはスライドドアにしたかったけども、箱型になってしまうので、あきらめて普通のドアにしたって本に書いてありました。我々はスライドドアをスタイリッシュにやるしかないと考えました」と胸を張る。

今までは、スライドドアを採用するには、車の後半部分を四角くデザインするしかなくて、そうなると箱型商用車バンのフォルムをとらざるを得なかった。それを嫌ってウィッシュやストリームは、開くヒンジドアを採用していた。

プレマシーは、ドアレールの構造を小さくする工夫をして、流線型でスライドドアを実現した。ドアを開けるとＭＰＶよりも広い（！）７００㎜の開口部分がある。

開発主査は「頭がいい人はすぐにできないという。できない理由をすぐに思いつくからだ。私たちはできるはずだ、というところから始めた」と言う。僕は勉強嫌いだったので、主査の言葉に感銘を受けた。

さらに、なるほどトヨタの方が勉強ができる人が入社するのか。マツダ社員の学歴コンプレックスこそが、パワーを呼んでいる源なのかもしれない（失礼）。と、妙なことにも感心した。

それはそれとして、スライドドアを採用しても箱型にならなければ格好悪くないのだろうか。それともスライドドア自体が商用車イメージなのか。どちらなのだろう、という疑問は残るのだが。

でも、実際に使ってみて、やっぱりスライドドアは便利だ。狭い駐車場でも乗り降りがラク。子どもが開けるときも「隣のクルマにドアをぶつけないように気をつけろよ」と注意しなくて済む。子どもも「自動ドア！」とか言って喜ぶ。

新型プレマシーにはもうひとつの武器がある——。

それは2列目と3列目の真ん中に通路を作ったことだ。ウィッシュやストリームは2列目が3人乗りなので、2列目から3列目に移動しようとすると、いったん車外に降りて、2列目シートを前にスライドさせて、それから3列目に乗り込み直さなければならなかった。あるいは、靴を脱いで手に持って2列目席をまたぐしかなかった。

でも、プレマシーでは真ん中の通路を通っていけばいいので移動が楽になった。空間があるので前後列相互で話がしやすくもなった。なお7人が乗るときは2列目にシートを被せる方式だ。

スペックに関して、ライバル車に見劣りするのは4速ＡＴしかないことだ。まあでも、エンジンの排気量が2ℓから上で、他のライバルよりも大きいから、動力性能としては同等以上なのだが。イメージの問題としては、今どき4速ＡＴというのは少し寂しい気がする。

というわけで、僕が乗る前にイメージしていたキビキビ感のあるスポーティミニバンではなかった。むしろ細かい使い勝手に気を配って、ミニバンらしい車になった。

僕個人としては、ストリームに対抗するマツダＤＮＡ、走りのミニバンがどんな走りを見せるのか興味を抱いていただけに、肩すかしを食った印象はあるが、まっとうに考えれば、ファミリーカーとしての方向に進んだのはよかったと思う。ＺＯＯＭ—ＺＯＯＭから連想させられるスポーティさはないが、操縦安定性は高く、値段と排気量を考えると、ライバル車に対して訴求力がある。

それにしても、くどいようだが、スライドドアを採用すると箱型になってしまうので格好悪かったのか。ならばスライドドアを採用したけど箱型にならなかったプレマシーは、格好悪くないのか。どちらなのだろう？

プレマシーの売れ行きが気にかかる。

spec/20Cリミテッド

○全長×全幅×全高：4505×1745×1615mm○ホイールベース：2750mm○車両重量：1450kg○総排気量：1998cc○エンジン型式：直4DOHC○パワー/トルク：145ps/18.5kg-m○10・15モード燃費：14.0km/ℓ○サスペンション(F/R)：ストラット/マルチリンク○ブレーキ(F/R)：ベンチレーテッドディスク/ディスク

●現行型登場年月：
05年2月（FMC）
●次期型モデルチェンジ予想：
10年2月
●取り扱いディーラー：
全店

grade & price

20F	¥1,743,000
20F（4WD）	¥2,016,000
20C	¥1,848,000
20C（4WD）	¥2,121,000
20CS	¥1,860,000
20CS（4WD）	¥2,133,000
20Cリミテッド	¥1,920,000
20Cリミテッド（4WD）	¥2,193,000
20S	¥2,058,000
20S（4WD）	¥2,331,000
23S	¥2,289,000

プロフィール▼ 初代となる先代プレマシーは小ぶりなボディに3列シートを採用した、時代を先取りしたコンパクトミニバンとして登場した。しかしシート周りの余裕がないなど、居住性に無理があったことなどからヒットには至らなかったのは事実だ。しかし時代はコンパクトミニバン全盛。熟成を重ねることで居住性を中心に大きな進化を遂げたのが新型で、デザインも洗練され、並み居るライバルと比べても遜色ない実力を得た。

メカニズム▼ エンジンは経済性に優れる2ℓと余裕のある走りが楽しめる2・3ℓの2タイプを用意。組み合わされるミッションは全グレードとも4速ATのみというのは、5速ATが主流となりつつある現在、少々残念な部分である。

走り/乗り心地▼ リアサスペンションには乗り心地に優れたマルチリンクを採用することで、3列目においてもフロアの張り出しが少なく、また静粛性向上にも貢献している。

使い勝手▼ よく考えられたパッケージングを武器に3列目までしっかりと使えるだけでなく、自在なシートアレンジ「6+One」コンセプトは使い勝手向上に貢献している。これは大人6人がゆったりと座れる6つのシートに加え、2列目の真ん中に補助的で収納ができるシートを装備し、これを使用すれば7人乗りにもなるというもの。また今やミニバンの必須装備化しているスライドドアも採用し、開口部は大きく乗降はとても楽だ。

こんな人にオススメ

スライドドアは便利だ。でも今までは、構造上、箱型ミニバンか大型ミニバンに限られていた。乗用車感覚で乗れる流線型のワゴン型ミニバンがほしければ、スライドドアをあきらめるしかなかった。ウィッシュやストリームに乗っていて、大方は満足だけど、スライドドアがほしかった人に。マツダのミニバンに乗っていて、操作系が雑だと思っていた人にも。

アルファード【トヨタ】

「おらおら」運転がしたくなる……

フルサイズ・ミニバンの日産エルグランドが人気を博すや、即座にトヨタは刺客を送り込んだ。エルグランドよりも全高をさらに15㎜高くして全長・全幅でもエルグランドを少しずつ上回り、ミニバン王者を標榜する。その名はアルファード。

中身は旧エスティマで室内幅はほとんど変わらないが、全長を伸ばして室内が少し長くなった。顔も内装もキンキラでいかにもトヨタらしく絢爛豪華だ。それが故、ゆったりしたサイズの使い勝手に魅力を感じて購入するのではなく、「最大クラス＝エライ」という特権意識で選ばれているケースが多いようだ。

どんな観点で選ぼうがそれはユーザーの自由だが、そんな人に限って、乱暴な運転をする人が多いようで、街で見かけるアルファードは、車線変更を頻繁に繰り返し、追い越し車線をぶっ飛ばしている。そんな困ったシーンを僕はよく目にする。

でも、ホイールベースとトレッドが短いまま背を高くしたから、車の挙動は不安定となる。エスティマまでが走りと乗り心地のバランスが取れる臨界点で、アルファードに関しては旧エスティマをベースに縦に伸ばしたものだから、走りの安定度は望むべくもない。

エルグランドは走りの安定性に有利なFRで、しかも足はそれなりに固められているが、アルファードはFFで、しかも乗り心地重視のふわふわした足だ。一般道をゆっくり走るときは、雲の上の応接室のような乗り心地を乗員にもたらしてくれる。けれども高速で飛ばすと車体が揺れて、後席の子どもはたまったものではない。

急ハンドルが切られたアルファードは、後ろから見ると車体がすさまじく傾いている。危ないって。足が柔らかくて、路面からのステアリング・インフォメーションも薄いから、余計に路面状況を無視した運転になりがちだ。制限速度を守って高速道路を走るのであれば問題ないが、突発的なことが起きて急ハンドルを切らざるを得ない状況がないわけじゃない。

アルファードが雪道でぶつかっているのを僕は数件目撃しているのだが、これは必ずしもクルマが悪いのではなく、アルファードを運転する人の心理として、「俺はエライ」と思ってしまう要素がこのクルマにはあるのだと思う。僕自身、背の高いアルファードのシートに座ると、「おらおら」気分で俺様運転になっている自分に気づいて驚くことがある。

３００万～４００万円の高価格車であるが、２００６年11月現在で７９０８台と売れている。動くクルマとしての臨界点を超えたところにありながら成立しているのは、日本の制限速度がとても遅いからで、ヨーロッパでは通用しないだろう。もっともここは日本だからそれでいいのかもしれない。

本来は、もう少し車体を低くして足を固めて、たとえばホンダ・エリシオンのような方向に持っていけば運動性がよくなるが、それじゃあハッタリがきかずにそんなには売れないのだろうなぁ。

大きなボディだが走行中きしみもなく、隣との会話もストレスなく楽しめる点はすばらしい。後輪からの不快な振動も各部に柔らかいブッシュを使うことで遮断され、ゆっくり走ればアラは見えにくい。

spec/AS

○全長×全幅×全高：4855×1830×1935mm○ホイールベース：2900mm○車両重量：1790kg○総排気量：2362cc○エンジン型式：直4DOHC○パワー/トルク：159ps/22.4kg-m○10・15モード燃費：9.7km/ℓ○サスペンション(F/R)：ストラット/トーションビーム○ブレーキ(F/R)：ベンチレーテッドディスク/ディスク

●現行型登場年月：
02年5月(デビュー)／05年4月(MC)
●次期型モデルチェンジ予想：
07年10月
●取り扱いディーラー：
ネッツ店／トヨペット店

grade & price

AX	¥2,835,000
AX（4WD）	¥3,087,000
AX Lエディション	¥2,919,000
AX Lエディション（4WD）	¥3,171,000
AS	¥3,150,000
AS（4WD）	¥3,402,000
MX	¥3,108,000
MX（4WD）	¥3,360,000
MX Lエディション	¥3,192,000
MX Lエディション（4WD）	¥3,444,000
MS	¥3,423,000
MS（4WD）	¥3,675,000
MZ	¥3,759,000
MZ（4WD）	¥4,011,000
MZ Gエディション	¥4,326,000
MZ Gエディション（4WD）	¥4,578,000

プロフィール▼ トヨタのみならず日本を代表するLクラスミニバンがアルファードだ。車重1・8tという重量級ならではの存在感と、押し出しの強いスタイルなどによって、価格帯は高めながら販売は好調だ。またハイブリッドも用意されている。

メカニズム▼ エンジンは2タイプで、2・4ℓ直4と3ℓV6。さらにトランスミッションは前者が4速ATで、後者が5速ATとなり、FF以外にも4WDが用意されている。

走り/乗り心地▼ 予算に余裕があるならやはりV6を選びたいところ。たっぷりのトルクでストレスなく走れるだけでなく、静粛性もかなり高いレベルにある。また2・4ℓに関しても、不満のない走りは披露してくれるし、また燃費も3ℓと比べれば優秀だ。さらに重量級のボディを支えるサスペンションの出来もよく、ただ柔らかいだけでなく、コーナーでもしっかりと支えてくれる懐の深い味付けで、気持ちよくドライブできる。またシート自体の作りもクッションが利いていて、じつに快適だ。

使い勝手▼ 広大な車内空間を存分に生かしており、使い勝手は抜群。1列目から3列目を使ったフルフラットも可能だし、またノーマル状態でもラゲッジはじつに広い。さらに日本車初の電動ラゲッジドア開閉など、かゆいところに手が届く装備が満載だ。まさに王者の風格十分。ただし日常的な取り回しとなると、神経を使う場面もあるのは致し方ないところ。

こんな人にオススメ

デカければエライ。他人を上から見ている人。見たいと思っている人。あるいはそういう扱いを求めている人にも。でも、乱暴な運転をする人に乗られては困る。あくまでも安全運転でお願いします。ぺこり。

ブラザーな雰囲気の人が、ローダウンしたラグジー系の黒のアルファードに乗るのだったら、キマリそう。その場合はファッションもヒップホップな雰囲気で（?）。

エルグランド【日産】

ヒップホップ系の憧れナンバーワン

知人から招待を受け、ヴェルファーレで金曜の夜1時から開催されたパーティーに出かけた。カリスマＤＪが新譜ＣＤを出し、その販促をかねて開かれたもので、ヒップホップ系の音楽が主体となる。

ディスコでのパーティーだから一応はジャケットくらい着ていった方がいいかなと思ったのだけど、到着してみたらそこでのファッションに度肝を抜かれた。半ズボンにぶかぶかのＴシャツ、それにキャップ帽。リュックをしょって小学生みたいな格好をしているのが、ＤＪだという。全然ファッショナブルじゃない。黒人が多かったけど、彼らも映画「８Ｍｉｌｅ」に出てきた「Ｈｅｙ　Ｍｅｎ」みたいな雰囲気のファッションだ。

僕らの世代はディスコといえばキメた服装が当たり前。高校時代はヨーロピアン。その後は、サタデー・ナイト・フィーバーからマイアミバイス風（ドン・ジョンソンの）へ。ノリのいい音楽で踊るイメージだが、ヒップホップ系ってなんだか抑揚のない音楽で、踊るにしても真剣度が足りないというか、脱力系というか身体をわさわさ動かしているだけな感じ。お前ら、もっと楽しそうに踊れよッ。と突っ込みを入れたくなる。

そういう若者たちの間では、エルグランドが人気なのだそうだ。

その強面《こわもて》な面構え。そしてシアターをイメージしたダッシュボード。ぶかぶかのＴシャツを着たブラザーが、きんきらきんゴールドな腕輪や時計をじゃらじゃらさせているのと確かにイメージが重なっている。

エルグランドって、只者でない雰囲気が漂う。これをまじめにかっこいいと思って乗るのはどうかと思う。エルグランドを選ぶなら日曜日のパパ風ファッションはやめた方がいいのではないか。それでは畳の上のカーペット。革張りソファにシャンデリア。田舎のリビングでくつろぐオヤジのギャグなイメージになりかねないと思うからだ。

だからと言って、パシッとスーツで決めるのもどうかと思う。まるで、サタデー・ナイト・フィーバーのような格好をしてヒップホップ系のディスコパーティーに出かけて、若者に失笑されるような寒さを醸し出してしまいそう。僕の事務所のマンションにある芸能人が住んでいて、彼女を迎えに来るマネージャーが乗っているのも黒のエルグランドだ。いつも黒尽くめのスーツを着ていて、本人はそんなつもりはないのだろうが、マンガに出てくるあっち系の登場人物みたい。

本人に独特な雰囲気がないとエルグランドを着こなせそうにない。

ハード面に関しては、ふわふわの乗り心地で柔らかく、静か。ゆっくり走るときは実に快適で、でも高速でスピード上げたり山道を走ると危なっかしいほど豆腐の頭がぐらぐら揺れる。でもそれを目を三角にして操縦安定性がどうのこうのと言わないで、そのばかばかしいほどの存在感をエンジョイできるセンスがあるならば、このクルマは楽しいと思う。

アルファードもそうだが、車重は2ｔあるから加速は望むべくもない。フェアレディＺと同じ3・5ℓでもそんなに速くない。でも威風堂々と殿様気分で走るには、現在の日本車の中で群を抜いている。

エルグランドは全高ではアルファードに負けているものの、その押し出し感の強さと見た目の不良度の高さから、やっぱりヒップホップ系の若者の憧れナンバーワンである。

spec/2.5ハイウェイスター

○全長×全幅×全高：4835×1815×1910mm○ホイールベース：2950mm○車両重量：2010kg○総排気量：2362cc○エンジン型式：V6DOHC○パワー/トルク：186ps/23.7kg-m○10・15モード燃費：8.9km/ℓ○サスペンション(F/R)：ストラット/マルチリンク○ブレーキ(F/R)：ベンチレーテッドディスク/ディスク

●現行型登場年月：
02年5月(デビュー)／04年8月(MC)
●次期型モデルチェンジ予想：
07年10月
●取り扱いディーラー：
全店

grade & price

2.5V	¥2,835,000
2.5V（4WD）	¥3,171,000
2.5ハイウェイスター	¥3,150,000
2.5ハイウェイスター（4WD）	¥3,486,000
3.5VG	¥3,150,000
3.5VG（4WD）	¥3,486,000
3.5ハイウェイスター	¥3,360,000
3.5ハイウェイスター（4WD）	¥3,696,000
3.5X	¥3,465,000
3.5X（4WD）	¥3,801,000
3.5XL	¥4,473,000
3.5XL（4WD）	¥4,809,000

プロフィール▼ 日産だけでなく、日本を代表するフルサイズミニバンとして、2002年の登場以来、今でも高い人気を誇っている。ライバルはトヨタのアルファードやホンダのエリシオンだが、巨大なグリルなどによる押し出しの強いフロントマスクでエルグランド指名のユーザーは多い。またさらにスタイルにこだわるだけでなく、サスペンションのセッティングも異なる、ハイウェイスターも用意されている。

メカニズム▼ エンジンは2・5ℓと3・5ℓが用意されており、どちらもV6となる。経済性なら前者。パワフルでシルキーな走りを求めるなら240psを発揮する後者だろう。トランスミッションはすべて5ATとなる。

走り／乗り心地▼ 見た目からイメージするように重厚な走りが存分に楽しめる。また重量級だけに、コーナーなどでのふらつきが気になるところだが、リアにマルチリンクを採用していることもあり、意外にしっかりとした走りを披露する。

使い勝手▼ 取り回しなど日常的な使い勝手はさすがによくないが、ファーストクラスと銘打っているだけに車内の使い勝手などは上々だ。3列目まですべてのシートにおいて余裕タップリのスペースが確保され、リアモニターなど装備も豪華そのもの。さらにシートを倒さなくても広々としたラゲッジスペースが確保されているのもありがたい点だ。

こんな人にオススメ 半ズボンにぶかぶかのTシャツ、それにキャップ帽。リュックをしょって小学生みたいな格好をしたカリスマDJに。というのはつまらない冗談です。でもそういう嗜好も理解できる人にかっこよく乗りこなしていただきたい。どうしても僕のなかで、アルファードやエルグランドをそれらしく着こなすとなると、ファミリーが乗るとダサいイメージで、ラグジーな方向に行ってしまう。

ザフィーラ【オペル】

作り手が考えているのは、走っているときのこと

１９９３年、それまでＶＷゴルフを専売していたヤナセが代理権をＶＷ・ジャパンに取り上げられた。怒った梁瀬《やなせ》次郎会長は「これからはオペルを専業するッ」と本腰を入れてオペルを売り始めた。

当時、妻が中古の赤いオペル・アストラに乗っていたのだが、僕は運転してみて、つくづく梁瀬さんは気の毒だと思った。内装の作りが雑だし、走りも安っぽくてばたばたしていて、とてもゴルフに勝てる車ではなかった。ところが今回ザフィーラに乗ったら、とても質が上がっていた。

乱暴な言い方をすれば、ホンダのミニバンは操縦安定性重視で足周りを固め、その分、街中でゴツゴツした乗り味。トヨタのミニバンはゴツゴツ感を取るために柔らかい足で姿勢安定性がゆるい印象。ザフィーラはその中間的だが、乗り心地と操縦安定性のバランスが絶妙だ。

秘密は可変ダンパーにある。可変ダンパーといえば、フェラーリ３６０や５７５、ＢＭＷ7シリーズ、アウディA8など、一部の高級車だけに採用されているもの。それが、コンパクト・ミニバンに世界初で標準装備となる（ただし2・2スポーツのみ）。

ミニバンにそんなモノがいるのかという意見もあるだろう。それについてはミニバンにこそ有効だと答えよう。車高が高くて重心バランスが悪いので、操縦安定性と乗り心地のバランスをとりにくいからだ。

通常走行ではダンパーの減衰力が下げてあるから、ゴツゴツしないで乗り心地がよい。急ハンドルを切ると、即座に減衰を上げて足を引き締める。動作が速いので山の中でギンギン走っても使える。

さらに、作りのよさも目を瞠《みは》る。たとえば、日本車は使い勝手重視でシートアレンジが多彩だ。この面でどうしても欧州車のミニバンは見劣りする。しかし、それは価値観の問題でもあり、欧州車は、使い勝手よりもまずは走っているときの安全性や快適性を第一に考えている。でも、ザフィーラはシートアレンジも日本車並みに多彩で、簡単に3列目を倒したり起こしたりできるようになっている。それでいてヘッドレストの大きさやシートの作りもしっかりしている。日本車が得意とする使い勝手と、欧州車が重視する走行中の安全性と快適性のバランスがよくとれている。

ところで昔の妻のアストラがあんなだったのに、よくここまで走りの質が上がってきたよなぁ。なぜなんだろう？　それは、２０００年にそれまでＢＭＷのエンジニアだった人が社長となり（現在は会長）、「車の動的質を上げろ」と口を酸っぱくして言ってきたからだろう。ピッチャー出身の人が監督になると投手陣の戦力が補強されるようなものだ。

問題はどこの国だかわからないそのデザインだろう。ピッチャー出身監督だと投手陣は強くなる反面、打撃陣が弱くなる面がある。エンジニア出身のトップの弱みはデザインで、ここをもっと補強すべきだろう。

内装デザインは、先進的なイメージで、むしろゴルフの素っ気ないものよりもよほどセンスがいい。ところが、外観が今ひとつ特徴がなく普通ぽい。世界市場を広く狙うため、あたりさわりのないデザインの方が売りやすい事情はわかるが、日本市場にとってはもっと特徴的であってほしい。ということで、選ぶとするなら目を引くデザインのオプションのルーフがついていた2・2スポーツがよい。

spec/スポーツ ナビパッケージ

○全長×全幅×全高：4465×1805×1635mm○ホイールベース：2705mm○車両重量：1560kg○総排気量：2198cc○エンジン型式：直4DOHC○パワー/トルク：150ps/21.9kg-m○10・15モード燃費：12.2km/ℓ○サスペンション(F/R)：ストラット/トーションビーム○ブレーキ(F/R)：ベンチレーテッドディスク/ディスク

●現行型登場年月：
06年1月（FMC）
●次期型モデルチェンジ予想：
――
●取り扱いディーラー：
全店

grade & price

CDスタイルパッケージ ¥2,890,000
スポーツ ナビパッケージ ¥3,340,000

プロフィール▼ 先代同様スモールクラスのアストラをベースとしたミニバンで、サイズもコンパクトで7人乗りと、日本人にマッチしたキャラクターの持ち主だ。デザイン的にも尖ったところはなく、先代のイメージをうまく受け継ぎつつ、正常進化させているといっていいだろう。

メカニズム▼ エンジンはオペル自慢のエコテックユニットで150psを発生する2・2ℓのみで、4速ATが組み合わされる。上級グレードであるスポーツにはアストラシリーズで培った電子制御CDC付きIDSplusシャーシを採用し、安定性向上に威力を発揮。またスイッチひとつでサスペンションなどのセッティングを変化させることもできる。

走り/乗り心地▼ すでに先代でドイツ流のしっかりとした走りで定評を得ており、それをさらに昇華させている。

使い勝手▼ 先代で採用され、オペルが特許を持つシートアレンジシステム「フレックス7シーティング・システム」を採用することで、さまざまなシチュエーションに対応して1シーターから7シーターまで自在に、そしてスピーディに変化させることができる。ラゲッジは最大で1820㎜とても広大。また世界初の一体型収納コンパートメント付きパノラマルーフ・システムにより、グラスウインドにプラスしてルーフ部分に収納が設置されているのもザフィーラならではの部分だ。

こんな人にオススメ 2・2スポーツがおすすめ。アルミホイール、可変ダンパーなどさまざまなものがついてお買い得。価格300万円となると値引きの大きいアルファードあたりと競合してくる。ザフィーラとアルファード、どちらを選ぶかでその人の価値観が現れるだろう。個人的にはザフィーラを選んでほしい。しかし、06年でオペルは国内販売を終了。選ぶなら中古となる。あーあ。

オデッセイ【ホンダ】

本当はミニバンに乗りたくないお父さんのために

僕はいろんなところに講演に行って、「本当はミニバンに乗りたくないけど、家族構成を考えて仕方なく乗っている」というお父さん方がとても多いことを知った。そんな人に向けたミニバンがオデッセイだ。

ミニバンらしからぬ低く身構えたファミリー臭くない肢体。イメージは黒豹。登場前は、そんなミニバンがホンダから出ると聞いて、どんなスタイリッシュなミニバンが登場するのだろうと大いに期待していた。ところが実際は、屋根が低くなったことで長さが強調されて、なんだかウナギ犬のように見えないこともない。とくに後ろから見ると、リア周りのデザインがシンプルすぎて間延びした印象があった。室内は低床化採用で他のミニバン並みに広いのだが、外観はワゴン車のイメージだ。最近では値引き幅も大きくなってきていて、登場当時のインパクトも薄れてきた。

そのタイミングで、マイナーチェンジが施された。

注目は走りのイメージを強めたアブソルートだ。リアゲートにはメッキで覆われたテールランプを配し、間延びした印象が薄まった。そして、なんとミニバンに18インチタイヤ！

個性を強めたワルそうな面構えとあいまって、「俺はそんじょそこらのミニバンではないぞ」という気持ちを発散する。

僕は足を固めて限界を上げる手法は、ミニバンのあるべき姿ではないと、基本的には思っている。オデッセイに関しても、せっかく低重心で走りに有利なレイアウトなのだから、そのマージンを走りの限界を高める方向にふらず、もっともっと安楽で柔らかい足を与えたらどうだろうと考えている。しかし、じゃあマイナーチェンジでどういう方向に進めば市場にインパクトを与えられるかを僕が問われたとしたら、確かに次なる手は見えてこない。本質がミニバンの否定だから、ワルっぽさや走りのよさをカタチで表現する方向に行くしかないのかもしれない。

実際に走ってみると、姿勢安定性はとても高く、かなり乱暴なハンドルの切り方をしたとしてもクルマは安定している。それはエルグランドやアルファードを乗った後だと、感動モンだ。

大径18インチ低扁平タイヤ特有の、路面段差でのゴトンという突き上げやそれなりのロードノイズはあるから、スポーティ志向の人でないと少々キツイと思うが、ミニバン反骨精神の人が買うのであれば問題ないだろう。専用チューニングが施され、18インチの低扁平タイヤの割には乗り心地は悪くはない。先代のオデッセイ・アブソルートよりも格段に乗り心地がよくなっていて、技術の進歩を感じさせられた。

僕としては通常の背高ミニバンに乗っていると、プライベートな気持ちになれずに、運転手役を押し付けられたようなショボイ気分になるのだが、オデッセイだと運転している自分が主役に感じて、それで楽しい気分になるのも事実。周りからも「でかい図体してのろのろ運転しやがって」と思われない安堵感もあって、自分には馴染んだ。

とは言っても、3列目席に乗った子どもには乗り心地が硬めなのも事実。だからアブソルートを本気で買う気なら、ディーラーの試乗に子どもや奥さんを連れて行って、ノーマルと乗り比べさせることはしない方がいい。

spec/アブソルート

○全長×全幅×全高：4770×1800×1550mm○ホイールベース：2830mm○車両重量：1640kg○総排気量：2354cc○エンジン型式：直4DOHC○パワー/トルク：200ps/23.7kg-m○10・15モード燃費：11.0 km/ℓ○サスペンション(F/R)：ダブルウィッシュボーン/ダブルウィッシュボーン○ブレーキ(F/R)：ベンチレーテッドディスク/ディスク

●現行型登場年月：
03年10月(FMC)／06年4月(MC)
●次期型モデルチェンジ予想：
08年10月
●取り扱いディーラー：
全店

grade & price

B	¥2,258,000
B（4WD）	¥2,489,000
M	¥2,415,000
M（4WD）	¥2,646,000
Mエアロパッケージ	¥2,520,000
Mエアロパッケージ（4WD）	¥2,751,000
L	¥2,730,000
L（4WD）	¥2,961,000
アブソルート	¥2,783,000
アブソルート（4WD）	¥3,014,000

プロフィール▼ 乗用車をベースとしたミニバンの日本における元祖がオデッセイだ。初代が登場したのが1994年のことで、現行型は3代目となり、2003年に登場した。

メカニズム▼ なんといってもホンダ自慢の低床化に注目だ。これにより、全高は先代よりも低く、立体駐車場に入る1550㎜を実現しながら、室内高は逆に高い。エンジンは2・4ℓのみだが、標準グレードが160psなのに対して、スポーツグレードのアブソルートでは200psと、まさにスポーツカー並みのハイスペックを誇っている。

走り／乗り心地▼ 低床化は低重心化にも貢献しているだけに、ミニバン特有のふらつきなどの不安要素は抑えられており、ドッシリと走りが楽しめる。もちろんホンダがこだわる4輪ダブルウィッシュボーンもしなやかな走りにひと役買っている。ただし、アブソルートに関しては、18インチホイールであるうえに、さらに足周りは固められており、かなりソリッドな乗り味だ。

使い勝手▼ 電動スライドドアが広がりつつある現在でも、リアにもヒンジドアを採用し続けているだけに、乗降性はまずまず。ただし室内に一度乗り込んでしまえば、広くてゆったりとくつろげるだろう。初代よりの伝統であり、フラットなラゲッジを作り出してくれる3列目の回転収納については、現行型では電動化され、利便性はアップしている。

こんな人にオススメ

俺は本当はミニバンなんて乗りたくないのだけど、家族構成を考えて仕方なく乗っているのだという言い訳、じゃなかった反骨精神を表現したい人に。個人的には共感できる。昔に乗っていたのは走り系。子どもが大きくなったら、またそっち系に戻ることを密かに考えている人の中継ぎとして。どうせだったらアブソルートかな。乗り味が硬めだけど、見た目の格好よさを重視して。

ウィッシュ【トヨタ】

フツーが一番

試乗の都合上、背高のっぽのトヨタ・ヴォクシーの後にウィッシュに乗り換えた。同じミニバンでもやはり背の低いこちらの方が車体の揺れが少なくて快適だとつくづく感じた。背高ミニバンは高速でグラグラ揺れるので僕は苦手だが、ウィッシュには1週間ほどずっと乗っていて、高速で長距離も走ってみて、とくに不満を感じることがなかった。日曜日の高速道路のパーキングエリアときたら、ウィッシュがいっぱい。それも納得だ。

本書ではジャンルをミニバンとしたが、車検証の表記はステーションワゴンである。7人乗りではあるが、表記どおりステーションワゴンと捉えると本質に近づける。後ろを振り向かなければ、ちょっと背が高めのワゴンを運転しているような気分で乗れていた。

ウィッシュは旧ホンダ・ストリームの後追いモデルで、つまりパクリ的存在である。長さ、幅、高さ、すべての数値がそっくりそのままストリームと同じ。ただしストリームをよく研究していて、ホイールベースはストリームよりも30㎜ほど長くしてあるので室内も広くなり、3列目席の空間に余裕がある。3列目席が一体型のストリームに対して左右分割式なのでスキー板やキャンプ用テントなどの長尺モノを積むときも便利。

ホンダ−トヨタ関係の常で、後追いモデルを出したトヨタがいつも元祖を販売台数で上回り、そして駆逐する例が多い。それがこの2台の関係にもあてはまる。

パクリ商品である事実を知ればためらう人もいるだろうが、ミニバン購入者の大多数は知らないだろう。そもそも現代、コンセプトを模倣した商品はクルマ以外にもごろごろしている。気にかけない人もいるだろう。

旧ストリームは販売台数でウィッシュに完敗状態だった。現在はフルモデルチェンジし、別の方向に歩み出している。元祖がいなくなった今、ウィッシュにますます堂々乗れることになっている。トヨタ陣営は活気づいた状態で広告展開も活発だ。そしてウィッシュは末期ながら売れている。この差は何だろう?

もちろんそこには販売力の差があるが、クルマ単体で比べると、それはウィッシュの「普通さ」ではないか。たとえば旧ストリームはドルフィンフォルムと呼ばれる個性的なスタイルとしたが、格好よいかといったら好みが分かれるところだ。少なくとも万人向けではない。

一方、ウィッシュは特徴はないが、不満なところもない。どの角度から見ても、誰が見ても、すっきりとしたアクのないデザインだ。そういうモデルがトヨタの場合はいつも売れる。その法則にあてはまっている。

操縦安定性では旧ストリームに及ばなかったが、乗り心地が柔らかいので街中ではウィッシュの方が快適だった。うるさかった走行時の振動や音に関しても、２００３年のマイナーチェンジ版から対策が講じられ、全体的に静かになった。

しかし、料金所からフル加速したとき、ガーガーとガチョウのような声を立てるエンジン音に関しては、個人的には興ざめだ。ストリームのエンジンの方がもっと気持ちよい音とフィーリングなのだが、そういうことを気にする人はあまり多くないのだろう。

日曜日のパーキングエリアのウィッシュの大群を見てそう思った。

spec/1.8Xエアロスポーツパッケージ

○全長×全幅×全高：4560×1695×1590mm○ホイールベース：2750mm○車両重量：1300kg○総排気量：1794cc○エンジン型式：直4DOHC○パワー/トルク：132ps/17.3kg-m○10・15モード燃費：14.4km/ℓ○サスペンション(F/R)：ストラット/トーションビーム○ブレーキ(F/R)：ベンチレーテッドディスク/ディスク

●現行型登場年月：
03年1月(デビュー)／05年9月(MC)
●次期型モデルチェンジ予想：
08年1月
●取り扱いディーラー：
ネッツ店

grade & price

1.8Eパッケージ	¥1,722,000
1.8X	¥1,186,000
1,8X（4WD）	¥2,069,000
1.8Xエアロスポーツパッケージ	¥1,985,000
1.8Xエアロスポーツパッケージ(4WD)	¥2,258,000
2.0G	¥2,079,000
2.0Z	¥2,373,000

プロフィール▼ カローラをベースとすることで、5ナンバー枠にキッチリと収まるサイズとしたのが特徴のひとつではあるが、登場時ヒットしていたストリームを大いに意識したのは確かだ。ちなみにストリームはシビックベースである。キャラクター的にはほぼ一緒だが、丸みを強調したモノフォルムスタイルなど、万人受けしやすいまとめ方がされているのはさすがトヨタだ。

メカニズム▼ エンジンは実用性を重視した1・8ℓのみだったのが、マイナーチェンジで2ℓが追加された。ミッションも前者は4ATで、後者はCVTとバリエーションは広い。

走り／乗り心地▼ 走りについては全体的にマイルドな味付け。サスペンションの出来も可もなく不可もなくといったところ。エンジンについてはトヨタの実用4気筒としてはメインユニットに当たるのだが、アクセルを踏み込んだときの騒音はけっこう大きいのが気になる。ミッションのマッチングは問題なし。また室内のイメージはソリッドにまとめ上げられており、スポーティな雰囲気すら漂ってくるほどだ。

使い勝手▼ 5ナンバーサイズだけに、スペース的には限られているものの、余裕すら感じられるほど広い。ただし、3列目に関してはシートサイズ自体が小ぶりで、さらに必要最小限のスペースしか与えられていないのは致し方ないところか。また2列目まで畳めるので広大なラゲッジを得ることができる。

こんな人にオススメ

ディーラーにカローラを買いに行ったら、同じ5ナンバーで値段の差もわずかで大きめな車が売っていた。ワゴン車かと思ったら、7人が乗れるらしい。カタチもすっきりしているし、それでいて目立ちすぎもしない。奥さんに聞いたら、いいじゃない。これにしよ。と言ってくれた。こだわりなんていらない。アクのなさがよい。フツーが一番。たぶん本書は読んでいないだろう。そんな人に。

ストリーム【ホンダ】

5ナンバーファミリーカーの新定番

身近な5ナンバーサイズで3列席の空間を提案した旧ストリームは、そのコンセプトを後追いしたトヨタ・ウィッシュに駆逐されてしまっていた。ストリームの方が走りがよくて、とくに山道や高速道では快適だった。運転していてもウィッシュより楽しかった。その反面、市街地では足が硬くて乗り心地がごつごつしていて、その点に関してはあまりよくないなという印象を僕は抱いていた。

ウィッシュは、そのコンセプトをストリームに真似ながらも、ストリームよりもアクのない（個性のない？）すっきりしたデザインとし、走りもストリームほどよくはないけれど、乗り心地は柔らかい。後席の居住空間などはストリームをよく研究していてゆとりがある。普通の人が普通に移動の道具として使うには、とくに問題となる箇所が見受けられない、まさしくトヨタ80点主義を絵に描いたようなクルマだった。

ドライバーズカーとしてのストリーム、力を抜いてワゴンとしての機能を充実させたウィッシュ、という図式があてはまっていた。

そういう現状を目にして、新型ストリームを出すホンダが今度はどんな提案をしてくるのか？　ウィッシュを意識して走りはそこそこに乗り心地重視にふってくるのか、そこに僕は興味を集中させていた。

結論から言ってしまえば、走りに関してウィッシュを参考にしてこなかった。まったく別物。

実際に走り出してみると、旧モデルよりもしなやかな足になった。バネやブッシュ類を低バネレート化して、以前よりも柔らかい乗り心地を得た。それでいて足周りを見直して新設計とし、山道を飛ばしたときも一定の操縦安定性が確保されている。つまり今までの「操縦安定性が高い＝硬いバネ＝ごつごつした乗り心地」から、一定の操縦安定性は保ちつつも乗り心地の改善が図られ、バランスが引き上げられていた。またブッシュの低バネレート化により、ロードノイズの低減も進んでいる。

ホンダお得意の低床化を進めて屋根を45㎜低くしたことにより、重心位置が下がり、走りにも好影響を与えている。これにより一般的な立体駐車場に入庫できる１５４５㎜の全高とした。これはウィッシュに対して大きなアドバンテージになるであろう。ミニバンを意識せずに、普通の乗用車として使えるのだから。

ウィッシュを見習った点もある。それは居住性だ。低床化によって狭かった3列目席の空間を広げた。

旧ストリームは、ミニバンだけどドライバーズカーなので後席の人のことはあまり考えていません、という印象だった。新ストリームはドライバーズカーのコンセプトは維持しながらも、後席の人も普通に快適、という理想の方向に進み出したようだ。とは言え、所詮5ナンバーサイズだから3列目席空間は狭い。いざというときの補助席と割り切るべきではある。

旧ストリームは小型ミニバンという新しい潮流を生み出したが、今回はぐっと背が低くなってどんな駐車場にも入れられるようになった。もはやミニバンというジャンルにこだわらず、もしかしたら将来の5ナンバーファミリーカーとしてのスタンダードは、こういう方向に進むのではないかと僕は思った。

spec/1.8RSZ

○全長×全幅×全高：4570×1695×1545mm○ホイールベース：2740mm○車両重量：1370kg○総排気量：1799cc○エンジン型式：直4SOHC○パワー/トルク：140ps/17.7kg-m○10・15モード燃費：14.6km/ℓ○サスペンション(F/R)：ストラット/ダブルウィッシュボーン○ブレーキ(F/R)：ベンチレーテッドディスク/ディスク

●現行型登場年月：
06年7月（FMC）
●次期型モデルチェンジ予想：
11年7月
●取り扱いディーラー：
全店

grade & price

1.8X	¥1,806,000
1.8X（4WD）	¥2,069,000
1.8RSZ	¥2,069,000
1.8RSZ（4WD）	¥2,331,000
2.0G	¥2,037,000
2.0G（4WD）	¥2,300,000
2.0RSZ	¥2,279,000
2.0RSZ（4WD）	¥2,541,000

プロフィール▼ 乗用車ライクな乗り味と5ナンバーサイズのボディによって鮮烈なデビューを飾った初代ストリームだが、モデル途中でトヨタが真っ向ライバルのウィッシュを登場させてからは人気が急落してしまった。しかし2代目ではMクラスミニバンに求められる性能を煮詰めて登場。逆にウィッシュの後発となっただけに、販売面でどうなるかは興味があるところ。

メカニズム▼ エンジンは1・8ℓと2ℓの2本立てで、どちらもパワーと経済性を高いレベルで両立したi—VTECを搭載している。もちろんプラットフォームは低床化技術が導入され、パッケージングを犠牲にすることなく、1545㎜という立体駐車場にも入る低車高を実現。さらにスポーツグレードについては専用の足周りなどが与えられるが、グレード名が先代のアブソルートからRSZに変更されている。

走り/乗り心地▼ ライバルに対して、しっかりと煮詰めてきただけに、すべてにおいて出来のレベルは高い。走りの味付けはヨーロッパ的であり、乗り心地のよさだけでなく、コーナーでも懐深く粘ってくれる。エンジンもシャープな吹けと心地よいサウンドがホンダらしさを演出してくれる。

使い勝手▼ 5ナンバー枠に収まるだけに、車内スペースには限界があるが、感覚的には広く感じる。ラゲッジも3列目を倒すとフラットなフロアとなり、荷物の出し入れも楽だ。

こんな人にオススメ 少人数用のファミリーカーとして使うなら標準サスの1・8でよいだろう。RSZは17インチ大径タイヤが装着され、各部のデザインもよりスポーティ&プレミアムな雰囲気で格好いい。旧モデルにあったアブソルートは乗り心地が硬く走りマニア向けだったが、RSZは走りと乗り心地のバランスがうまくとれているから広くすすめられる。RSZに関しては動力性能が高い2・0がおすすめ。

Rクラス【メルセデス】

メルセデスがミニバンを作る理由

メルセデスがミニバンなんか作っちゃってどうしちゃったの？　と、驚いたので、1週間ほど借りていろいろなところに行ってみた。

ミニバンは二律背反の要素が大きく、操安性と乗り心地のバランスがセダンに劣る。ヨーロッパでミニバンが日本ほどは普及しない理由のひとつはその点にもあるだろう。日本では走行速度が極端に遅いから成り立っている。それを操安性絶対重視のメルセデスが作ると、一体どんなミニバンができるのだろう。何か秘策があるのか。そんなことに興味を抱いたのだ。

フロントのデザインやルーフ後端を絞ったシルエットに、そこらのミニバンとは違ったプレミアムな印象を与えられる。実際に隣のミニバンが普通のミニバンに見えた。所有欲は満足させられるだろう。

実際に走り出してみると、足はふわふわではないけどゴトゴト硬くはないちょうどいいレベル。ステアリングを切った感触はさすがにメルセデスらしいしっとりした上質さがある。

とは言え高速を走ってみると、さすがメルセデスというほどではなかった。ミニバンの二律背反に関しては、操縦安定性の王者メルセデスであっても秘策はなかったようだ。速度を高めていくとそれまでの地に着いたようだった安定感が薄れていく。カーブで素早くハンドルを切ると揺れるようにロールする。もしアウトバーンで２６０km／h（速度計上限）を出すとなると、怖いだろうなあと思う。ああ、日本でよかった。

室内に目を転じ、頑丈そうなヘッドレストや分厚いドア、高級車然とした内装を見ればさすがメルセデスと感じさせられるが、全幅１９２cm、長さ４９３cmもあるばかでかいサイズの割には中が狭い印象もある。まあデザイン重視で後端を絞ったわけだから、ある程度の居住性の犠牲は仕方ないが、3列目席のヘッドレストの快適位置のずれや、前席（2列目席）下に足をすっぽり入れられなかったりすると、ミニバンの空間作りにまだ慣れていないなと感じる。

排気量は３・５ℓ（５ℓ車もある）だが、重量が２ｔオーバーもあるので、とくに低速域ではメルセデス・セダンのような強い加速感は得られない。しかし7速ATミッションの出来がすばらしく、ハンドル裏側のパドルをマニュアルで操作すれば、機敏な走りも可能だ。僕は市街地ではずっとこれを使っていた。

普段は3列目を畳んでカバーをかけておくとミニバン臭さがさらに薄れる。メルセデスはRクラスをミニバンと主張していない。つまりミニバンというよりもEかRかという選択肢であろう。

Rクラスに乗って、今後の乗用車の方向性について考えた。走行レンジの高いヨーロッパではこれからもセダンが中心となるだろうが、日本ではセダンはスポーティ寄りとなり、ファミリー・セダンはRクラスのような変形ミニバンに取って代わられていくのではないか。ミニバンにしては6人しか乗れないが、新形態のファミリーカーとして捉えるなら6人乗れることはメリットと思える。そうしたクルマはウィッシュやストリームなどすでに日本において出現しているが、それらが持つミニバン臭や不足しているステイタス性を付加する試金石として、Rには意義を感じる。

spec/R350 4マチック

○全長×全幅×全高：4930×1920×1660mm○ホイールベース：2980mm○車両重量：2170kg○総排気量：3497cc○エンジン型式：V6DOHC○パワー/トルク：272ps/35.7kg-m○10・15モード燃費：7.7km/ℓ○サスペンション(F/R)：ダブルウィッシュボーン/4リンク○ブレーキ(F/R)：ベンチレーテッドディスク/ベンチレーテッドディスク

●現行型登場年月：
06年3月（デビュー）
●次期型モデルチェンジ予想：
11年3月
●取り扱いディーラー：
全店

grade & price

R350 4マチック	¥7,245,000
R350 4マチックスポーツパッケージ	¥7,707,000
R500 4マチック	¥9,660,000
R500 4マチックAMG	¥10,038,000

プロフィール▼ 日本車を意識したのかは不明だが、じつに日本人好みのスタイルやパッケージングで仕上げた、メルセデス初のミニバンだ。ただしミニバンといってもそこはメルセデス、プレミアム感の演出に抜かりはない。

メカニズム▼ グレードはシンプルでエンジンの違いによる2つのみ。272psの3・5ℓと306psを発揮する5ℓで、どちらもハイパワーだ。ミッションはどちらも7ATで、さらに駆動方式も両者ともに4WDだけ。悪路走破のためというよりも、ミニバンスタイルを採用したことによる安定性の向上のためと考えた方がいいだろう。

走り／乗り心地▼ セダンなどのように安定性抜群とまではいかないが、それでも国産車と比べればさすがメルセデスと、唸らされるほど。ゴツゴツせず、しっとりした味わいだ。

使い勝手▼ ミニバンだからといって、使い勝手上々というわけではないので要注意だ。日本のミニバンと比べると、さすがに使い勝手はよくない。比べれば比べるほど、アラが見えてきてしまう。とくにシートアレンジはかなり物足りなく感じる。3列目にしても非常用として考えた方がよく、フロントとセカンドシートのみで事を済ますことを考えた方がいいだろう。サードシートを割り切れば、ラゲッジも広くなり、実用性はアップする。さらに全長、全幅ともに大きく、扱いやすくはない。

こんな人にオススメ

ミニバンは便利と思いつつショーウインドウに映った自分の姿に萎える輸入車ユーザーは多いだろう。そういう人に。ただし、やはりミニバンはミニバンだから走行中はメルセデス・セダンのようには道を譲られない。走りもそれなりだから、ハイウエイスター（?）としては期待はできない。全幅は192cmもあるから市街地で使うときは要注意。

part3
コンパクトカー

COMPACT CAR

フィット

ビーゴ／ラッシュ

スイフト

ノート

ラクティス

ヴィッツ

bB

COO

パッソ／ブーン

SX4

ひと目でわかる

コンパクトカー相関図

ダウンサイジング層を狙う軽カーや輸入コンパクト勢に押され気味ながらも、
常に販売台数ランキングの上位を独占している売れ筋クラス。群雄割拠の様相は変わらず。

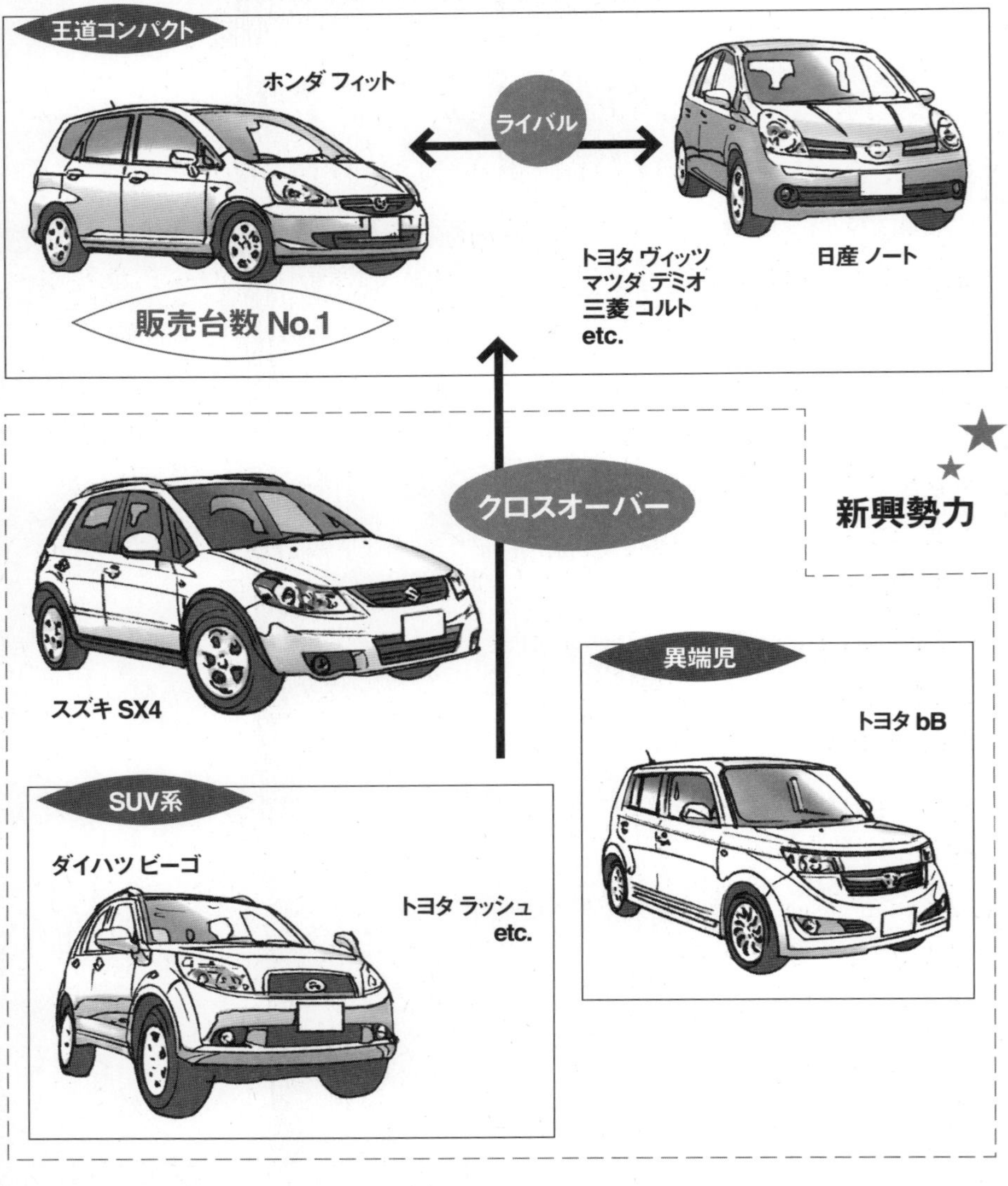

20代の担当（女性）に尋ねると、国産セダンはおじさんぽいので、彼氏（はいないけど）に迎えに来てもらうなら、コンパクトカーの方がいい、と言う。

かつては、社長はクラウン、課長はマークⅡ、係長はコロナという位置づけがあった。もう「いつかはクラウン」と思っている人はいないだろうが、それでもセダンを選ぶことは、周りの目を気にして、社会における自分のポジションを考え、自分だったらこのクラスかなと選んでいるような感じがする。ヒエラルキーのなかに自らを埋没させて生きているように感じられて、感覚的に窮屈さを感じるのだろう。

コンパクトカーは現在、背高スタイルが主流だ。屋根が高ければ、乗員の姿勢を起き上がらせられる。すると室内の前後長をつめられる。小さなサイズで、全長の長いセダンと同じ居住空間が得られるわけだ。つまり、デザイン優先ではなくて機能重視。それが時代の感覚に合ってきているのだろう。

意味なく着飾った服や見栄を張ったクルマや人は、かっこよくなくて、むしろ力が適度に抜けているコンパクトカーの方が、よっぽど格好よい。そんな価値観が、世の中に浸透してきている。シンプル、ナチュラル。積極的ではないにしろ、自分の財布と使い勝手のバランスで選んだという感じがする。

ところがここにきて、キャラクターのはっきりしたコンパクトカーが出てきた。それまでも女性ユーザーや若者層を狙ったクルマはあったが、ここにきて登場してきたのは、使用目的やユーザー層を限定したクルマだ。コンパクトカーながら本格的SUVレイアウトを持つのや、若者のデートカーを目指したクルマ、そしてスポーティな味付けをしたものなどなど。

それだけ自分の感性にぴったりのクルマが見つかる可能性が増えたわけだが、逆に言ったら、よく知らないとまったく自分に向いていないクルマを選んでハズしてしまうかもしれない。注意が必要だ。

フィット【ホンダ】

ホンダの孝行息子

こんなクルマを作ったら売れるかな、とホンダがアイデアを考えて市場に出す。それがヒットすると、トヨタは売れた理由を分析し、コンセプトを踏襲してさらに改良を加えたライバル車を出してくる。そして販売力にモノを言わせ、先駆者を駆逐する。それでホンダはまた頭をひねって次のアイデアを考える。トヨタに後追い車を出されるまでのおよそ2年間に、なんとしても次のアイデア商品を出してヒットさせたい。とは言え、そうそう売れるアイデアが出てくるわけではない。アタリがあればハズレも多い。近年、そんな連鎖が続いている。

そんなだからホンダはいつも新しいアイデアを考えている。フィットはそんなホンダが放ったアイデア満載の満塁ホームランだ。

そのアイデアのキモは、センター・タンク・レイアウトである。燃料タンクは、通常の車は荷室の床下、つまり後席の後ろに配置されているが、それを前席の下に移動した。それによって室内長を拡大でき、広大な室内を確保した。コンパクトカーなのに、後席には足を前に投げ出せるスペースがある。後席を畳めばワゴン車並みの大きな荷室が広がる。そのびっくり箱的なレイアウトに感心させられる。

作りにも手抜きがない。ドアの閉まりが重厚で、まるでVWが作るコンパクトカーのようにバコンと高級感が漂う音がする。コンパクトカー＝安いクルマというイメージではない。

何よりもこれがすばらしいと僕が思うのは、ラジオやエアコンのスイッチが独立していて、さらに機能が文字ではなくて絵で描かれていることだ。他の日本車にありがちな、というよりも最近のホンダ車もそうなってきてしまっているのだが、平板なスイッチが整然と配置されたデザイン重視のものに比べて、独立スイッチは直感的に操作しやすいし、慣れてくるとブラインド操作もできるようになる。ひと昔前のＢＭＷもこうだった。クルマをよくわかった人が作ったのだなと感心させられた。

また、ハンドリングも切ったら切っただけ、ブレーキングも踏んだら踏んだだけ止まるところもほめたい。日産マーチやトヨタ・ヴィッツはカックンブレーキで、ブレーキの踏力が弱くてすむけど、長く乗っているとフィットの方が運転しやすく感じる。すべての操作にアナログ的な手ごたえがあり、運転に慣れていない女性にも扱いやすいはずだ。

担当（28歳女性）も「ゴルフやフィットのようなこういうフィーリングの方が運転しやすい」と言っていた。そういうところもＶＷに似ている。国産コンパクトカーの中では珍しい存在だ。

販売実績は２００６年６月で乗用車第3位。発売から5年以上経った、通常であればフルモデルチェンジをあと1、2年後に控えた決して新しくないモデルだが、やはりいいものは売れるのだ。

売れている要素として、その斬新なアイデアやまじめな作り以外にも、ターゲット層を絞っていないことも功を奏しているだろう。たとえばマーチやヴィッツは強く女性を意識し、ファンシーさを漂わせたカワイイ系で、大人の男が乗るにはちょっとくすぐったい。フィットであればカタチに力が入りすぎていないから、今までコンパクトカーに乗ってこなかった男性や年配の人でも、「足としてはこんなのが一番便利だから買ってみた」と言い訳がきく感じで恥ずかしさがない。

　また幻冬舎の女性編集者の多くは、「あまりかわいいタイプはいやだ」という。キャリア志向の強い人や年配の女性は、マーチのようなカワイイ系よりも、フィットのようなデザインを好むようだ。

　こういうすっきりとしたデザインの方が飽きられないので、商品ライフが長く保てる面もある。そもそも自動車という工業製品は、新車を出した直後の何か月で何万台、あるいは目標台数の何倍かの受注がきたから成功ということでもない。莫大な開発費用は最低でも3年間以上作り続けることで償却していく。つまり市場に浸透し、何年にもわたって計画した数を維持していけることが成功なのである。そういう意味でフィットはホンダにとって大成功の孝行息子なのである。

　こういうクルマが生まれてきたのは、作り手がユーザーに媚びることなく、こういうのがよいのだと自己主張して作ったからだ。そんなクルマ作りは、昨今は少なくなってきている。成功を収めることもあるけど、振り向かれずに失敗する例も少なくないからだ。

　失敗を恐れ、マーケティング調査によって流行を捉え、少数のユーザーに合わせた商品として開発する例が多いのが国産車の現状だ。しかし、そうしたクルマは最初からニッチ狙いだから、数はさばけないし、商品ライフも短くなる。フィットの場合は王道を行き、大成功を収めたいい例である。

　センター・タンク・レイアウトのインパクトがあまりに強いせいだろうか、トヨタもさすがにはどんぴしゃの真似はしてこない。

　ただし、僕はシリーズ第1弾『世界でいちばん乗りたい車』ではフィットをあまり推していなかった。それは走りに不満を感じた部分があったからだ。

　峠を走っていると、「これがファミリー向けのコンパクトカーか!?」と疑問を持つほど、コーナーで足が踏ん張る。ダンパーの減衰もしっかりしていて、まるでちょっと前のシビック・タイプＲみたいなスポーティモデルのような走りだった。１・５ℓではマニュアルモードＣＶＴに加えて5速ＭＴも用意されている念の入れようだ。コンパクトカーってサンダルのようなものと思っていた僕にすれば、最初にフィットに出会ったときは衝撃的ですらあった。

　それ自体はよいことなのだが、その反面、市街地では足が突っ張って乗り心地が硬かった。この点で、乗り心地が柔らかいＶＷとは決定的に違う。乗り心地と操縦安定性のバランスを常に考えるＶＷ。何が何でも操縦安定性重視のホンダ。ここが問題だと僕は捉えていた。

　平坦な路面では問題ないが、凸凹した道路や工事中の道など走ると、もう身体が上下にぐわんぐわん跳ねて、短距離移動用か、あるいは頑強な青年以外には向かないだろうと思わせられた。

　それを04年版で書き、ホンダもそれを読んで改心した。——そんなわけではないだろうが、モデルイヤーごとの改変で、足が段々柔らかくなってきたことは喜ばしい。だから前作とは違って、より多くの人におすすめできるクルマとなった。

　まもなくフルモデルチェンジが予定されている。

　どうか現行フィットの数ある美点を失わないでほしいと願う。昨今、ホンダ車の流れを見ていると、世代交代が進み、どうもフィットを作った人たちの精神が薄れてきているように思えて、僕は少し不安を抱いている。

spec/1.3A

○全長×全幅×全高：3845×1675×1525mm○ホイールベース：2450mm○車両重量：1000kg○総排気量：1339cc○エンジン型式：直4SOHC○パワー/トルク：86ps/12.1kg-m○10・15モード燃費：24.0km/ℓ○サスペンション(F/R)：ストラット/車軸式○ブレーキ(F/R)：ベンチレーテッドディスク/ドラム

●現行型登場年月：
01年6月（デビュー）／05年12月（MC）
●次期型モデルチェンジ予想：
07年6月
●取り扱いディーラー：
全店

grade & price

1.3Y	¥1,123,500
1.3Y(4WD)	¥1,312,500
1.3A	¥1,186,500
1.3A(4WD)	¥1,375,500
1.3AU	¥1,215,900
1.3AU(4WD)	¥1,404,900
1.3W	¥1,302,000
1.3W(4WD)	¥1,491,000
1.3S	¥1,417,500
1.5A(5速MT)	¥1,365,000
1.5A	¥1,365,000
1.5A(4WD)	¥1,554,000
1.5W(5速MT)	¥1,501,500
1.5W	¥1,501,500
1.5W(4WD)	¥1,690,500
1.5S(5速MT)	¥1,575,000
1.5S	¥1,575,000

プロフィール▼ ライバルひしめくコンパクトカー勢のなかにあって、大ヒットとなったのがフィットだ。その理由は取り回しのいいコンパクトなボディと、それからは想像がつかない広大な室内にある。とくに室内は大人が4人も楽に乗れ、さらに荷物も大量に積むことができるほどだ。

メカニズム▼ フィットで最初に採用されたのが、今やホンダ車ではお馴染みの「センター・タンク・レイアウト」。従来はラゲッジ下に置かれていた燃料タンクを前席下に移すことによって、限られたスペースを有効に使うことができるようになった。またエンジンは当初は1・3ℓのみだったのが、よりパワフルな1・5ℓを追加設定。1・3ℓはi―DSIと呼ばれ、とくに省燃費化に力を入れており、さらに1・5ℓにはホンダ自慢のVTECを採用することで、パワーと燃費を両立させている。

走り／乗り心地▼ 1・5ℓのキビキビとした走りに驚かされるが、1・3ℓも小排気量を感じさせず、不満のない走りを披露してくれる。ミッションはどちらもCVTとなるが、こちらもウルトラスムーズなフィーリングで、じつに滑らかだ。

使い勝手▼ ミニバン的に荷物に合わせてさまざまなシートアレンジが楽しめるのも利点のひとつ。たとえば、リアシートの座面を上に跳ね上げれば、フロアの低さを利用してちょっとした植木なら積むことができるほどだ。

こんな人にオススメ

乗り手のイメージを限定しないので、男性でも女性でも年配の人でも若い人でも、どんな人がオーナーでも誰が乗ってもしっくりくるはずだ。むしろキャリア志向の女性が選ぶ場合は、マーチなどのカワイイ系のコンパクトカーよりも、フィットのようなカタチはすっきり系で、それでいて鮮やかなブルーとかオレンジとかきれいな色を選ぶといいように思う。

ビーゴ【ダイハツ】／ラッシュ【トヨタ】

じつはエンジン縦置きＦＲベースの本格派

ダイハツの開発者に「チョロＱみたいでかわいいですね。奥さまの足とかで売れるんじゃないかなぁ」と言ったら、「……そうですか?」と顔を曇らされてしまった。「いや、もちろんいい意味でですよ。初代ＲＡＶ４もそんな感じだったですよね」とフォローしてみたが、彼は納得がいかない様子だ。ほめたつもりだったのになあ……。

ビーゴはトヨタからの発注で開発から生産までをダイハツが請け負ったコンパクトＳＵＶだ。同じクルマをトヨタブランドとダイハツブランドで売る。バッジ以外はまったく一緒。ＳＵＶというと四角くごついデザインが多いなか、ボンネットやボディの角を丸めて柔らかい印象を与えるデザインとしたのが特徴だ。

そもそもがオフロードなんて走るつもりも機能もないのに、大型ＳＵＶをそのまま小さくしたデザインでは貧乏くさいと僕は思うのだ。コンパクトカーなら、デフォルメしたような愛嬌のあるチョロＱ的デザインの方がしゃれていて、雰囲気がずっとよい。だから僕は、ダイハツ・ビーゴのデザインをまじめによいと思った。

なのに、いったいなぜ彼は顔を曇らせるのか!?

大体が、試乗会場は幕張ニュータウンの市街地なのだ。カーブと言っても交差点しかない。新しくできた平坦な道ばかりで凸凹もない。こんなところで開催する意図を推測すれば、誰だってなんちゃってＳＵＶだと思うだろう。奥さまの足だと言われて、怒ることはないだろ（怒ってはいなかったかも）。俺の方こそ納得がいかんぞっ。

そんな思いを僕は笑顔に包んで大人の対応で話をしていたら、だんだん顔を曇らせた開発者の複雑な気持ちが見えてきた。

彼はビーゴをシティ派ではなく、体育会系として捉えていた。さらに驚くべきことが判明した。居住性を重視するコンパクトカーは今の世の中、ＦＦ（前輪駆動）ベースが主流だ。兄貴分のＲＡＶ４もＦＦベース。国産ＳＵＶのほとんどが大型であっても二駆仕様を選ぶとＦＦだ。

ところがビーゴは、エンジン縦置きのＦＲ（後輪駆動）ベースなのである。しかもアウディやスバル・レガシィのような重量配分に優れたエンジン縦置き。そして本格派ＳＵＶスズキ・エスクードも採用するビルト・イン・ラダーフレーム構造を採用する。モノコックにラダーフレームを内蔵するこの方式はボディ剛性が高く、悪路の走破性が高い。

チョロＱみたいといわれて開発者が顔を曇らせた意味は、本格派への自負があったのだ。そういうことがわかって、僕は納得した。

もしこれがスバルだったら、そうしたウンチクが新聞広告でアツく語られることだろう。ではなぜダイハツは本格派であることをアピールしないのだろう? その手がかりは、カタログを開くと見つかる。

ビーゴのカタログの1ページ目は湖の上の砂地。ところがラッシュの1ページ目は公園でカップルがボールでたわむれるの図。以後、トヨタのカタログはめくってもめくっても街中ばかり。やっと現れたのが背景にビルがある海辺。幕張ニュータウンのロケーションと酷似している。

読者諸君はもうお気づきに違いない。共同試乗会場に幕張市街地を指定したのはトヨタのアドバイスなのである。つまりトヨタはこのクルマをＳ

UVでなく、見晴らしがよくて面白くておしゃれなキャラクターのコンパクトカーとして売ろうとしているわけだ。そういえば、トヨタ・ラッシュのテレビCMでは、哀川翔が「見晴らしのいいコンパクト」と言っていた。一言もSUVとか言ってない。

一方、ダイハツはエスクードほどではないが、シティ派ではない体育会系として作ったつもり。実際に試乗してみたら、随所に体育会系部分（ダ＝ダイハツの思い）となんちゃってシティ派部分（ト＝トヨタの思い）が混在していた。

まずはパワステ。アシスト強めでハンドルが軽い。僕には特に高速道路でもっと手応えがほしいと感じたが、世の奥さまにはこのくらい軽い方がいいのだろう（ト）。迷い込んだ公団住宅の路地でUターンするときに気づいたが、やたら取り回しがよかった。最小回転半径はわずか4・9mだ（ト）。とは言えファミリーコンパクトカーにありがちな乗り味ふにゃふにゃではなく、16インチ大径タイヤの効果もあってしっかり感がある（ダ）。幕張の市街地走行では過不足なく特に文句をつけるところも見当たらなかった。

インテリアの質感高く、メカニカルな昆虫顔のような感じの特徴的なセンタークラスターが目を引く。各所に施したメタル調の加飾で1クラス上の質感とスポーティ感を演出した（ト）。しかしドアの内側はわざと布が貼ってなくて樹脂むき出しで、それがスポーティな雰囲気を醸し出す（ダ）。SUVらしさの表現として背面タイヤを標準装着だ（ダ）。しかし全車カバーを装着しタイヤがむき出しとなることはない（ト）。

後部デザインの角をフロントと違ってラウンドさせずにスクエアさせて、荷室にゴルフバッグ4個が入る280ℓのトランクを得た。ここにも（ト）の影響が窺える。

ここまでくると、（ト）の考えが見えてくる。圧倒的な販売力を誇るうんちく語りに参加する気はまったくないのだ。（ト）にすれば、小賢しい議論に参加するのは面倒臭い。がちがちなSUV路線を打ち出すと、かえってこのクラスの主力ユーザーである「女性」にそっぽを向かれる危険性がある。だからキーワードは「見晴らしのいいコンパクト」でいいのだ。

こだわりのラーメン屋のオヤジが語るうんちくを聞きながら食べるのが楽しいと感じる客はいる。でも同じことを大規模チェーン店のサラリーマン店長に語られたらウザイ。そんな感じだろう。（ト）はそんなセンスを持ち合わせている。

（ダ）は、タニマチ的存在の（ト）の手前、SUVとして強く打ち出すことははばかられ、悩んだ末に決めた（たぶん）キーワードが堂本剛による「ゴッかわいい」。

これを資本系列会社間の悲哀と捉えるのは性急なのであろう。（ト）がいたからこそ、「もっとフロントに大胆なデザイン処理をした方がいい」「軽自動車と一線を画す内装品質はこうすべき」などというアドバイスが受けられたのだから。それが受注増にも結びつき、軽自動車メーカーの色が濃い（ダ）に、上級クラスのコンパクトカー作りを学べるチャンスが到来したのだから。ただ、それだけに頭が上がらない面はあるのだろうな。

さて、ユーザーはアクティブな体育会系として捉えるのか、それとも背が高くて運転しやすいコンパクトと捉えるのか。男性が支持か女性が支持か。（ダ）か（ト）か。

ダイハツ開発者の心は揺れている（に違いない）。

spec/G

○全長×全幅×全高：3995×1695×1690mm○ホイールベース：2580mm○車両重量：1150kg○総排気量：1495cc○エンジン型式：直4DOHC○パワー/トルク：109ps/14.4kg-m○10・15モード燃費：14.6km/ℓ○サスペンション(F/R)：ストラット/5リンク○ブレーキ(F/R)：ベンチレーテッドディスク/ドラム

●現行型登場年月：
06年1月（デビュー）
●次期型モデルチェンジ予想：
11年1月
●取り扱いディーラー：
トヨペット店

grade & price

X	¥1,596,000
X（4WD/4速AT）	¥1,785,000
X（4WD/5速MT）	¥1,701,000
G	¥1,764,000
G（4WD/4速AT）	¥1,953,000
G（4WD/5速MT）	¥1,869,000

プロフィール▼ テリオスの後継に当たるものの、コンパクトカーの新たな境地を切り開く、意欲作とダイハツ自ら言うだけに、その質感は上々だ。ハッチバック中心のコンパクト勢のなかにあって異色。「ラッシュ」の名前でOEM供給されるのだが、開発段階でもマーケティングを中心にトヨタの意見が取り入れられているという。

メカニズム▼ ビーゴ用に新開発されたプラットフォームは本格クロカンに採用されるビルト・イン・ラダーフレームを採用した本格的なタイプ。さらに1・5ℓエンジンについても新開発で、悪路や街乗りで重要な低速トルクだけでなく、高回転まで気持ちよく吹けるマルチな味付けとなっている。肝心の4WDシステムは デフロック可能なメカニカルセンターデフタイプを採用する本格派。走りと経済性を優先したFFモデルも用意されているので、使い方などで選ぶことができる。

走り/乗り心地▼ トヨタ版のラッシュでは視線の高さを前面に出してアピールしているように、街中でも取り回しやすく、女性でも楽にドライブできる。また乗り味に関して、尖ったところはなくじつに自然なフィーリングだ。

使い勝手▼ コンパクトとは言え、SUVを名乗るだけに使い勝手は上々。収納も多く、さらにラゲッジは容易に拡大できるので、ワゴン的にも使いこなせるのは大きな利点だ。

こんな人にオススメ

見た目や雰囲気よりも中身はずっと本格派。ちょっと背が高くて見晴らしがよいコンパクトカーとして女性が選ぶならトヨタ・ラッシュ。シティ派SUV風のコンパクトカーに見えて、じつはオレの車は本格派、とほくそえむ喜びを享受したい男性ならダイハツ・ビーゴ。でもバッジ以外、中身は一緒。シティ派にも、アウトドア派にも。

スイフト【スズキ】

スズキの大きな変革の証

今回の試乗車のなかで僕がいちばん驚いたのは新型スズキ・スイフトである。いったいあのスズキに何が起こったのか!?

——乗ってみたら、今までのスズキらしくないのだ。操縦安定性がよいのだ。

第1弾の『世界でいちばん乗りたい車』でスズキ・ワゴンRに乗ってみて、スズキは会社として操縦安定性に力を入れない方針なのだなと感じた。旧スイフトもワゴンRと似たような不安定な操縦安定性だった。テストドライバーにはちゃんとテストやトレーニングの機会が与えられず、待遇が低くて設計部に彼らの声が届いていないのではないか。と、お節介だと思いつつも心配になった。

もちろん、必ずしも操縦安定性に力を入れないからといって、ダメなわけではない。操縦安定性をさほど気にせず、それよりも低価格を望んでいるユーザーは多いだろう。車種間で部品の共有をすればコストを下げられるし、修理工場も部品在庫を減らせる。その方がユーザーのためという考え方もある。多くのユーザーはそう考えているから、ワゴンRが世の中でいちばん売れるのだろう。そんな考えはそれでアリだが、僕の範疇《はんちゅう》ではない。

やはり操安性が高いクルマは、万が一の時に安全なだけでなく、運転していて気持ちがいいものだ。僕は操作フィーリングをとても重視しているので、スズキのクルマを読者にすすめるのはちょっと……、と思っていた。ところが新型スイフト。操縦安定性がよくて、ハンドルを切ったらちゃんと曲がるのだ!

ワゴンRは切っても反応が鈍く、さらに切るとさっきの分まできゅっと曲がる感じだった。昔のフェラーリも、意味合いは異なるけれど、現象としては似たようなところがあった。でも、フェラーリに乗る人だったら切り方のコツがすぐにわかるけど、ワゴンRに乗るおばちゃんには難しいはず。まぁそんなにスピードを出さないから問題はないよ、と言われればそのとおりだけど。

スイフトでスズキは大きな変革を遂げていた。カーブを曲がるときは、ステアリングの追従性がよく、操縦安定性も高い。それでいて、足がガチガチではなく、よくできた欧州のコンパクトカーのように乗り心地と操安のバランスがとれていた。どうやらここにきて、スズキのクルマ作りの思想が根本から変わったようだ。何がどうなってこういうクルマが作れるようになったのだろう?

それをなし得た要因は、目を世界に向けたことにある。

スイフトは、日本以外に、インド、中国、ハンガリーでも生産される。販売数は日本で5万台、インド、中国ではそれぞれ5万台、そしてヨーロッパでは10万~15万台を予定する。つまり海外に向けた数の方が圧倒的に多い。ヨーロッパのユーザーは日本市場よりも操縦安定性がしっかりしたクルマを求める傾向が強いので、開発者としても本腰を入れなくてはならないと考えたのだ。

今までは軽のシャーシを流用してコンパクトカーを作っていたが、スズキとしては初めて、本格的に小型乗用車プラットフォームを開発した。部品に関しても他車種との共用を少なくし、専用設計の点数を多くした。

開発者が言う。

「今までは本格的にヨーロッパで売るということを意識した作りではなかったかもしれません」

今回からは、操安性を高めるために、ボディ剛性を徹底的に上げ、サスペンションも専用設計し、走りも熟成させた。

テストドライバーの待遇も変わった。日本人テストドライバー5～6人をスペインに派遣し、現地でテストさせ、現地のテストスタッフと一緒になって評価を行なった。外国人のテスターの感想は、スズキのテストドライバーも聞いて参考にした。それは日本人テストドライバーのトレーニングにもなったという。今までは浜松のテストコースでトレーニングの機会が限られていたのだから、ずいぶんと大きな進歩である。

それにしても、そんなふうに操安性重視の意識改革を社内で推し進められた要因はなんだったのだろう？

それは組織の構造を大きく変更したからだ。

今まではデザイン部と設計部はいろいろな車種を扱っていた。ところが２００４年１月にスズキ社内に導入されたカーライン制度で、車種ごとにチーフエンジニアを設けてクルマ作りを縦割りにするようにした。トヨタや他メーカーが行なっている主査制度のようなものだが、これをスズキでは創業以来初めて敷いたのだ。これにより責任の所在がハッキリした。今まではヒットしないと、誰が悪いんだ、どこが悪かったんだと考えても、わからなかった。しかしカーライン制度では、責任はチーフにあることが明確となる。

このカーライン制度が採用された背景には、技術本部長が、業界で〝コストダウンの達人〟と異名をとる鈴木会長に提言し、会長から「そんなに言うなら、ソレやってみ」みたいな感じで許可されたそうだ。

この本部長は、かつてスズキでＣＡＤを導入することになった際、設計者が使い慣れたドラフターからなかなか離れようとしないのを見て、ドラフターを取っ払ってしまって半ば強引に改革をもたらした、という逸話の持ち主。「変革には血を見るが、断固としてやらなければならない」。スズキ内では有名な人らしい。カーライン制度の導入も、新型スイフトが生まれ変わった大きな要因のようだ。

新型スイフトに選ばれたチーフエンジニアの望月氏は、もともとが操縦安定性が担当の人であった。開発に先立って「ステアリングを切ったらちゃんとヨーが出るようにしろ」とはっぱをかけた。つまり、新型スイフトの操縦安定性がよくなったのは、かつて実験部で操縦安定性を担当していた人がチーフエンジニアに着任したことが大きい。

スイフトが大きく進化した裏には、操縦安定性重視の必要性が社内に浸透したのとともに、その背景にはカーライン制度の導入があり、また開発に携わる全員に「世界で通用するクルマを作りたい」という目標が行き渡ったことがある。

「意志の力が事を成す」ということなのだろう。

操縦安定性がよくなって、激戦区の小型車クラスのなかでも魅力的な1台となった。走りにうるさいユーザーが多い欧州でも十分、戦えるはずだ。

次なる課題は、走りだけでなく、高速道での風切り音やロードノイズなどのＮＶ性、直進時のステアリングフィールを高めるなどして、プレミアム度を磨くことだ。

spec/1.3XG（4速AT）

○全長×全幅×全高：3695×1690×1510mm○ホイールベース：2390mm○車両重量：1020kg○総排気量：1328cc○エンジン型式：直4DOHC○パワー/トルク：91ps/12.0kg-m○10・15モード燃費：17.0km/ℓ○サスペンション(F/R)：ストラット/トーションビーム○ブレーキ(F/R)：ベンチレーテッドディスク/ドラム

●現行型登場年月：
04年11月（FMC）
●次期型モデルチェンジ予想：
09年11月
●取り扱いディーラー：
全店

grade & price

1.3XE（4速AT）	¥1,103,000	1.3XG（5速MT）	¥1,087,000
1.3XE（5速MT）	¥1,013,000	1.3XG（4WD/4速AT）	¥1,355,000
1.3XE（4WD/4速AT）	¥1,281,000	1.3XG（4WD/5速MT）	¥1,265,000
1.3XE（4WD/5速MT）	¥1,192,000	1.5XS	¥1,365,000
1.3XG（4速AT）	¥1,176,000	1.5XS（4WD）	¥1,544,000

プロフィール▼ 現行モデルは、スズキの世界戦略車としてヨーロッパや中国などを視野に入れて開発されている。基本性能はもちろん、内・外装デザイン、さらには安全性などすべてが世界基準で作られ、スズキの意気込みが感じられるモデルだ。3ドアと5ドアがあるが、日本では5ドアのみが販売されている。またスポーティグレードのスポーツも先代同様に設定される。

メカニズム▼ 新型プラットフォームをベースとする高剛性ボディによって高速走行中でも高い安定感を獲得。街中であっても、ワインディングでも安定感のある走りを披露してくれる。エンジンは1・3ℓ/1・5ℓの2本立てで、ともにVVT（可変バルブタイミング）機構を採用し、パワーと経済性を両立させた扱いやすいユニットに仕立てている。

走り/乗り心地▼ フロントサスには、サスペンションフレームとL型ロアアームを採用し、高い操縦安定性や快適な乗り心地、ロードノイズの低減を実現。リアには新開発トーションビーム式リアサスペンションを採用することで、コーナリング時の安定感を高めるなど、ヨーロッパ車並みの味付けだ。

使い勝手▼ リアシートは6対4の分割可倒式で、乗車人数や荷物の大きさに応じて使い分けができ、便利で使いやすい収納スペースを各部に装備。このクラスでイモビライザーとセキュリティシステムを全車に標準装備なのも見逃せない。

こんな人にオススメ 操縦安定性と乗り心地のバランスを重視した。その走りに欧州車の香りあり。でも価格は国産車。だからコストパフォーマンスが良好。コンパクトカーのなかでスポーティ度が高い部類。気持ちよく曲がるコーナリング重視の性格。そういうハンドリングを好む人に。僕もそういうタイプだ。クルマの質感の向上がもう少し望まれる。

ノート（日産）

目指したのは究極の「フツー」

試乗後に商品企画チーフから「太田さん、どうでした？」と尋ねられたので、「どこも悪くはないけど印象が薄い」とつい本音を漏らしたら、「それこそが我々が意図したものだったんですよ！」と笑顔で返された。いったいどういうこと？

日産のコンパクトカーは、どれも個性的だ。マーチは可愛い女の子、ティーダは大人向け。そんな雰囲気がカタチや乗り味から伝わってくる。しかしノートのキャラはじつに普通。ハンドリングも普通だ。誰向けなのかわかりにくい。たとえばプラットフォームを共用する兄弟車ティーダは、コーナーでのロールを抑え、ハンドリングもきびきびした味付けだ。その一方で、路面が荒れた曲がりくねった道だと、リバウンド（伸び側）が強いので、身体がガンガン揺すられて不快に感じる場面がある。その走りから、スポーツセダンからダウンサイジングしてきたスポーティ志向の中年男性を狙っていることがわかる。

ノートはもっと足が柔らかくて安楽な乗り心地だ。きびきびとした動きはなく、コーナーを楽しむ類のハンドリングではない。長所はコーナリングよりも加速力だ。実用的な回転域で力があり、ストップアンドゴーの多い街中で扱いやすい。加速がよいから高速での追い越しや合流の際にも、ストレスを感じない。ＣＶＴに改良が加えられたことで、以前のように車速が伸びていないのに回転だけが上がって音がうるさい現象も減った。

商品企画チーフと話していると「使い勝手」という言葉がよく出てくる。じつはこれがノートの普通でないところなのだ。屋根が高くてミニバンのような姿だが、あくまでも5人乗りのコンパクトカー。スタイリッシュではないが、頭上に数十センチの空間がある。内装デザインに特徴もないが違和感もない。女性向けにありがちなファンシーさもなく、だからといって男臭い感じもしないから、男性も女性もすんなり入れるだろう。「私はノートが大好き！」という人はいなくても、誰が乗っても嫌われないフツーさ。突出した点はないがストレスを感じる嫌なところもない。

ここまで読んでいただくと、ピンときた方もいるかもしれない。冒頭にどんな人に向けたのかわかりにくいと言ったが、実はノートには明確なターゲットがあるのだ。つまり万人向け。

最近のコンパクトカーの動向としては「ダウンサイザー」の増加が特徴的だ。今までセダンやミニバンに乗っていたが、もう夫婦で乗ることがほとんどで、コンパクトカーで十分だよなと思って乗り換える層のことだ。そんな人たちが実際にコンパクトカーに乗り換えてみると、家族で乗るときは少し狭いなあとか、小回りが利くのはよいけどパワーがないとか、走りの安定感に欠けて運転して疲れるなあと不満を持つ傾向がある。そういうネガをなくし、突出した個性を排除したのがノートなのである。

他メーカーには、フィットやヴィッツのようにユーザー層をはっきりさせないコンパクトカーがある。ところが今まで日産には個性派ばかりで、こうしたマジョリティ（多数派）狙いのコンパクトカーがなかった。冒頭の関係者の言葉「太田さん、それこそが我々が作りたかったクルマだったんですよ！」の意味は、「メイン・ストリームのクルマを作ったんです。売れるはずです」ということだったのだ。月販４０００台。売れている。

spec/15S Vパッケージ

○全長×全幅×全高：3990×1690×1535mm○ホイールベース：2600mm○車両重量：1070kg○総排気量：1498cc○エンジン型式：直4DOHC○パワー/トルク：109ps/15.1kg-m○10・15モード燃費：18.2km/ℓ○サスペンション(F/R)：ストラット/トーションビーム○ブレーキ(F/R)：ベンチレーテッドディスク/ドラム

●現行型登場年月：
05年1月（デビュー）／05年12月（MC）
●次期型モデルチェンジ予想：
10年1月
●取り扱いディーラー：
全店

grade & price

15S	¥1,287,000
15S Vパッケージ	¥1,355,000
15S FOUR	¥1,476,000
15S FOUR Vパッケージ	¥1,544,000
15E	¥1,434,000
15E FOUR	¥1,623,000
15RX	¥1,602,000

プロフィール▼ 04年秋に行なわれたムラーノの発表会において、来場者の目を引いたのが6台もの発売予定車。サプライズではあったのだが、最後に発売されたのが、ノートとなる。先発のティーダをベースとしながら、また別の味付けとしている。

メカニズム▼ エンジンは出足のよさを重視して専用のチューニングが施されている。またサスペンションもフロントに、リップルコントロール付きショックアブソーバーを採用することでゴツゴツ感を排除、コンパクトカーに抵抗があった人にもオススメ。さらにCVTはしっかりとエンジンのパワーを伝えるセッティングでできもよく、また経済性にも優れる。

走り／乗り心地▼ エンジンは1・5ℓのみで、ミッションはCVTだけ。不満のないどころか、走り出した瞬間に不満がないことが体感でき、じつに頼もしい走りを披露してくれる。

使い勝手▼ 使い勝手のよさを追求しているのだが、最近ありがちな手の込んだギミックは皆無。実用面で必要なモノと不要なモノを選別し、ストレートに形にしているのが、印象的だ。たとえば、シートの作り。形状に凝るのではなく、厚みを単純に増すことで、文字どおりにソファのようなゆったりとした座り心地を実現。実際座っても、ふんわりと受け止めてくれる。また細かい収納も闇雲に付けるのではなく、どういったシチュエーションで、どういった使われ方をするのかまでが計算されている。

こんな人にオススメ どんな人に乗ってほしいのか商品企画チーフに聞いてみた。「30代は上司にこき使われて仕事でくたくたです。そんな疲れた人に主張が強いクルマは余計に疲れてしまう。クルマを感じないで乗りたい。そういう人を応援したいです」。そういうときこそ、自分を奮い立たせるロックのようなクルマがいいと思うけど、確かに今はノートに乗って、将来、元気印のクルマを買うという選択もある。

ラクティス【トヨタ】

かわいい「ファンカーゴ」から大転換

ヴィッツをベースに屋根を高くしてヨーロッパの商用車的イメージを打ち出して人気を博していたファンカーゴが、モデルチェンジしてラクティスと名前を変えた。月販1000〜2000台と結構売れていたのになぜ名前を捨てたのだろう?

もちろんそれには意味がある。もともとファンカーゴは荷室の広い多目的車として売ろうとしたが、実際は奥さまのセカンドカーとして売れていた。ユーザーの8割が廉価グレードの1・3ℓを選んでいた。ルノー・カングーのような本物の商用車からの派生ではなく、かわいらしい雰囲気重視。後席はパイプいすみたいな簡素な作りで、走りも顧みられていなかった。でも、奥さまのセカンドカーだから問題がなかった。

ところがユーザーの事情が変わってきて、最近は「一家に1台」が増えてきた。ご主人にとってはお花屋さんの雰囲気では照れ臭い。男性に抵抗のないようにするため、内装を黒とシルバーを基調としたコックピット感覚のデザインにした。ファンカーゴのようなセンターメーターを止めて、運転席前にメーターを配置することでスポーティな印象にした。つまり走りの雰囲気作りを進めた。

居住性に関しても新しい試みがある。背高ミニバン風コンパクトだから、体が小さくても中は広いことはもう当たり前だが、ラクティスはさらに使い勝手の自由度も提案する。具体的には後席を畳むと簡単にフルフラットとなり、ここにはママチャリを載せられる。たとえばひとまわり大柄の背高コンパクト、日産ノートでもフルフラットにはならないので、ママチャリは載せられない。そもそもメルセデスEクラスワゴンでもママチャリは難しい。

走りに関しても充実させた。ヴィッツの車体を90㎜延長し、ファンカーゴから60㎜屋根を低くして重心を下げた。16インチ大径タイヤも標準装備となる。と、言っても特注で幅を狭くして扁平率を上げた16インチなので、大径幅広タイヤにありがちなごつごつ感がなくて乗り心地がよい。接地面積が縦に伸びたので、ハンドルを切ったときの応答性もよくなった。電動パワステのフィーリング改善と合わせて、引き締まった乗り味とごつごつしない程よいバランスを得た。今後、コンパクトクラスに大径ナローが流行るのではないかと思ったほどよかった。

そういえば、2005年の東京モーターショーにラクティスのレース仕様が展示されていた。開発主査に尋ねたら、「本当にレースをやるわけではないけれど、それくらいの意気込みでしっかりしたボディを作れ」という趣旨で号令をかけたそうだ。作り手の意識の高さこそが、走りのよさをもたらした一番の理由かもしれない。

前モデルのファンカーゴは「かわいい〜奥さま」イメージで、年配の男性ユーザーを拒んでいた。僕は試乗とはいえ街中を運転するとき、自分の価値観で選んだと思われないかなと恥ずかしかった。その点、ラクティスは平気だ。そう思えるのは、単純に内外装の雰囲気が男性向け、大人向けになったからだけではない。作り手が「大人の男性が乗っても納得できるようなクルマを作ろう」と考えていることが、その走りからも感じられて、安心感が持てることが大きいのだ。

spec/1.5G

○全長×全幅×全高：3955×1695×1640mm○ホイールベース：2550mm○車両重量：1140kg○総排気量：1496cc○エンジン型式：直4DOHC○パワー/トルク：110ps/14.4kg-m○10・15モード燃費：18.0km/ℓ○サスペンション(F/R)：ストラット/トーションビーム○ブレーキ(F/R)：ベンチレーテッドディスク/ドラム

●現行型登場年月：
05年10月（デビュー）
●次期型モデルチェンジ予想：
10年10月
●取り扱いディーラー：
カローラ店

grade & price

1.3X	¥1,386,000
1.3X Lパッケージ	¥1,512,000
1.3G Sパッケージ	¥1,869,000
1.5G	¥1,512,000
1.5G（4WD）	¥1,659,000
1.5G Lパッケージ	¥1,638,000
1.5G パノラマパッケージ	¥1,659,000
1.5G Sパッケージ	¥1,722,000
1.5G Lパノラマパッケージ	¥1,722,000
1.5X（4WD）	¥1,575,000
1.5X Lパッケージ	¥1,701,000
1.5G Sパッケージ	¥1,785,000

プロフィール▼ ヴィッツベースの派生車種については車名は継承せず、新たに付けることを表明しているだけに、ファンカーゴの後継ながらもラクティスの名が与えられた。もちろん注目は先代で培ったクラストップの広大な室内スペースだが、「高速大容量スタイリング」というコンセプトが示すように、さらに走りについても力が入れられているのが特徴だ。

メカニズム▼ エンジンはヴィッツ譲りの1・3ℓ/1・5ℓ。トランスミッションは2WDがCVT、4WDが4速ATとなる。なかでも注目なのが、1・5ℓモデルに設定されるアクティブCVTシステムで、これは7速のマニュアルモードが用意され、ステアリング上のパドルを操作することによってダイレクトシフトチェンジが楽しめる。また細かい部分ではあえてセンターメーターにしなかったというのも走りを重視してのこと。

走り/乗り心地▼ アクティブCVTを操作するとキビキビした走りが楽しめるが、パドルも直感的に操作できるようになっているので、エンジンの回転を下げたり、エンジンブレーキをかけるときも自然。応答性もかなりいい。

使い勝手▼ シートアレンジはシンプルで、ラゲッジの拡大など簡単にできる。とくにリアシートを収納してしまうと完全フラットになるのは注目すべき点。ステアリング周りの調整も細かくでき、女性でも自然に違和感なく運転できる。

こんな人にオススメ

雨が降ってきたので塾に子どもを迎えにいってチャリを載せて戻ってくることがよくある奥さんにどんぴしゃ。作り手は子どもを持つ若いママを想定しているが、18歳のお嬢さんから80歳代の男性（!）まで、幅広い層に売れている。背高が気になってたけど、カワイイ～調が好みではなかった女性に。「若者こそが感性が高い」「年寄りは格好悪い」。そんな風潮を苦々しく感じていた大人の男性にも。

ヴィッツ【トヨタ】

先代ヴィッツとどこが同じ?

ラクティスは女性だけでなく男性にもウケるようなクルマ作りをすすめ、販売を大きく伸ばした。ヴィッツも似た方向にシフトしたのだが、かえって先代よりも落ちてしまった。取材帰りに編集者たちとファミレスでその原因について話していたら、偶然にも窓の外に黒の現行ヴィッツとピンクの先代ヴィッツが前後に並んで通りかかった。「あ、新旧ヴィッツだ」。みんなの視線が集中する中、カメラマンが言った。「リア七三から見ると意外とかっこいいんですよね、現行ヴィッツって」

——確かに。僕らはそれまで新型ヴィッツのデザインはずんぐりむっくりしていて、旧型よりもかわいくないという意見でまとまっていた。ところが窓の外の黒ヴィッツはVWゴルフに似た男性的な感じがして、決して悪くはなかった。でもなぜか今まで僕たちはそう感じたことがなかった。

僕自身、先代のデザインには惹かれていた。たとえば女の子を好きになると、「あばたもえくぼ」でかわいく見えてくる。クルマもそうだ。その反対の「えくぼがあばた」現象が、現行ヴィッツを見る僕らの目に起こっているのではないか。と、黒ヴィッツを見ながら思ったのだ。

つまり、かわいくて気の利いたデザインが薄れてしまったことが強調して見えてマイナスに感じてしまう。実際は内外装の質感を上げ、力強く先進的なイメージを打ち出しているプラス面があるのだが、我々の目にはそうは映らない。前の方がよかったという印象だけが強く残ってしまった。

「えくぼがあばた」現象は、性能面でも起こっている。旧型と比較すると、主力モデルの1ℓ車は、前モデルは4気筒だったが現行は3気筒になった。イメージとしてしょぼいし、実際にガラガラと軽自動車みたいな安っぽいエンジン音を立てる。遮音材で防ごうとしているが、少しは聞こえてくる。これはマイナス。でもその分、一気筒あたりの効率がよくなってトルクアップを果たし、燃費もよくなったプラス面もある。

ミッションも1ℓ車はATだったが今度からCVTとなった。CVTの機構上、強くアクセルを踏み込むと、速度はそんなに上がっていないのにエンジン回転がやけに上がって、モーモーうるさい。また走り出しの際、CVTはATのようなクリープがないので（電気的に少しはクリープするが）、先代のATのつもりで運転すると坂道発進で後ろに下がってしまう。ユーザーに試乗してもらった際、道路からディーラーの駐車場に戻る際の段差で、ディーラーマンは「今度はCVTなので強くアクセルを踏んでください」とアドバイスしなければならない。でもCVTにしたことで走行中の加速性能は旧型よりも向上しているのだ。

さらに今回からは足周りを欧州と同じ仕様にした。固めてあるので、街中ではごつごつして、乗り心地が落ちたと感じる。しかし、そのトレードオフとして、操縦安定性が高まっているので、山道を安心して攻め込める。あまりヴィッツで飛ばす人はいないだろうけど。

つまり、ネガに見える部分の裏側にはプラスがあるのだ。それがヴィッツという偉大な名のせいで、プラスに目が向かない。ここまでくると、あらゆる車種でトヨタが名前を捨てていく理由が見えてくる。

ずばり言おう。ヴィッツもモデルチェンジで名前を変えたらよかった。まあ、責任ない立場にいるから言えることだけど。

spec/1.3U(FF)

○全長×全幅×全高：3750×1695×1520mm○ホイールベース：2460mm○車両重量：1010kg○総排気量：1296cc○エンジン型式：直4DOHC○パワー/トルク：87ps/11.8kg-m○サスペンション（F/R）：ストラット/トーションビーム○ブレーキ(F/R)：ベンチレーテッドディスク/ドラム

●**現行型登場年月：**
05年2月（FMC）／05年12月（MC）
●**次期型モデルチェンジ予想：**
10年12月
●**取り扱いディーラー：**
ネッツ店

grade & price

1.0F	¥1,155,000
1.0F インテリジェントパッケージ	¥1,260,000
1.0B	¥1,050,000
1.0B インテリジェントパッケージ	¥1,155,000
1.3U（FF）	¥1,386,000
1.3U（4WD）	¥1,554,000
1.3F（FF）	¥1,218,000
1.3F（4WD）	¥1,1386,000
1.3I'LL（FF）	¥1,449,000
1.3I'LL（4WD）	¥1,617,000
1.5X	¥1,428,000
1.5RS（5MT）	¥1,596,000
1.5RS（CVT）	¥1,596,000

プロフィール▼ 世界的なヒットとなった初代。実用性重視だった日本のコンパクトカーに新たな価値観を持ち込んだ。2代目にあたる現行型にもそのコンセプトは継承されているといっていい。3タイプのエンジンに加えて、グレードも豊富に用意され、ベーシックからスポーツまで幅広いニーズに応えている。

メカニズム▼ エンジンは1ℓ／1・3ℓ／1・5ℓという3つの排気量が用意され、CVTをメインに4WDには4速ATが組み合わされるが、1ℓにはアイドリングストップも行なう低燃費グレード(24・5km／ℓ)「インテリジェントパッケージ」の設定もある。また1・5ℓのスポーツグレード、RSはキビキビした走りが楽しめるよう5速MTとなる。

走り／乗り心地▼ 1ℓエンジンはパッソ譲りの3気筒。さらに1・3ℓは太いトルクと滑らかな吹けに注目と、どちらも実用性という点で見れば満足のいく走りを提供してくれる。またRSは過激なテイストはないものの、軽快な走りが身上だ。

使い勝手▼ インパネのデザインこそ、開放感溢れる未来的なものへとなっているが、収納の多さは先代同様。さらにパッケージングにも優れ、大人4人乗って楽に移動できるだけの実力を持っているのはさすがだ。ラゲッジもアクション自体はシンプルだが、収納力も高く、日常的にじっくりと使い込め、コンパクトカーとしての資質は高いレベルにある。

こんな人にオススメ

ATからCVTとなったので、旧型から乗り換える人は慣れが必要。坂道発進ではサイドブレーキを引くか、左足でブレーキを踏んでおくかすれば、後ろには下がらない。そのくらいはできると思える人に。足が硬めなので市街地ではゴツゴツした乗り心地だ。走行速度が高い郊外に住んでいる人には好都合。走り屋な人にも意外とおすすめだ。ただしその場合は、1・5ℓ車がよりよい。

bB【トヨタ】

ついにクルマもここまできたか

bBのウリは2つある。

ひとつは音と光のイルミネーションだ。カップホルダーやスピーカーまわりなど計11か所に音と連動するイルミネーションを設けた。ダッシュボードは平面で大きくラウンドしたスタジアム形状で、両サイドのインパネにツイーターを装着。さながらＤＪブースのような雰囲気を演出している。

もうひとつのウリは「まったりシート」だ。そしてこれがbB最大の決め手となる。背もたれがリクライニングするだけでなく、座面そのものが80㎜下がる。身体が沈み込み、窓の外からほとんど見えなくなる。

この話を編集担当の山田（28歳女性）にしたら、「へー、デート用なんですね。しかもそのものずばりですね」と目を輝かせた。

そうだよな、誰だって連想するよな。彼女と2人だけの空間。ベンチシートだから何げに体が触れ合って、肩を寄せ合い、腕を肩に回して髪に触れて、それから……。

僕も実際にまったりしてみたが（ひとりで）、外から見えないので妙に落ち着く。Qグレードで標準装着されるオーディオシステムは、音質がなかなかよく、とくにまったり位置だと音が頭上を巡り、音に包まれたような空間ができる。これにはちょっと感動した。2人だったらさらに親密度が上がるだろう。

でもふと心配事が浮かんできた。これでは女の子にこちらの意図を見破られないだろうか。実際に担当は、まったりの説明だけで、ぴぴんときてたもの。別のもう少し年上の女性に聞いてみた。「いいんですよ多少見破られたって。女は自分に言い訳ができれば」。——納得。

かつてホンダＳＭ―Ｘというクルマがあった。前席ベンチシートをがばっと倒すとフルフラットになってラブホ状態となるデートカーだった。あまりに意図が見えすぎたせいか（？）、それほど人気を博さなかった。かつて所有していた知人に尋ねたところ、「部屋に女の子を連れ込んでいきなり布団を敷き始めるような抵抗感があった」そうだ。

新しい彼女と親密になるには、自然な流れが必要だ。その点、bBはあくまでも「一緒に音楽聞こうよ」と何げを装えるのがよい。欲を言えば、まったりさせるときシートトレバーの操作がスムーズでないことが改善点だ。せっかく女の子がその気になったのに、まったりにてこずってがちゃがちゃやっていたら雰囲気が台無しだ。いっそのこと電動にしたらどうだろう。……それにしてもこれは自動車評論か？

ところで先代bBに乗っている知人がいる。ポスト団塊世代で50歳になる。その彼が一刻も早くbBから乗り換えたがっている。理由を聞いてみたら「新型があんなふうになったから」だそうだ。

先代は若者向きを謳いながら、けっこう幅広い層にウケていた。しかし新型は若者向けの何やら怪しい雰囲気のデザインになって生まれ変わった。「何に乗っているんですか？」と聞かれて、「bB」と答えたとき、相手に新型bBを連想されたくない、という気持ちはわかる。

そこで僕は実際に新型bBを1週間預かって、いろいろなところに乗っていってみた。確かに居心地がよくなかった。とくに若者の街、渋谷センター街では、かなり恥ずかしかった。オヤジにとっては、新型の顔とスタイルは確かに受け入れにくい。

なぜトヨタはそれほどまでしてターゲットをピンポイントで若者に絞る必要があったのだろう――。

初代（先代）ｂＢ誕生前の90年代後半、調査によって、トヨタ車を選ぶ若者比率が低下していることがわかった。このままではユーザーの年齢層が上がってトヨタ離れの懸念がある。奥田社長（当時）が「もっと若者向けのクルマを作れ」と号令をかけた。そうして作られたのが先代ｂＢだ。ヴィッツをベースにホイールベースを１３０㎜延長して作ったママさん仕様のファンカーゴ。そのプラットフォームを使って、短期間に安く簡単な方法で作られた。

車内のデザイン審査のとき、奥田社長は「私には理解できないけど、我々が云々するクルマではない」と満足して承認したらしい。万人向けは難しいことを承知のうえでそのデザインが選択された。

若者の意識として、お金があれば大きなクルマはほしいけど、他にもしたいことが山ほどある。現実的にはそこそこの値段で2人で使えればいい。ホイールやタイヤくらいは履き替えて、お金ができたらスポイラーなどのエアロをつけて個性を出したい。そんなことを考えている若者が、先代ｂＢのターゲットイメージだった。

時代の背景として90年代後半、アストロがストリート系お兄ちゃんの憧れで注目を集めたけど、価格が高いので中古のホンダ・ステップワゴンをベースにカスタム化するユーザーが増えてきた。週末の大黒埠頭では特大のスピーカーを備えたミニバンが夜な夜な集まり、パーキングに降りていく道路からでも大音響が聞こえてきた。こうした風潮を捉え、初代ｂＢはユーザーが自分の好みに合わせていじりやすいように工夫し、たとえば太いタイヤも入るタイヤハウスのスペースをとった。直線的なカタチで平面的な外板を採用したので、ユーザーがカッティングシートで絵を描きやすかった。

あくまでも若者を意識したクルマだったのだが、そのプレーンで四角なデザインが新鮮で、女性にも年配の男性にもそして家族連れにもウケた。たくさん売れてよかったのだが、トヨタとして当初の目的だった「若者に支持されるトヨタ」のイメージ作りに貢献したかというと、その点ではフォーカスが甘くなった。

そこで新型は、ピンポイントで独身男性に絞ってきたのだ。トヨタの本音としては、先代ｂＢを支持していた僕の知人のようなオヤジさんたちはラクティスに行ってください。こちらはトヨタの若者イメージ創設のための戦略車なんです、というところなのだ。

彼女との関係性を重視する独身男性向けのニッチ商品である。それはそれで興味深いが、僕のなかにこれでいいのだろうかという思いがあるのも事実。

それはアストロやステップワゴンのカスタムカーで市場が開拓した流行に、自動車メーカーが便乗していることに作り手の志の高さ（低さ）に対する疑問を感じるのだ。それはカスタムショップの仕事ではないか。

またｂＢを選択する若者の意識としても、最初から嗜好を決められていてそこに自分を当てはめるのは格好よくないと思うのだ。メーカーが作ったツルシのカスタム仕様って、何か変じゃないか。

まあほしいと思う人に買ってはいけないということのほどでもないが。

spec/1.5Z

○全長×全幅×全高:3785×1690×1635mm○ホイールベース:2540mm○車両重量:1050kg○総排気量:1495cc○エンジン型式:直4DOHC○パワー/トルク:109ps/14.4kg-m○10・15モード燃費:16.0km/ℓ○サスペンション(F/R):ストラット/トーションビーム○ブレーキ(F/R):ベンチレーテッドディスク/リーディングトレーリング

●現行型登場年月:
05年12月(FMC)
●次期型モデルチェンジ予想:
10年12月
●取り扱いディーラー:
ネッツ店

grade & price

1.3S	¥1,344,000
1.3S(4WD)	¥1,512,000
1.3S Xバージョン	¥1,533,000
1.3S Qバージョン	¥1,596,000
1.3Z(4WD)	¥1,596,000
1.3Z Xバージョン(4WD)	¥1,785,000
1.3Z Qバージョン(4WD)	¥1,848,000
1.5Z	¥1,449,000
1.5Z Xバージョン	¥1,785,000
1.5Z Qバージョン	¥1,848,000

プロフィール▼ 「ミュージックプレイヤー」をコンセプトに、より若者にターゲットを絞った2代目bB。よりイカツさを強調したデザインもさることながら、インテリアにもさまざまなアイデアが採用されている。DJブースをイメージしたフロントシート周りにはアームレストにビルトインされたオーディオスイッチと各所に配置された9つのスピーカー。さらに音に連動して点滅するイルミネーションなど、じつに大胆かつ怪しさいっぱい。さらにフロントシートを座面ごと下に下げられる「まったりモード」と、大人では気恥ずかしくなる装備が満載だ。

メカニズム▼ 先代はヴィッツベースだったが、2代目ではパッソベースとなり、サイズ的にもコンパクトになった。エンジンはヴィッツ譲りの1・3ℓと1・5ℓが設定される。

走り/乗り心地▼ ミッションはすべて4速ATということもあって、同じエンジンを積むヴィッツと比べても静粛性は高く、よりパワフルな印象を受ける。また足周りもしっかりとしており、その外観から想像するよりも安定した走りを披露する。

使い勝手▼ 初代はスクエアなボディがもたらす、広大な室内空間が高い支持を受けたが、2代目はサイズが小さくなったこともあり、スペース的には広くはない。ただし、前席中心に考えれば、広々としているといっていい。さらにまったりモードにすれば、不思議な空間が味わえる。

こんな人にオススメ

独身男性が彼女と親密になるまでの時期に使用するツールとして好都合。ただし何年乗れるのだろうと考えると疑問。リセールバリューもどうなんだろう。広報いわく、「20代男女がターゲットですが、年齢を問わず個性的スタイリングや室内の広さを重視するお客様にも受け入れられると考えておりますので、他ユーザーを排除しているわけではありません」。そうは言っても、大人はつらいだろう。

COO【ダイハツ】

目立つことを避けた誠実なクルマだが……

トヨタbBはダイハツで開発・生産が行なわれた。それに遅れること6か月、ダイハツCOOが発売された。両者は兄弟車だが、先に発売されたトヨタとダイハツによるバッジ違いの双生児、ダイハツ・ブーン／トヨタ・パッソやダイハツ・ビーゴ／トヨタ・ラッシュと異なって、顔も違うし背面のデザインも違う。bBのデザインのエグさが多少薄まり、もう少し普通にすっきりした表情になっている。アルミホイールのデザインもbBよりも普通。それ以外は同じ。つまり今までのパッソ／ブーンやビーゴ／ラッシュが一卵性双生児だとしたら、bB／COOは二卵性の関係だ。

新型bBは若者にターゲットを絞った。最大の特徴である「まったりシート」や「音と光のイルミネーション（＊前節bB参照）」は、COOにはない。その分、後席が、bBでは、まったりシートをリクライニングさせる関係で固定式だったが、240㎜のシートスライド幅を持つ。つまりbBがカップルのための室内空間で、COOはファミリーの4人乗車をイメージしている。

bBははっきりと若者向けを主張してファミリー層を排除しようとする。その裏側には普通の車をほしがっている客がきっといる。そこをダイハツはCOOで狙っている。

一卵性だと、どうしても販売力でもブランド力でも勝るトヨタの方が、圧倒的に売れてしまう。トヨタと食い合いをしない仕様違いの車を出せたのは、ダイハツにとっては幸いだ。

とは言っても、COOには、まったりシートや音と光など、bB最大の特徴がない。あるのは普通の顔と後席のスライド機構のみ。親会社トヨタにいいとこ取りをされた感は拭えない。発表も後回しで、bBの新車効果が終わったタイミングで発売するCOOにはうまみがありそうにない。ダイハツはこれでいいのか？

開発者に尋ねてみた。

「ブーンやCOOが出るまで、軽自動車のムーヴやタントからのステップアップ組が別のメーカーに逃げてしまっても、手立てがありませんでした。それを食い止めることができる車が作れたのだから、それだけでうれしいんです」

トヨタとジョイントして開発費は折半。リスクがそれだけ減るのだからビジネスとしてはもちろん悪い話ではない。COOはbBとエンジンやトランスミッション、そしてサスペンションのバネレートまで同じだ。シート生地が違うので、そのせいか座ったときの張りがCOOの方があるようだが、運転したフィーリングはほぼ同じ。それなのにCOOのステアリングを握っていて、bBのときに感じた弾けた気分にはならないのは、本家の顔色を窺う徳川御三家のような、親子会社間のお家事情を感じるからかもしれない。

COOは自社軽自動車ユーザーのステップアップ組を自社製品に食い止める役割だから、bBのようにキャラ立ちしすぎると、自分で自分の首を絞めることになる。目立つよりも、嫌われないことが重要だ。そんな生き方に感情移入させられたが、ダイハツ製軽自動車ユーザーでもない限り、あえて買う積極的な理由が探しにくい車ではある。

spec/CL

○全長×全幅×全高：3800×1690×1635mm○ホイールベース：2540mm○車両重量：1060kg○総排気量：1297cc ○エンジン型式：直4DOHC○パワー/トルク：92ps/12.5kg-m○10・15モード燃費：16.4km/ℓ○サスペンション(F/R)：ストラット/トーションビーム○ブレーキ(F/R)：ベンチレーテッドディスク/ドラム

●現行型登場年月：
06年5月（デビュー）
●次期型モデルチェンジ予想：
11年5月
●取り扱いディーラー：
全店

grade & price

CS	¥1,365,000
CL	¥1,449,000
CL（4WD）	¥1,642,200
CX	¥1,617,000
CX（4WD）	¥1,789,200
CXリミテッド	¥1,701,000
CXリミテッド（4WD）	¥1,873,200

プロフィール▼
トヨタのbBと兄弟車になるが、もともとbBのデザインや開発を担当したのはダイハツだけに、ダイハツが販売するのも不自然ではない。イメージ自体は完全に若者に振ったbBに対して、こちらはフロントマスクをソフトなイメージのモノへと変えるなど、より幅広い年齢層に受けるキャラクターとなっている。またダイハツ側としても普通車クラスでコンパクトカーをラインアップしていないだけに、販売力の強化という点でも大いに意味があるだろう。

メカニズム▼
基本部分はbBと共通で、1・3ℓと1・5ℓが用意され組み合わされるミッションも4速ATと同じ。

走り／乗り心地▼
bBですでに定評を得ている取り回しのよさなど、コンパクトカーの資質としては高いモノが備わっており、不満のない走りを披露してくれるだけでなく、燃費のよさなど経済性の高さにも注目だ。

使い勝手▼
装備面ではbBと比べてより実用を重視しており、全体的には簡素化が図られ、オーディオやフロントシートのアクションもごく普通。実用性を重視した仕上がりとなっていて、逆にじっくりと使い込めるようになっている。コンパクトカーとしての実用性はbBよりも高いものがあるといっていい。もちろん装備が大きく異なることから、グレード体系や車両価格もbBとは異なる。

こんな人にオススメ
丸っこい車が多い中でbBのスクエアなカタチは気に入っているけど、「音」や「まったり」にはそんなにこだわらない。むしろあの若者を狙いすぎたところが嫌だと思っていた人へ。ただしbBとそんなに見分けがつかないから、渋谷センター街あたりでは、「あ、あんなおじさんがbBに乗っていらぁ！」と言われてしまう危険性がなくもないから、その点は要注意。

パッソ【トヨタ】／ブーン【ダイハツ】

親に買ってもらうクルマにしては……

ダイハツはトヨタからOEMの仕事を受けている。古くはスターレット、タウンエース、最近ではプロボックスやサクシードなどが、ダイハツで開発・生産を行ない、トヨタのバッジをつけてトヨタに納車されて売り出される。

トヨタ・パッソもダイハツ製だが、今までのOEMと異なるのは、単なる下請けではなくて兄弟車ダイハツ・ブーンも併売されたことだ。

両者はエンジンやトランスミッションも、サスペンションのバネレートも同じ。つまり同じ内容でバッジだけが違ったダイハツ製とトヨタ製の双生児の関係である。

それまではダイハツはトヨタ車を作るだけで、ダイハツのバッジ車は認められなかったのだから、大きな進歩なのである。

両者にはバッジ以外の違いがない。もう少しは変えたところがあってもよいのではとトヨタの関係者に尋ねたら、「変えるとユーザーが迷ってしまい、挙句の果て購入そのものを見合わせてしまうおそれがあるから」と教えていただいた。そういうものなのか。

それはそうと、バッジ以外は全部一緒で値段も一緒となると、一般のユーザーはどちらの製品を選ぶだろうなと考えると、そりゃあやっぱりトヨタだろうな。

実際にトヨタ・パッソの方が圧倒的に売れている。その差約6倍。モノは同じなのに。その歴然たる差は、単純にダイハツの販売店が少ないからだけではなく、そこにはブランド力の差もあるようだ。

とくにこのクラスの車は、親に買ってもらうケースが多く、親に聞いたら「そりゃトヨタにしておきなさい」とすすめられたという声が、マーケット調査で出てくるそうだ。バッジ以外は同じならどうしたってトヨタを買うお客が増えるわけだ。

車のコンセプトは、安くて小さくて取り回しのよいコンパクトカーを作ろう、というある意味スタンダードな軽自動車に似た精神から始まっている。タイヤはとても細く、しかもフェンダーとタイヤの隙間は、乗用車なのにまるでSUV並みに開いていて格好よくはないけれど、これはタイヤの切れ角を大きくするためだから仕方ない。そういう割り切りで作られている。

デザインも、ヴィッツの方が個性的だけど、世の中には「派手で目立つ車はどうもねえ」という人もいる。そういう声に応えるため、パッソ／ブーンは、あまり目立たない、少しバタ臭いデザインにあえてした。

僕が自分の愛車にするなら、ステア・フィールや乗り味や高速安定性に注文をつけたいところはたくさんあるけど、そういうことを気にしないユーザーに向けて作られた車だから、批判は当たらない。

小さくて、小回りが利いて、中が広いから大満足。こういう生き方もある。

ライバルは他のコンパクトカーではなく、軽なのかもしれない。ダイハツの軽自動車ミラよりも、乗り心地はずっといいし、路面の凸凹でステアリングががたがたすることもない。

何しろ100万円！　へたすりゃスタンダードの軽より安いのだ。

spec/1.0X Fパッケージ

○全長×全幅×全高：3595×1665×1535mm○ホイールベース：2440mm○車両重量：900kg○総排気量：996cc ○エンジン型式：直3DOHC○パワー／トルク：71ps/9.6kg-m○10・15モード燃費：21.0km/ℓ○サスペンション(F/R)：ストラット/トーションビーム○ブレーキ(F/R)：ベンチレーテッドディスク/ドラム

●現行型登場年月：
04年6月（デビュー）／05年12月（MC）
●次期型モデルチェンジ予想：
09年6月
●取り扱いディーラー：
カローラ店

grade & price

1.0X Vパッケージ	¥945,000
1.0X	¥1,029,000
1.0X（4WD）	¥1,197,200
1.0X Fパッケージ	¥1,092,000
1.0G（4WD）	¥1,239,000
1.0G Fパッケージ（4WD）	¥1,302,000
1.3G	¥1,113,000
1.3G Fパッケージ	¥1,176,000
1.3レーシー	¥1,386,000

プロフィール▼ 今までもトヨタとダイハツでの兄弟車というのは数多くあったが、共同開発となるとパッソとブーンが最初となる。具体的には企画とデザインはトヨタが、そして生産はダイハツが担当したが、メカニズムにはコンパクトカーのノウハウが豊富なダイハツの意見が多く採り入れられているという。その結果、ターゲットはじつに幅広く、コンパクトカーはもちろんのこと、軽自動車のユーザーをも視野に入れている。

メカニズム▼ ヴィッツと共通の1・3ℓエンジン以外は、かなりの部分を新開発としている。シャーシはもちろんのこと、ダイハツがこだわったのが軽自動車のノウハウをフィードバックした1ℓユニット。もちろん新開発だが、3気筒とすることで、経済性を大幅に高めている。

走り／乗り心地▼ 女性をターゲットにしているだけに、走りは実用性にこだわっていて、ストレスフリーな日常的な走りや燃費のよさなど、財布への優しさも自慢だ。

使い勝手▼ コンパクトカーのなかでもサイズはあまり大きくないが、軽自動車よりは広いというのが、そもそもの狙い目ではある。それだけに、必要最小限プラスアルファのスペースがほしかったユーザーにとっては歓迎すべき広さだし、逆に装備はコンパクトカーらしく、小物入れが多かったり、メーターが見やすかったりと、お買い得感は高い。

こんな人にオススメ

とにかく目立ちたくはない。安いにこしたことはない。分相応以上の車には乗りたくない。軽自動車でもいいけど、小型車で軽並みに小回りが利くならそれでもよい。ヴィッツじゃあ、派手すぎてご近所に目立ってしまいそうだねえ、という人。最近のある統計によれば、所有者の40パーセントが「クルマは単なる移動の道具」と考えているようだ。パッソ、ブーンは多くのユーザーに合うだろう。

ＳＸ４【スズキ】

スズキがヨーロッパに目を向けた

イタリアのフィアットと、スズキの共同開発車。と言っても、メインの開発はスズキが行ない、ディーゼルエンジンの供給をフィアットが担当した。スズキは完成車をフィアットに納めると同時に、自社としてもＳＸ４というスズキバージョンを販売する。

スズキの小型車には2本の柱がある。

ひとつはエスクードに代表される本格派４ＷＤの柱。もうひとつはスイフトに代表されるスポーティな走りの柱。この2つの柱を融合させることで、クロスオーバー的な雰囲気を取り入れたハッチバックがＳＸ４である。座面はエスクードよりも10㎜ほど低く、スイフトよりも10㎜高い中間的な高さとなる。エスクードのような本格的４ＷＤのビルト・イン・ラダーフレーム構造ではなく、スイフトと同じモノコックである。だから二者の融合であるけれども、かなりスイフトに近く乗用車的だ。

ただし、４ＷＤ仕様はただの生活四駆ではなく、４ＷＤをロックさせると駆動率が前輪7対後輪3から5対5の強力な駆動力を発揮する本格派なので、ダートや滑りやすい路面では大きな武器となるはずだ。

走りの性格は、スイフトが前輪のグリップを重視してぐいぐい気持ちよく曲がるスポーティな味付けが施されているが、ＳＸ４は姿勢安定性を高めた安定的なセッティングの方向性となっている。走りの面ではスイフトの方が面白いが、ＳＸ４は後発だけあって乗り心地やＮＶ性能がスイフトより上がっているので、ファミリーカーとしての機能は上回る。両者の性格を考えると正しい味付けだろう。ボディ剛性が向上したので、実際に乗ってみてボディのしっかり感を感じたし、乗り心地もよかった。

それにしても、最近のスズキの小型車は走りの質が向上してきている。スズキの軽は、ライバル・ダイハツと比べて「軽は軽なんだからこの程度でいい」という割り切りで作られた印象だが、小型車に関してはやけに力の入った作り方をしている。

その理由は、スズキが小型車をヨーロッパで販売することを考えていることも一因であろう。ヨーロッパのユーザーは走りを重視する傾向が日本人よりも強い。僕もそういう志向だ。スズキにとって欧州販売を重視することが、自社の小型車の性能アップにつながっていることは間違いない。

それに比べて、デザインはもっとヨーロッパ的な形を与えた方がいいと個人的には思うのだが。スズキとしては世界中で数を多く売るにはあまり特徴的でない方がいいという考え方をしているようだ。

ヨーロッパのデザインを勉強するという意味合いもあって、ジウジアーロとコラボレーションしたが、スズキ主導でデザイン作業が進められたという。それほどジウジアーロらしさが感じられないのは、スズキが口を出しすぎたからか（?）。クロスオーバーというよりも、普通に背が高いハッチバックに見えてしまうのは僕だけだろうか。とくに車高を落としたローダウン仕様は、ＳＸ４がもともと普通の乗用車よりも背が高いものだから、ローダウンするとスイフトと同じようなイメージでかぶってしまう。むしろスイフトを少し大きくして４ＷＤ機構が与えられたモデルと考えるべきかもしれない。

spec/1.5XG

○全長×全幅×全高：4135×1755×1605mm○ホイールベース：2500mm○車両重量：1190kg○総排気量：1490cc ○エンジン型式：直4DOHC○パワー/トルク：110ps/14.6kg-m○10・15モード燃費：16.4km/ℓ○サスペンション(F/R)：ストラット/トーションビーム○ブレーキ(F/R)：ベンチレーテッドディスク/リーディングトレーリング

●現行型登場年月：
06年7月（デビュー）
●次期型モデルチェンジ予想：
11年7月
●取り扱いディーラー：
全店

grade & price

1.5E	¥1,491,000
1.5E（4WD）	¥1,701,000
1.5G	¥1,649,000
1.5G（4WD）	¥1,859,000
1.5XG	¥1,649,000
1.5XG（4WD）	¥1,859,000
2.0S	¥1,827,000
2.0S（4WD）	¥2,037,000
2.0XS	¥1,827,000
2.0XS（4WD）	¥2,037,000

プロフィール▼ 世界的にＳＵＶと別ジャンルのテイストをミックスしたクロスオーバーＳＵＶが流行しているが、「クロスオーバー レボリューション」を掲げて、スズキの得意とする〝スポーツコンパクトの走り〟と〝ＳＵＶの機動性〟を合わせた「スポーツクロスオーバーハッチバック」というのがコンセプトだ。その日本車離れしたデザインからもわかるように、スイフト同様に世界戦略車として位置づけられている。

メカニズム▼ ＳＵＶらしい剛性の高いシャーシとボディを採用することでオン／オフ両方での走行性能を高めているのが特徴だ。なかでもサスペンションは新設計とし、コーナリングでの安定感を高めている。エンジンは１・５ℓと２ℓで、前者は可変吸気システムを、後者は可変バルブタイミングのＶＶＴを装備することで、パワーと経済性を両立する。また肝心の４ＷＤシステムは、電子制御カップリングを採用して最適トルク配分を制御する「ｉ－４ＷＤ」を採用しているが、すべてのグレードで４ＷＤに加えてＦＦも用意されている。

走り／乗り心地▼ 世界戦略車ということもあり、足周りはじつに懐が深く、さらにそこにスポーティなしっかりした味付けをプラスしている。無骨な感じは一切ない。

使い勝手▼ ハッチバックということもあり、ステーションワゴンライクな使い方ができる。

こんな人にオススメ

日本ではこうしたクロスオーバー車は馴染みが薄いが、欧州では人気を博している。スイフトのような「曲がる」スポーティな味付けよりも、乗り心地やＮＶ性能の方が大事だと感じている人。先行して発売されたフィアットは、約２万ユーロ（約３００万円）と高価でありながら人気を博しているようだ。フィアットの販売価格を考えると、ＳＸ４は日本で１４９万円だから超お買い得に思える。

part4
SUV

SUV

ウイングロード

エアウェイブ

アウトランダー

RAV4

ムラーノ

ハリアーハイブリッド

トゥアレグ

XC90

H3

ひと目でわかる

SUV相関図

泥臭さよりも、街に似合う性能とスタイルを備えたプレミアム系SUVが人気を集める。

国産よりもさらなるプレミアム感を求めるユーザーには、輸入車がオススメ。

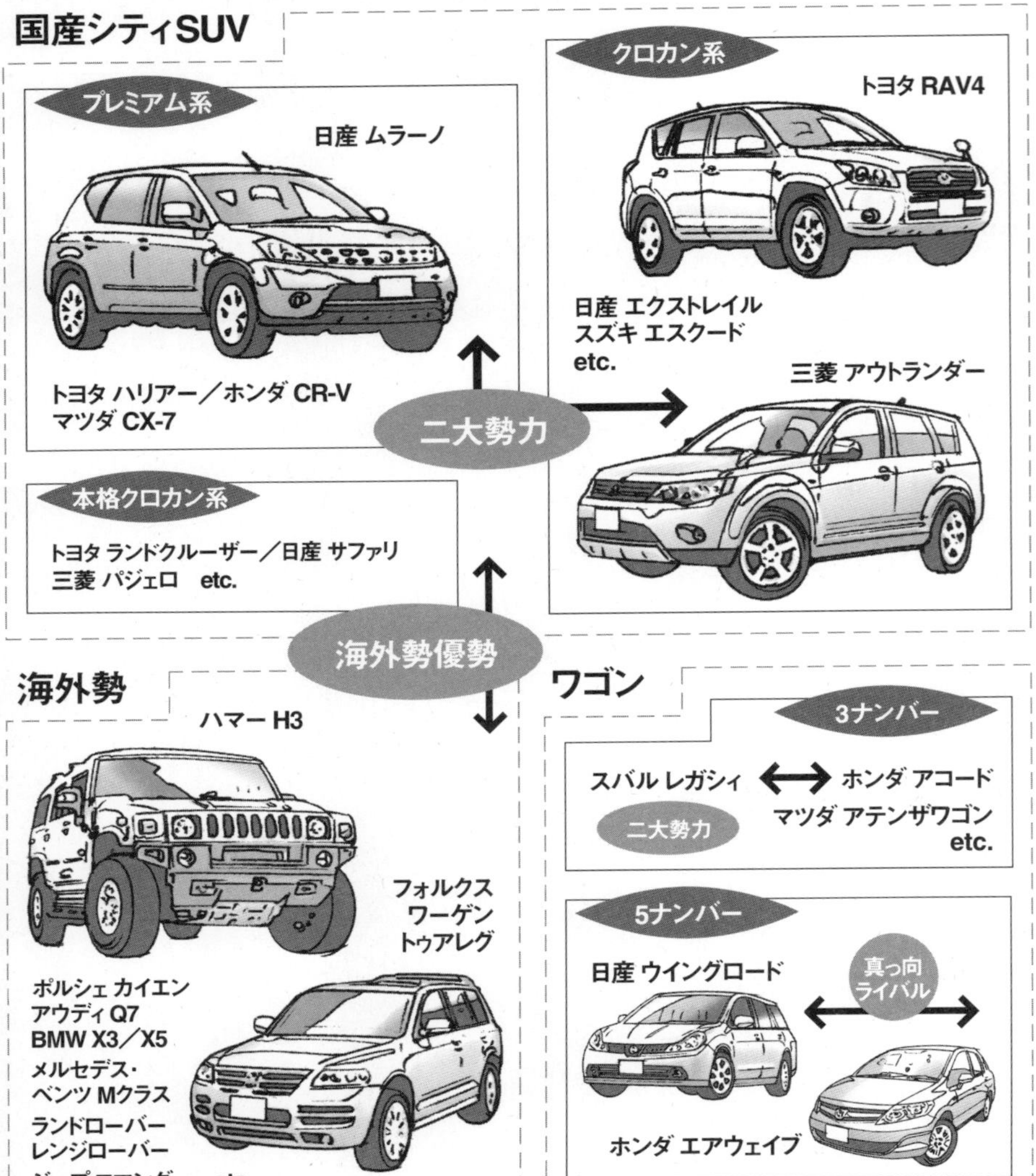

SUVの人気を支えているのは、かつてのクロカン（クロスカントリー）四駆ブームのユーザーだけではない。むしろシティ派ユーザーだ。

ミニバンに乗っていて、室内の広さや背の高さから生まれる見晴らしのよい空間を気に入っていた。でも、子どもが高校生になって、一緒に乗る機会がめっぽう減った。もうミニバンは要らないな。そういうミニバンからの買い替えユーザーにはSUVはひとつの選択肢だ。

あるいは、ミニバンじゃかっこ悪いな、でも多人数で乗れるクルマはほしい。そう思っている人には、最近、増えてきた7人乗りSUVがよいだろう。

とは言え、ミニバン同様、重心が高いがゆえ、走りと乗り心地のバランスをとるのが難しいカテゴリーだ。スタイルだけでなく、そのクルマがどちらの要素を重視しているのかよく注意して、選んでほしい。

乗用タイプのワゴンの場合は、がちがちのヒエラルキーのなかにいるセダンが嫌で、でも背が高い必要はないと思っている人におすすめだ。だからといって、セダン派生モデルだと、やっぱりヒエラルキー感（こういう言葉あるかな？）がつきまとうから、そういう人はワゴン専用モデルを選びたい。

カタチはなんとなく似ていても、SUV&ワゴンはミニバンと同じく、作り手の自由度が大きい。それだけに、慎重なクルマ選びが望まれる。

未舗装路はまったく走るつもりがないとしても、クルマに自分なりのアイデンティティを意識する人は、注目すべきカテゴリーである。

ウイングロード【日産】

サーファーへの第一歩

コンパクトワゴン市場では、日産ウイングロードとカローラ・フィールダーの寡占状態が続いていた。そこにホンダがエアウェイブを投入し、3車による競合状態となった。競合車種のユーザー世代は30代から40代だが、モデルチェンジしたウイングロードはもう少し若い25歳くらいの層を狙っている。彼らのクルマの使い方は、デート、サーフィン、バーベキューなど。現代の若者にとって、いろいろなことをするマルチな人物こそが「かっこいい」と考えられている、と日産のマーケティングは捉えている。

雑誌の連載担当に、「ウイングロードはいいよね」と言ったら、「え、太田さんが？ 意外??」と返ってきた。全然、意外じゃない。僕も20歳の頃、サーフィンをやっていて、当時サーファー御用達的存在だったコンパクトワゴンの日産サニーカリフォルニアに乗っていたのだ。

黄色いボディでサイドに木目。ホットロッド風にヒップアップして、後輪に太いタイヤを履き、エンジンもライトチューンした。ボードを屋根に積んで仲間とよく海に行った。

そんな僕から見ると、新型ウイングロードはサーフィンに便利な装備が満載だ。濡れたボードやウエットスーツを持ち込むのに便利な撥水加工シートや、取り外し可能なウォッシャブルな荷室の床。床下には合計１００ℓの荷物が入るボックスがあり、取り外して洗える。ここにはウエットスーツを入れよう。

昔はゴミ袋にウエットスーツを入れたり、ビニールシートを敷いたりしていた。砂がシート生地に入り込むと気持ち悪いんだよな。撥水加工がしてあれば、濡れぞうきんで拭き取れる。

後席は前後に１２０㎜もスライドするし、リクライニングも可能で、大勢乗るのに楽ちんそうだ。前席はフルフラットになるので、早めに海に着いて仮眠するときにいい。トランク側から助手席や後席左側をレバーひとつで倒せる通称「ぱたぱたシート」も、サーフボードを室内に収う際には便利そう。

トランクドアを開けて、背もたれをぱたっと起こすと、荷室に簡易ソファができる。波待ちの間、ウエットスーツでそこに友達と座る。カップラーメンが置けるトレイもある。そういえば、昔はサニカリ（サニーカリフォルニア）のリアゲートに座って、カップラーメンとかすすってたよなぁ……（シミジミ）。

彼氏がサーフィンをやっている間に彼女がそこに座って本を読んでいる。そんな姿が目に浮かぶ。この場合は髪の長い女性だな。

サニカリに乗っていると、知らない人からも「どこの海に行ってきたの？」「波、どうだった？」とよく声をかけられた。交差点で隣に停まった見知らぬアメ車のステーションワゴン（やはりサイド木目）の人から、「月島にもんじゃ食いに行くんだけど一緒に行かない？」と誘われたこともある。後日、そのときアメ車に一緒に乗っていて知り合った女の子と仲良しになれたのも、サニカリ君のおかげだ。単に移動の手段ではなかった。サニカリはサーファーであることの「記号」でもあった。

仲間で千葉銀行に就職を決めた友人は、「それでもサーフィンは続ける」と言って、支店長に「そんなので来るな」と注意されても、ハイラックスのピックアップトラックで出勤していた。奴は「これだけは譲れない」とこだわっていた。ピックアップトラックも記号だった。

白浜に男4人でサーフィン合宿に行ったことがある。後輩が「オレん家に1BOXあります！」っていうものだから、そいつの車で行くことになったのだけど、乗ってきた白のハイエースには「○○ふとん店」と描いてあった。

なんだよーっ、カッコ悪いじゃんか、コンなんでナンパできるかよ。駐車場の奥に止めて、ひっそりと男4人で寝泊まりした。

やっぱり記号が重要だ。それらしい車に乗っていれば、それなりの人に見えるもの。きっと今の時代も日本中の浜辺で、ウイングロードに乗って、いろいろな出会いが起こっているのだろう。

たとえば日産は、エクストレイルに対してスノボやスケボーをやっている人向けというイメージを、宣伝広告やイベントの協賛などで打ち立てようとした結果、それなりに浸透してきている。

それではウイングロードは、サーファー御用達なのか？　というと、「それほど明確な分け方をしているわけではない」とは開発者は言っていた。エクストレイルに乗るのは毎週スキー場に行く本格的なスポーツマン。一方、ウイングロードは、波のいい日はサーフィン、でも翌週は彼女と映画……という感じで、もっとナンパな方向性。ガンバりすぎていないのがカッコイイという価値観だ。僕たちの頃も、サーファーってそんなユルい感じで、ライフスタイルとして自然体というかざっくばらん。クールを装うのがカッコイイという価値観だった。

ちなみに、ウイングロードの開発者から見たキューブのターゲットは、団塊世代ジュニアの25歳以上で、不況下に育ったせいでアクティブに行動することを嫌い、ゲームを好む内向的なイメージのようだ。それに比べてウイングロードは、もっと友達付き合いが多くて明るい若者たち。

実際に僕も高校・大学に講演に行くと、現代の子どもたちはテレビに出てくるイメージよりも、もっと明るくて積極的で、友達との関係性をとても大事にする、僕から見て理想の子どもたちに見える。そんな彼らの価値観に、ウイングロードは合っているかもしれない。

よく考えてみれば、ウイングロードもゴーン政権以降の日産らしい、がちがちのマーケティング主導で生まれてきた。でも、開発陣にサーファーの人がいて、「自分だったらこんなふうにしたい」という思いで作られた。

ウイングロードを見ていたら、この歳になってまたサーフィンを始めてみるか、という気になってきた。最近の流行はロングボードのようだから、乗るのがラクそうだし。どんな生活の変化が起こるかな？　なんて考えるとワクワクしてくる。まぁ、実際にはやらないだろうけど、夢を持つのはいい。つまりクルマを買うのではなく、夢を買う。それも、クルマの楽しみ方のひとつであるはずだ。

ということで、大いに気に入ったウイングロードだが、ひとつだけ気になったことがある。それは魚のカタチのような流線型をしたルーフのデザインだ。カッコつけているように僕には見える。ウイングロードのキャラを考えると、かえってもっとさり気なくてプレーンなデザインの方がよかったのじゃないかなと思う。好みじゃないデザインの凝った服をお仕着せされてるように感じてしまうことがある。

ガンバりすぎはカッコよくない。イジるなら自分の価値観で、自分に合ったスタイルを作っていく方がいい。昔のサーファーには、そう思えるのだが。

spec/15RXエアロ

○全長×全幅×全高：4440×1695×1505mm○ホイールベース：2600mm○車両重量：1220kg○総排気量：1498cc ○エンジン型式：直4DOHC○パワー/トルク：109ps/15.1kg-m○10・15モード燃費：18.0km/ℓ○サスペンション(F/R)：ストラット/トーションビーム○ブレーキ(F/R)：ベンチレーテッドディスク/ドラム

●現行型登場年月：
05年11月（FMC）
●次期型モデルチェンジ予想：
10年11月
●取り扱いディーラー：
全店

grade & price

15RS	¥1,493,000
15RS FOUR	¥1,703,000
15RX	¥1,609,000
15RX FOUR	¥1,798,000
15RXエアロ	¥1,693,000
15RXエアロFOUR	¥1,882,000
18RX	¥1,819,000
18RXエアロ	¥1,892,000

プロフィール▼ 源流はサニーに設定されていたワゴン「カリフォルニア」で、日産を代表するコンパクトワゴンとして連綿と続いている。現行のウイングロードは先代で打ち出した塊感のあるイメージを受け継ぎつつ、さらに流麗なラインを加えることで、より洗練されたイメージをプラス。コンパクトワゴンにありがちな安っぽさはまったくない。ターゲットは若者ということで、実用装備にも力が入れられていて、さまざまなシーンで活躍する移動空間というのをコンセプトに掲げている。

メカニズム▼ エンジンは他のコンパクトカー同様、パワーと経済性に優れた1・5ℓと1・8ℓを設定。ミッションは2WDがCVTで、1・8ℓでは6速マニュアルモードが設定され、キビキビした走りを楽しめる。4WDは4ATのみ。

走り/乗り心地▼ 1・8ℓの方がパワフルだが、1・5ℓでもまったく不満はない。またサスペンションはじつにしなやかで、味付けはヨーロッパ車的。高速での安定感も高く、さらに荒れた路面でもうまくいなしてくれる。

使い勝手▼ 限られた室内空間を最大限に生かしているだけでなく、さまざまなアイデアが随所に見られる。たとえばシートでは、前席はフルリクライニングするし、さらに後席もリクライニングが可能で、さらにスライドまでする。そのほか収納も多く、ラゲッジフロア下には大きなボックスまで付く。

こんな人にオススメ

冷静になってみると、ここまでサーファー御用達だと、オヤジサーファーには、なんだかくすぐったい気がしてきた。いい歳こいてメーカーの手のひらで踊らされているみたい。ここは原点に戻ってメーカー・ターゲットである、体育会系ではない同好会（旅研とかテニスサークルなど）に所属する大学生やそのOBにすすめるべきか。ちなみに同じ日産車でも、体育会系にはエクストレイルがある。

エアウェイブ【ホンダ】

オーソドックスだけど、少しは目立ちたい

コンパクトカーのホンダ・フィットのプラットフォーム※を100㎜延長して作ったワゴン車がエアウェイブだ。フィットをベースとしたコンパクト・ミニバンにはモビリオがあってそちらは3列席だ。こうしてフィットのプラットフォームを使い回すとコストが安くなる。モビリオよりもエアウェイブは全長が長いが2列でいく。その分、荷室を広げて荷物をより積めるようにした。

と言っても所詮コンパクトカーベースだから荷室の奥行きはそれほどないが、テールゲートを開けた瞬間に広い（！）と感じるのは、荷室の床が低いからだ。燃料タンクが2列目席の下にあって荷室の床が低くできるフィットベースの特徴を上手く活用した。またリアシートのアレンジもフィット譲りでよく考えられていて、片手で簡単に折り畳めることも長所。

走りの面ではフィットとは味付けを変えている。フィットよりもステアフィールや直進性がぐっとよくなった。これはホイールベースを伸ばした効果とともに、サスペンションも全面的に修正し、パワステの反力もつけて、キャスター角も付けて、つまりすべて直進性がよくなる方向で味付けしたことによる。街乗りを主体として使用される機会が多いであろうフィットよりも、遠乗りする機会が多いだろうエアウェイブの性格を考えると、正しい方向だと思う。それだけ長距離走行でのストレスが少なくなった。

デザイン上の特徴は、天井の大きなグラス・サンルーフだ。はめ殺しなので、窓を開けたり、タバコを吸うときに換気したりする機能はない。車内に光が入ってきて開放感がありますよ、2列目席の人も星空が見えますよ、というだけの効果だ。CMでは坂口親子がそこを強調しているが、これは10万円ほどのオプションで標準ではない。広告の仕方がちょっと違うのじゃないか!?

それ以外の外観上の特徴は、Cピラーの下端を盛り上げてキャラクター付けしたことだ。B、C、Dピラーをブラックアウトして商用車臭さを薄めた。でもそれだけだとキャビンがダックスフントみたいに長く見えてしまうので、Cピラー下端を膨らませて長く見せないように工夫した。さらに商用車臭を薄めるため、リアのオーバーハングを短くした。尻が重たく見えなくて軽快感がある。

とは言え3列目がないし背も高くないので、キャラ的には従来のワゴン車の発展形。グラスルーフ仕様を選ばないと、つまり標準仕様だと、正直、とても地味な印象だ。この僕の意見に対して開発者は、「このクラスのユーザーは個性的であるよりも、ネガティブがないことを重視します。何よりもこの車のマーケットでは、自分には合わないと思われないことが重要なのです」と答えた。

つまり、ミニバンまでは要らないが、コンパクトカーでは荷物が載らない。車格はもう少し上がいい。何よりもオーソドックスなカタチがよい。そんなことを考えている層を狙っているのだ。カローラ・フィールダーや日産ウイングロードが勢力を持つ年間11万台ほどのそれほど大きな市場ではないが、競争相手となる車種が少ない割にはそこそこの量があるので、ホンダとしてはある程度は確実に売れるだろうと考えての参入である。

※ プラットフォーム：床の部分、つまり土台を指す。車種は異なっても同サイズであれば、通常は共通して使用する

spec/1.5L

○全長×全幅×全高：4350×1695×1505mm○ホイールベース：2550mm○車両重量：1170kg○総排気量：1496cc ○エンジン型式：直4SOHC○パワー/トルク：110ps/14.6kg-m○10・15モード燃費：18.0km/ℓ○サスペンション(F/R)：ストラット/車軸式○ブレーキ(F/R)：ベンチレーテッドディスク/ドラム

●現行型登場年月：
05年4月(デビュー)／06年3月(MC)
●次期型モデルチェンジ予想：
10年4月
●取り扱いディーラー：
全店

grade & price

1.5G	¥1,499,000
1.5G（4WD）	¥1,709,000
1.5Gスカイルーフ	¥1,604,000
1.5Gスカイルーフ（4WD）	¥1,814,000
1.5L	¥1,649,000
1.5L（4WD）	¥1,848,000
1.5Lスカイルーフ	¥1,754,000
1.5Lスカイルーフ（4WD）	¥1,953,000

プロフィール▼ スタイル的にはイメージを変えているものの、簡単に言ってしまうとフィットロング。ただしフィット同様にシートは2列となっている。スペース的にもホンダ独自のセンター・タンク・レイアウトを採用することで、フィット譲りの広大な室内を実現。またエアウェイブの魅力のひとつが大型グラスルーフの「スカイルーフ」で、抜群の開放感が味わえる。

メカニズム▼ エンジンはフィットと同じものとなり、1・5ℓでVTECを搭載する。残念ながら、1・3ℓの設定はなし。ミッションはパドルシフト付きのホンダマルチマチックSとなる。サスペンションについてはロング化の重量増などに合わせてセッティングを変更している。

走り／乗り心地▼ 小排気量ながらパワフルな走りで定評のあるエンジンだけに、フル乗車でも頼もしい走りが味わえる。スカイルーフもはめ殺しとはいえ、開放感はかなりある。また反応のいいパドルシフトを駆使すればスポーティな走りも楽しめる。リアのサスペンションは硬めのセッティングとしているため、ゴツゴツとした乗り心地なのは残念なところ。

使い勝手▼ あえて2列としていることでパッケージングはかなり秀逸。とくにラゲッジは広大で、たっぷりの荷物を余裕で積むことができる。またフィットに対してロングといっても、狭い路地などで苦労するほどではない。

こんな人にオススメ フィットじゃ狭い。モビリオでは車格的に物足りないし、荷物をもっといっぱい載せたい。あまり変わったカタチも気恥ずかしい。となるとやっぱりワゴンだな。俺はクルマを個性の主張のためではなく使い倒す道具と考えている。とクールさを装いながら、実は乗ると重心が低いから姿勢安定性が高くそこそこ快適。目立ちたくはないが、少しは個性的でありたい。そういうそこそこを求める人に。

アウトランダー【三菱】

三菱が期待をよせる堅実車

三菱自動車が、あのリコール問題以来、2年半ぶりに投入した新型車がアウトランダーだ。初めて実車を見たとき僕は、「今さらオフローダーかよ!? まだパジェロの栄光にすがるのか」と思った。ノーズ下のスキッドプレートがクロカン四駆の印象を強めている。

再生への第一歩なのだから、新しい気持ちでスタートすべきではないか、と僕は思ったのだが、実はこのカタチ、三菱の再生への執念と辛い立場が込められていた——。

技術者に話を聞いたら、三菱としては大きな市場を狙っても受け入れられないから、再生への確実な道として、三菱らしさを表現するしかないと考えたようだった。

確かに、現在の三菱自動車は、地区大会でひとつでも負ければ甲子園出場が露と消える高校球児のような状況だ。ヒット車を連作しなければ再生というゴールにはたどりつけない。失敗は絶対に許されない状況では、一発大逆転のような冒険はできないもの。地道にいくしかない。

前作のエアトレックの失敗は、「SUVとワゴンの融合」という中途半端なコンセプトだったと反省した。そこでアウトランダーは、SUVのイメージを強調し、頑丈さや力強さをデザインに表した。ブームは去ったものの、「隠れキリシタン」ならぬ「隠れ四駆ファン」はまだ意外と多い。トヨタRAV4などのシティ派ライバルとのキャラを微妙にずらし、隠れ四駆ファンをまずは取り込もうと考えている。

全長を200㎜延長して荷室も200㎜伸びたから、当然、ワゴンとしての使い勝手も上がっている。全長が伸びた割には最小回転半径は5・7mから5・3mに向上している。

外見はゴツイが、悪路を走るための本格的クロカン四駆の縛りを捨てた。クロカンのイメージからくるようなゴツゴツした乗り心地ではない。足を柔らかくして乗り心地重視で乗り味は乗用車風だ。それでいて、ロールはうまく抑えられていて、背高の割にはコーナーでそんなにくたっとせずに姿勢安定性もまぁ高い。それは、新設計だからプラットフォームを軽く作ることができたことや（このプラットフォームは次期ランエボにも採用予定）、屋根をアルミ（！）にして重心位置を下げたこと、そしてモノチューブ式のショックを採用するなどした効果である。このように力を込めて作り上げられた一球入魂の車なのである。

つまり形はゴツイSUV風だけど（実はアルミ風のスキッドプレートはウレタン樹脂。外見重視で、悪路からボディを守るアンダーガードではない）、背高乗用車と捉えるのが正しい。隠れ四駆ファンだけでなく、シティ派層も取り込もうとしているのだ。失敗しない再生への確実な道として、どちらの層も狙ったのである。

今後は、ドアを閉めたときの軽々しい音やモーモーうなるオイルポンプの音など、クロカンだったらそんなものだろうと思えても、乗用車としたらもう少しな部分を改善して、シティ派としてのマナーを身に着けることだ。クルマの基本部分はしっかりしているから期待できる。

気になる売上げは、めでたくヒット。1回戦は突破した。

spec/G（5人乗り）

○全長×全幅×全高：4640×1800×1680mm○ホイールベース：2670mm○車両重量：1580kg○総排気量：2359cc ○エンジン型式：直4DOHC○パワー/トルク：170ps/23.0kg-m○10・15モード燃費：11.6km/ℓ○サスペンション(F/R)：ストラット/マルチリンク○ブレーキ(F/R)：ベンチレーテッドディスク/ディスク

●現行型登場年月：
05年10月(デビュー)／06年10月(MC)
●次期型モデルチェンジ予想：
10年10月
●取り扱いディーラー：
全店

grade & price

M（5人乗り）	¥2,352,000
M（7人乗り）	¥2,373,000
G（5人乗り）	¥2,646,000
G（7人乗り）	¥2,667,000

プロフィール▼ エアトレックの後継にあたり、洗練されたスタイルにうまくまとめ上げることで、三菱復活の第1弾を強烈にアピール。RVの三菱の復権を担う1台だ。グレードはシンプルにベーシックグレードのMと上級グレードのGの2つ。それぞれに5人乗りと7人乗りが用意される。

メカニズム▼ プラットフォーム／エンジン／ミッションと、多くのパートを新開発としている点に注目だ。エンジンは2・4ℓの直4で、三菱自慢の可変バルブタイミング機構であるMIVECを搭載。これを自動で前後トルク配分を行なう電子制御4WDシステムと組み合わせている。またミッションについても、全車6速モード付きCVTとし、こちらも三菱が長年にわたって培ってきたインベックスⅢシステムによって制御されている。そのほか、アルミ製のルーフパネルやモノチューブ式のリアショックアブソーバーなど、ランエボの技術も投入する。

走り／乗り心地▼ SUVだからと構えることなく、乗用車ライクに運転でき、オンロードでは乗り心地もいい。ただし、エンジンからの唸り音などは気になるが。タイヤは16インチと18インチが用意される。前者は素直な味付けで、後者についてはシャープなハンドリングで、スポーティな走りが楽しめる。

使い勝手▼ ラゲッジも広く、ワゴンのように使える。7人乗りでは3列目が装備されるが、あくまでも緊急用だ。

こんな人にオススメ 今まではミニバンに乗っていたが、子どもが育って一緒に乗らなくなった。今度はSUVにしようかと考えたとき、でも、もしかしたら娘夫婦が孫をつれて遊びに来て、1台で出かけることがあるかもしれない。そんな心配をする老夫婦にも。3列目は補助席みたいに小さいが、法的には大人が乗ってもOKだ。同クラスのライバルに7人乗りはない。

ＲＡＶ４【トヨタ】

上質？ 平凡？ おとなしさが魅力

乗用車ベースの都市型スモールＳＵＶのパイオニアとして、初代ＲＡＶ４がデビューしたのは１９９４年。大型ＳＵＶをデフォルメしたような愛嬌のあるデザインは顔デカ犬みたいで新鮮だった。本格派クロカン四駆や大型高級ＳＵＶが隣に並んでも「オフロードなんて走ることはめったにないんでしょう？」「私みたいに小さいクルマの方が便利だしかえって格好いいですよ」という主張が感じられた。

要するにしゃれ。しゃれで乗ってんのよ。小さいながらも、そんな独自の主張があって、身を小さくしなくてよかった。しかし2代目を経て3代目ＲＡＶ４は、そんなしゃれ的要素を捨て、上級車のカタチとなり、サイズも大きくなった。そしてデザインも一新した。

よくいえば上質化。もう一言いえば平凡。大型ＳＵＶをそのまま縮尺したみたいで、これでは隣に大型ＳＵＶが並んだら肩身が狭く感じそう。そういう点で、個人的には残念なのだが、とは言え、プラットフォームのほか、エンジン、ミッション、足周りすべて新設計で気合は入っている。

競合車種はスズキ・エスクードや三菱アウトランダーだが、微妙にキャラは異なる。エスクードはオフロード走行可能な本物志向。アウトランダーは中身はＲＡＶ４と同じ都市型ＳＵＶだが、そのフォルムにはオフロードへの執着とアクの強さがある。そんなライバルと比べるとＲＡＶ４はもっと普通に乗用車的だ。他メーカーだと中途半端ではあるけれど、トヨタ車だとこういうクルマがバカ売れするのが実情だ。

サスペンションやステアリング周りは構造から見直された。今までギアＢＯＸに使われていたゴムブッシュを排して直付けし、ダイレクトな操舵フィーリングを得た。しかしそうなると路面の振動を拾ってステアリングにキックバックがガンガン伝わってきてしまうものなのだが、電子パワステのセッティングを改良し、微振動を途中でカットしてしまうことで対処した。実際には、直付け効果でステアリングを切ったときの応答性が高く、それでいて安っぽい微振動はうまく消されて上質なフィーリングだ。

燃料タンクをつぶして床を下げたのもオデッセイのような操縦安定性向上のためよりも、後部座席を倒してフラットな室内空間を広げられるようにするため。マフラーを前方に移動したのも、53ℓもの大きな収納ボックスを設置するため。すべての改良は、ＳＵＶとしてではなく、乗用車として生きるため。使い勝手やユーティリティを強く重視した。

都市型ＳＵＶの面目躍如。ボディは大きくなったが最小回転半径は、エスクード５・５ｍ、アウトランダー５・３ｍに対してＲＡＶ４は５・１ｍ。市街地の狭い路地で有利に働くはずだ。カタチはＳＵＶだが、目指しているのは、乗用車なのである。

それで国内予定月販数は２０００台。一見するとトヨタにしては大きな市場ではないように思えるが、実は欧米向けにはそれぞれ月1万台を狙うベストセラー商品だ。トヨタが世界で数を売るためには、奇抜なデザインだったりキャラがはっきりしすぎたりしない方が好都合なのである。

考えてみれば、一家に1台のクルマだとしたら、大黒柱のお父さんが愛くるしいデカ顔犬に乗っているより、少しでも大きくて堂々として見える方がカッコがつく、という考え方もある。

spec/2.4G（4WD）

○全長×全幅×全高：4335×1815×1685mm○ホイールベース：2560mm○車両重量：1120kg○総排気量：2362cc○エンジン型式：直4DOHC○パワー/トルク：170ps/22.8kg-m○10・15モード燃費：12.6km/ℓ○サスペンション(F/R)：ストラット/ダブルウィッシュボーン○ブレーキ(F/R)：ベンチレーテッドディスク/ディスク

●現行型登場年月：
05年11月(FMC)／06年8月(MC)
●次期型モデルチェンジ予想：
10年11月
●取り扱いディーラー：
ネッツ店

grade & price

2.4X	¥1,985,000
2.4X（4WD）	¥2,195,000
2.4G	¥2,163,000
2.4G（4WD）	¥2,373,000
2.4スポーツ（4WD）	¥2,489,000

プロフィール▼ 当時あったコンパクトカー、スターレットよりも全長が短いという独特なスタイルで登場したのが初代。「スモールSUV」という新ジャンルを切り拓き、世界的なヒットとなった。3代目となる現行モデルが目指したのは世界ナンバー1のSUV。悪路走破性よりも、デザインや快適性など、全方位的に高いレベルを目指している。とは言え、デザイン的には少々アッサリ感があり、存在感はそれほど強くない。

メカニズム▼ 基本となるプラットフォームだけでなく、エンジンやサスペンションまでも新開発としているあたり、トヨタの意気込みが感じられる。肝心の4WDシステムについては、最適なトルクを前後輪に配分するアクティブトルクコントロール4WDを採用。さらに上級グレードでは駆動力やブレーキなどと協調制御がなされ、安定した走りを実現している。

走り/乗り心地▼ SUVながらCVTには7速のマニュアルモードが装着され、積極的に操作すればスポーティな走りも楽しめる。また高剛性ボディなどのおかげで走りはじつに安定しており、静粛性も高く、高速巡航も得意なほどだ。

使い勝手▼ さらにリアシートは6対4で分割可倒で、ラゲッジ側から遠隔で操作可能。倒してもフラットなフロアなのはありがたい点だ。室内も広大で、フロア自体も低く、ミニバン的にも使えるといっていいだろう。

こんな人にオススメ

オフロード走行はしない。カタチにアクの強さもいらない。普通な雰囲気でいい。家族で乗ったときに、背が高い方が見晴らしがいいかな。スピードを出さないから、重心が低い必要性もないな。大勢では乗らないからミニバンでなくてもいい。あまり小さいと見栄えがしないけど、大型SUVはいらない。市街地在住で何よりも小回り性が必要だ。というあまり強いこだわりはない人に。

ムラーノ【日産】

家族車のなかにも主張をしたいお父さんに

人目を惹く斬新なフロントマスク。もともとはアメリカ向けなのでサイズの制約がなく、伸びやかな線と張りのある面を持たせることができた。サイドブラインドモニターと※サイドアンダーミラー付きドアミラーを採用したことで、SUV特有のしゃもじのような形をしたフェンダーアンダーミラーがなくなった。スタイリングはいい。

内装のセンタークラスターを取り囲むメーター周りはオールアルミ製だ。ハリアーなどこのクラスのSUVはとかく木と革を中心にすえた高級志向だが、それに対してムラーノは日産フェアレディZのようなスポーツカーライクな雰囲気とする。座席はたっぷりとしたサイズで快適で、後席にはリクライニング機構も付く。

足周りはコーナー時のロールを抑えるセッティングだ。乗り心地的には決して有利とはいえない18インチの超扁平幅広タイプを履き、姿勢安定性を高めた「硬め快適」。ハリアーほど柔らかくはなく、乗り味もスポーツ志向。でも、ゴツゴツはしていなくて、しっとりしている。ステアリングの感触もガサガサしていなくて高級な味わいがある。これはフロントのダンパーに※ダンピングコントロールを採用した影響もある。

富士五湖周辺のくねくね道（舗装）を走ってみた。車高が高いから絶対的なコーナリング速度はスポーツセダン並みではないけれど、ロールがうまく抑えられている。飛ばしても背の高いクルマにありがちなひっくり返りそうになる不安感がそんなにない。かなり走りを楽しめた。

エンジンは3・5ℓと2・5ℓの2種類で、ともに実用回転から使いやすいトルク性能が与えられている。とくに3・5ℓV型6気筒のVQ35はフェアレディZと同型エンジンだ。フラッグシップ・スポーツ、Zと同じエンジンが搭載されている事実は、ムラーノオーナーに胸を張らせることだろう。

ムラーノに乗りながら、その走りのキャラは何だろうと考えた。どのジャンルで何がライバルとなるのだろう?

まずはパジェロやランクルなどのクロカン四駆との比較。

これは性能を比べるまでもなく、イメージとしてその違いは明らかだ。クロカンはGパンに長靴を履いてオフロードを走るイメージだが、ムラーノはフォーマルスーツを着てホテルのロビーに着けるのもあり。

では見かけは四駆、中身はFF車が中心の国産のシティSUVと比べるとどうか。

ホンダCR―Vや日産エクストレイルなどは2ℓが中心で車格的にムラーノの方が上だ。エクストレイルはウォッシャブルな内装だからサーフィンには向いているが、フォーマルスーツは似合いそうにない。

ではVWトゥアレグやボルボVC90などの欧州のプレミアムSUVと比較するとどうだろう。

どちらもフォーマルスーツで結婚式もまったく問題ないが、ムラーノとの決定的な違いは、欧州プレミアムSUVは4WDシステムが本格的で、どのクルマも高いオフロード走破性を持ち合わせていること。そのなかでもっともオンロード志向の強いBMW・X5でさえ、常時38対62に駆動配分される4WDシステムを採用する。FF車をラインアップに入れる考え

※　サイドアンダーミラー付きドアミラー
サイドを確認するための小さなミラーとドアミラーを一体化させることで、デザイン性を保つ

※　ダンピングコントロール
ショックアブソーバー内に組み込まれたバルブで、しなやかな乗り味を生み出す

はない。

ところがムラーノは販売の中心となるであろう2・5ℓモデルには4WDの設定がなくてFFのみ。3・5ℓにはFFと4WDの2タイプがあるが、採用されるオールモデル4×4は、前輪が滑ったときにはじめて後輪に配分されるオンデマンド方式で、ということは普通に走っているときはFFと同じ状態だ。激しい走りをしなければ一生FFで終わるかもしれない。

つまり、ムラーノは背が高くていかにもオフロード性能が高そうだが、じつはそれを重視していないということなのだ。実際にダートに乗り入れてみてよくわかったが、もちろん車高が高いから床を岩にぶつけないけれど、フラットなダートだったら走破性は普通の乗用車とあまり変わらない。SUV風スタイリングに見合った走破性を持ち合わせてはいない。

キャラ的に一番近い存在は、こちらも本格的4WDシステムを持たない、北米でサッカーマム御用達のハリアーなのだろう。この2台はハード面ではとても似たところにある。

しかし、微妙に食い違う点もある。

それはハリアーが北米でユーザーの7割が奥さまであることからわかるように、ファミリー色が強いことだ。そこでハリアーは伝統的な木と革を中心とした「高級感」で内装をこしらえて、落ち着いた雰囲気作りを進めている。

一方、日産が考えるムラーノのターゲットは、30代未婚男性や40・50代の既婚男性だ。メーター周りやクラスターパネルに男性が好きな（?）本物のアルミを使い、「COOLなかっこよさ（メーカー談）」を演出する。デザインはゲーム機みたいでちょっとちゃちいが、Zと似ていてスポーティな大人の遊び心（死語?）が感じられる。そこが違う。

このクルマをどんな人が選ぶべきかを考えてみた。

合理性や便利さだけを考えれば4ドアセダンやミニバンがいい。けれども、歳を重ねてきて「俺もそろそろ好きなクルマに乗ろうかな」と思ったとき、今までの延長線上にあるカテゴリーを選びたくはない。高性能スポーツセダンを選んだとしても、セダンはセダン。そう考える人は確実にいる。

そんな人は今までスポーツカーを選んだ。別にサーキットを走るわけではない。スポーツカーを選ぶのは、非日常的なモノに日常から触れていることで、自分のことをアクティブに変えられると思えるからだ。今いる自分から一歩踏み出してみようか。でもそんなには本格的でなくてよい。そんなニーズにぴったり合ったのが初代フェアレディZの起源であった。

そう考えると、ムラーノもまたあまりにZ的である。

それまではスカイラインなどのスポーツセダンに乗っていて、買い換えるのに何にしようかなと迷った際、今までの延長線上にあるカテゴリーを選びたくはない。夫婦2人だから大勢が乗れる必要もない。そうしたとき、Zにしようか。あるいは人を乗せることもあるからムラーノにするか。背が低いのも新鮮だが、高いのも新鮮だ。そんな選択もあるだろう。

ハリアーだと、スポーツカーと悩むという選択肢はありそうにない。今までの「高級」の価値観の線上にいて、ラグジュアリーセダンのマークXあたりと比較しそうな存在である。

ハード面では同じようなムラーノとハリアーだが、精神としてはそんなところが違う。

spec/350XV FOUR

○全長×全幅×全高：4770×1880×1685mm○ホイールベース：2825mm○車両重量：1780kg○総排気量：3498cc ○エンジン型式：V6DOHC○パワー/トルク：231ps/34.0kg-m○10・15モード燃費：8.9km/ℓ○サスペンション(F/R)：ストラット/マルチリンク○ブレーキ(F/R)：ベンチレーテッドディスク/ディスク

●現行型登場年月：
04年9月(デビュー)／05年12月(MC)
●次期型モデルチェンジ予想：
09年9月
●取り扱いディーラー：
全店

grade & price

250XL	¥2,894,000
350XV	¥3,471,000
350XV FOUR	¥3,797,000

プロフィール▼ 世界的に流行となっているプレミアムSUV。曲線をうまく取り入れた流麗なスタイルに加え、日産らしくスポーティな走りにも力を入れている点に注目だ。日本への導入は04年のことだが、アメリカでは02年に先行発売。ハンドル位置や日本仕様専用となるバックビューモニター、ウインカーの位置などを除いて、北米仕様とほとんど変わるところはない。

メカニズム▼ エンジンは北米仕様譲りの3・5ℓと日本のみの2・5ℓの2本立て。ミッションは前者がCVTで、後者は4速ATが組み合わされる。肝心の駆動方式は3・5ℓに4WDが設定されるだけで、両者ともFFが用意されている。

走り／乗り心地▼ 高いアイポイントと余裕たっぷりのトルクなどのおかげでゆったりとした走りが楽しめる。気になるCVTのセッティングについても違和感はまったくない。また足周りに関しては、日本専用のチューニングが施され、しっとりしつつも、スタビリティの高い乗り味だ。その気になればワインディングをハイペースで楽しむことができるほど。

使い勝手▼ ボディサイズを考えると、取り回し自体は厳しいものがあるが、バックビューモニターなどがあるので、ストレスはあまり感じないだろう。またそのボディ形状からもわかるように、ラゲッジは広大で大きな荷物も楽に積め、ステーションワゴン的に使うこともできる。

こんな人にオススメ

北米を意識したサイズは都内ではデカイデカイ。日常の足ではなく、スポーツカーを所有する心積もりでどうぞ。フェアレディZにするかムラーノにするかの選択肢もあり得るだろう。ちなみにZの価格は300万～360万円。ムラーノはZと同じエンジンを搭載する3・5ℓが343万～375万円。乗り心地も2台とも硬め。ぴったりと競合する。

ハリアーハイブリッド【トヨタ】

ハイブリッドといってもただのエコカーではない

ハリアーにハイブリッド!? ピンとこないなあ。もっと小さくて軽い車の方がずっとエコじゃない。そんなことを考えつつハリアーハイブリッドに乗ってみたら、ハイブリッド＝エコを狙った車ではなかった。

加速力がものすごいのだ。信号待ちではハイブリッドだからエンジンは止まっている。そこからアクセルを踏み込んでも、エンジンがかかるまでの一瞬はちょっとためらいをみせる。が、次の瞬間、エンジンとモーターと両方で、どかーん！ と加速する。羊から狼への瞬時の変身。モーターは低回転域から強力なトルクを発生する特性があるので、エンジン回転が低くても力がある。

どういう意図でトヨタは作ったのだろう？ 開発者に尋ねたところ、「北米市場でライバルとなるＢＭＷ・Ｘ５やメルセデスＭクラスのＶ８軍団に勝ちたかった」のだそうだ。２００３年に2代目ハリアーが登場したときは、Ｖ６だけどギア比をローギアードにして車重を軽くした。「敵」はみなＶ８で重いから、加速性能で勝てると考えていた。でも結果的には勝てなかった。そこで非力なＶ６の動力性能をハイブリッドで補うことを考えたのだ。

もちろん、ハイブリッド化の狙いは、単純に勝ちたいだけではない。小さいよりも大きな車の方が、ハイブリッド化の効果が高くなる。ＳＵＶは柄が大きくて重くて燃費が悪いが、だからこそハイブリッド化することによって、世の中に対するインパクトが強いはずだと開発者は考えた。

そしてその裏にある理由は、売る側の本音として、４００万円する車がエコだけで売れるだろうか、ということだ。このクラスの高価格車を売るためには「ハイブリッド＝エコ」だけじゃない別の価値が必要で、それが「ハイブリッド＝動力性能補強＝付加価値」だったわけだ。

真の実力を知るため、ノーマルエンジン仕様のハリアーを伴って、２台で高速道路と箱根のワインディングを走ってみた。80km／ｈあたりからの追い越し加速は体感的にノーマルの5割増しだ。ノーマルより２００kgも重いのだが、パワーがあるから山道でもハイブリッドの方が軽く感じる。コーナーを抜けてアクセルを踏み込んだときのダッシュの気持ちよさといったら、まるでスポーツカーを駆っているような爽快さだ。

パワー命――。パワーには麻薬的な喜びがある。不況下において、禁欲的な生活に飽きてきたよなぁ。やっぱりがんがん飛ばしたいよなぁ。そんな人にはとてもお勧めだ。

そしてやはり驚かされるのはその好燃費。一定速走行時にはハイブリッド化の恩恵はさほどないので、ノーマルとの高速での燃費向上はわずかだったが、10―15モードで17・8km／ℓでカローラ並み（公表値）。とくに回生する機会の多い市街地走行では実際に燃料計の針がなかなか落ちないので、「デカイＳＵＶに乗って周りに迷惑かけて化石燃料を大食いしている自分勝手な俺」という後ろめたさがほぐれて精神的によかった。

乗る前までは、ハリアーにハイブリッドは変だろッと思っていたが、降りる頃には買っちゃおうかなと本気で思った。

今後、動力性能に燃費を兼ね備えたハイブリッドは、重量級スポーツにどんどん取り入れられていくのではないか。

spec/Lパッケージ

○全長×全幅×全高：4755×1845×1690mm○ホイールベース：2715mm○車両重量：1950kg○総排気量：3310cc ○エンジン型式：V6DOHC○パワー/トルク：211ps/29.4kg-m○10・15モード燃費：17.8 km/ℓ○サスペンション(F/R)：ストラット/ストラット○ブレーキ(F/R)：ベンチレーテッドディスク/ディスク

●現行型登場年月：
05年3月（デビュー）
●次期型モデルチェンジ予想：
10年3月
●取り扱いディーラー：
トヨペット店

grade & price

標準車	¥4,095,000
Lパッケージ	¥4,410,000
プレミアムSパッケージ	¥4,620,000

プロフィール▼ プリウスで世界初の市販化。さらにリアにもモーターを設置して4WD化することで、より安定した走りを実現したTHSシステムなど、ひと口にハイブリッドといってもトヨタは常に先進性をもってして新たなる境地を切り拓いている。その新たなる試みのひとつがTHSシステムⅡと呼ばれるもので、ハリアー並びにベースを同じくするクルーガーに搭載して登場した。今までの環境や燃費重視のハイブリッドから一転して、スポーティな味付けとしているのは特筆すべき点だ。

メカニズム▼ その特徴は3・3ℓV6エンジンに加えて、モーターなども高出力&高性能化している点。根本の電圧から従来より大幅に高められている（288V→650V）ほどだ。スペック的には100㎞/h走行時に272psも発揮されており、そのモンスターぶりを見せつけている。また燃費についてもコンパクトカー並みの好燃費を実現する。

走り／乗り心地▼ 低速からトルクが発揮されるというモーターの特性もあり、加速感は強烈。さらにどのスピードからも楽に加速でき、追い越し性能などもじつに高い。また安定制御についてはVDIMを装備しているので挙動が乱れることもない。

使い勝手▼ ベースはLサイズのSUVだけに、室内は広大で使い勝手も上々。さらにクルーガーであれば、3列シートとなるので、ミニバン的に使うことができる。

こんな人にオススメ

外見は大人しいが、中身は狼。ハリアーに合った奥さま用車のイメージからの完全脱却の狙いもある。SUVには乗ってみたいけど、周りに迷惑かけて、排気ガスをまき散らして、化石燃料を大食いしているのが後ろめたいと感じていた人へ。不況下において禁欲的な生活に飽きてきたなぁ。やっぱりデカイのに乗って、がんがん飛ばしたいよなぁ。そんな人にも。

トゥアレグ【フォルクスワーゲン】

控えめだが実力派

ある相撲部屋の親方から「私にはどんなクルマがいいでしょうか」と尋ねられて僕が即座にすすめたのは、トゥアレグＶ８だった。弟子を乗せるから頑丈なのがいい。ひとり１００kgとしても全員で５００kg。もっと重いか。なぜＶ８かというと、やはりそのパワーと、トゥアレグのＶ６にはエアサスが標準ではないので車高調整機構がないからだ。Ｖ８にはエアサスが標準装備で、車高調整機構がついている。ＡＵＴＯを選べば車高が一定に保たれるし、室内からスイッチひとつで車高を上げ下げできる。重い荷物を載せたときだけでなく、お相撲さんを乗せるにも便利なはずだ、と考えたのだ。

イメージとしても、親方が使うのには好都合だと思った。トゥアレグはポルシェ・カイエンとプラットフォームを共有するいわば共同開発車である。でもカイエンではちょっと目立ちすぎで、タニマチに対して偉そうに思われてしまう危険性がある。

カイエンが周囲を威嚇するような派手な印象を醸し出すのに対して、トゥアレグはサイズ的には大きいものの形は控えめで、都会でも自然の中でも周囲の景色に溶け込む雰囲気がある。

内装はドイツ的機能美に裏打ちされた質実剛健なデザインだが、素材の使い方でどこからともなく高級感が漂ってくる。欧州高級ＳＵＶのなかにあってブランドに個性の薄いＶＷだが、でもポルシェの兄弟車だから、オーナーにとって自己満足度は高いはずだ。

見た目は控えめだが、その運動性能は目を瞠るものがある。４ＷＤシステムも本格的でオフロード性能も高い。センターデフ方式を採用し、０—１００km／ｈ８・１秒、最大登坂能力は45度、水深50 cmまで走行可能。遠出して坂道があろうが川があろうが、巨漢の弟子を何人乗せたって、どうということはない（……と思う）。

その乗り心地はＢＭＷ・Ｘ５やカイエンよりもだいぶ柔らかめだ。だから低速では、柔らかい乗り心地のトゥアレグの方が快適だ。柔らかくても車高調整があるから姿勢は安定している。スポーツとコンフォートの切り替えスイッチもある。少人数で普通の体重の人を乗せて普通に移動するときは、一般道はもちろん高速道路でもコンフォートで十分だ。ＳＵＶらしからぬ、まるで高級ラグジュアリーセダンに乗っているような柔らかな乗り心地が得られる。

一方、山道や高速道で本来のＶ８パワーを炸裂させて走るとなると、スポーツモードでももっと足が引き締まった方がいいな、やっぱり車高の高いＳＵＶは揺れが大きいなと思ったのも事実。スポーツモードではもっと足を固めるようにセッティングし直した方がよい。制限速度が低い日本ならいざ知らず、無制限のアウトバーンでは、ハイウェイスターの座は難しい。がんがん飛ばす人には足が硬いカイエンの方が具合がよい。

運転姿勢に関しては、Ｘ５が足を前に投げ出したスポーツカーのような運転姿勢でそれでいて床面が高いのでどうも落ち着かないのに対して、トゥアレグはアップライトな運転姿勢でちゃんと足が地に着いているＳＵＶらしい感じでよかった。

spec/V6シュトルツ

○全長×全幅×全高：4770×1930×1730mm○ホイールベース：2855mm○車両重量：2270kg○総排気量：3188cc ○エンジン型式：V6DOHC○パワー/トルク：241ps/31.6kg-m○10・15モード燃費：7.5km/ℓ○サスペンション(F/R)：ダブルウィッシュボーン/ダブルウィッシュボーン○ブレーキ(F/R)：ベンチレーテッドディスク/ベンチレーテッドディスク

●現行型登場年月：
03年9月(デビュー)／06年8月(MC)
●次期型モデルチェンジ予想：
08年9月
●取り扱いディーラー：
全店

grade & price

V6シュトルツ ¥5,290,000
V6シュトルツCDCエアサスペンション装着車 ¥5,962,000
V8シュトルツ ¥7,290,000

プロフィール▼ 高級車志向を強めているフォルクスワーゲンが初めて投入したプレミアムSUV。プラットフォームや一部ボディパーツをポルシェのカイエンと共通化させているが、その乗り味はまったく異なっている。

メカニズム▼ 12気筒モデルも限定で登場したが、カタログモデルとしては3・2ℓV6と4・2ℓV8の2タイプのエンジンが用意され、ミッションはどちらも6速ATとなる。肝心の4WDシステムは、4Xモーションと呼ばれる新開発のシステムを採用し、悪路走破性の高さはもちろんのこと、高速走行時の安定性向上にも大いに貢献している。

走り/乗り心地▼ 実際に乗り込んでみると、かなり大柄なボディで乗り味はじつにゆったりとしている。乗り心地もボタンひとつで選ぶことができるが、基本的にはマイルドな味付け。ひとたびアクセルを踏めば、最高速度270km/hというだけに、スポーツカーのような加速を見せてもくれる。サルーンのような豪華な内装も、乗る者をリラックスさせ、疲労させることなく移動できる重要な要素といっていいだろう。

使い勝手▼ いくら高級でもあくまでもSUVだけに、ミニバン的な使い勝手もしっかりと備わっており、かなり大ぶりな荷物でも難なく積み込むことができる。ただし、ボディは大柄で、日常的な取り回しでは気を使うことも多い。

こんな人にオススメ

何しろポルシェと共同開発だ。その動力性能には目を瞠る。しかし味付けとしては、カイエンやX5が足を固め、SUVながら峠道をぎんぎんに攻めて走りたいというスポーツカー好きの要求にも応える車だとしたら、トゥアレグは、そんなことをするならスポーツセダンを買えばいいのだ、という人におすすめ。限定販売だが12気筒モデルもある。

ＸＣ90【ボルボ】

何よりも家族重視

欧州高級ＳＵＶを運転していると、広い道では気分爽快だが、都内でそのサイズをもてあます。路地で対向車とすれ違うたび「デカイのに乗って迷惑かけてすみませんねえ」という気持ちになる。いちいち手を上げてぺこぺこ謝らなければならないのが面倒になってくる。そんなときに荷室を開けると、そこには広大なトランクがあって、俺はこんな空っぽの空間を運ぶために面倒な目に遭っていたのかと考え込んでしまう。大きい図体のくせに5人しか乗れない。もったいないなと思う。貧乏性だろうか。

僕の自宅の隣には弁護士が住んでいて、以前はミニバンに乗っていた。カヌーとオートキャンプが趣味で、子どもは3人、ときおりおばあちゃんが来る。そのために7人乗りは必須なのだが、彼としてはもっと見栄を張れるＳＵＶに乗り換えたいと思っていた。そうしたらボルボＸＣ90が登場した。欧州高級ＳＵＶには珍しく、7人乗りがラインアップされるので買い換えた。大いに満足しているようだ。

3列目席は小ぶりだが、それでも大人がしっかり座れるスペースは確保できている。3列目にも大型ヘッドレストやエアコンの吹き出し口が備わっている点は、さすが家族を大事に考えるボルボを印象付けられる。

プラットフォームはＸＣ90にはいささか小ぶりのＳ60、Ｖ70用を流用する。特徴的なのは他のライバルたちが運動性を追求して、エンジン縦置きを採用する例が多いのに対して、ＸＣ90は横置きに配置するＦＦが基本なこと。これについてボルボは、衝突時のクラッシャブルゾーン確保には横置きが有効であると説明する。確かに、エンジンルーム全長を短くできるので室内長を伸ばすこともでき、7人乗車が可能となった面もある。

エンジン縦置き、横置きにこだわらない人は、隣の弁護士以外にもいるだろう。物置がいくら広くてもモノが入ってなければ無意味だけど、リビングは広い分にはいい。運動性よりも横置きによって室内長を稼いだボルボの割り切りを支持する人は多いだろう。

四駆システムにもボルボ流の割り切りがある。たとえばＶＷトゥアレグやポルシェ・カイエンは、オフロードの踏破性がセールスポイントとなると考え、本格的なフルタイム４ＷＤ機構を採用する。一方、ボルボが搭載するのはハルデックスと呼ばれる電子制御４ＷＤだ。前輪が滑ったときに初めて四駆となるオンデマンド方式だ。国産ＳＵＶと基本的に同じ考え方である。

そもそも本国スウェーデンでは、意外なことに４ＷＤ率が極めて低い。スウェーデン人は氷雪路でもＦＦスタッドレスを履いていれば十分だと考えているのだ。４ＷＤ採用は北米市場を意識してのこと。しかし今やアメリカ人もオフロードを走らなくなり、ピープルムーバーとしての使い道を求め始めている。なのでボルボはオンデマンド方式で十分だと判断した。大方のユーザーには砂地でスリップしたときに抜け出せる程度の生活四駆としての機能があればよい。隣の弁護士もそうだ。軽量かつ低コストという面でオンデマンド方式は理想的なのである。

5、6気筒とＶ８モデルがラインアップされるが、重いＶ８ではさすがに車体の揺れが気になる。加速は劣るが、乗り心地と運動性のバランスがとれた小さいエンジンを載せたモデルが、ボルボらしくておすすめだ。

spec/V8（5人乗り）

○全長×全幅×全高：4810×1910×1780mm○ホイールベース：2855mm○車両重量：2140kg○総排気量：4413cc ○エンジン型式：V8DOHC○パワー/トルク：315ps/44.9kg-m○10・15モード燃費：6.4km/ℓ○サスペンション(F/R)：ストラット/マルチリンク○ブレーキ(F/R)：ベンチレーテッドディスク/ベンチレーテッドディスク

●現行型登場年月：
03年5月(デビュー)／06年10月(MC)
●次期型モデルチェンジ予想：
08年5月
●取り扱いディーラー：
全店

grade & price

標準車（5人乗り）	¥5,980,000
標準車（7人乗り）	¥6,180,000
3.2（5人乗り）	¥6,650,000
3.2（7人乗り）	¥6,850,000
V8（5人乗り）	¥7,780,000
V8（7人乗り）	¥7,980,000
V8TE	¥9,220,000

プロフィール▼
それまではステーションワゴンの車高を高くしただけのモデルはあったものの、ＸＣ90はボルボ初となるプレミアムＳＵＶだ。ベースはＳ80とし、ボディデザインは今までのボルボのイメージをうまく残し、専用ボディ化している。

メカニズム▼
プレミアムＳＵＶらしく、３種類用意されるエンジンはいずれもハイパワー。２・５ℓ直５は２０９psで、４・４ℓＶ８は３１５psを発揮する。さらに２・９ℓの直６に関してはツインターボ化され、こちらは２７２psとなる。さらに肝心の４ＷＤシステムについては滑ったときに４ＷＤへと切り替わるオンデマンドタイプだが、ハルデックス社と共同開発された本格的なもの。電子制御化され、切り替わる際のタイムラグもごくわずかに抑えられている。

走り／乗り心地▼
さすがに２ｔを超える重量級だけに、直線ではドッシリと安定した走りを披露するが、コーナーではふらつくことが多いのは事実だ。他のプレミアムＳＵＶ同様に、クルージング重視の味付けがされているといっていいだろう。

使い勝手▼
さすがに取り回しはよくないが、広大な室内スペースを生かしたゆったりとした使い勝手のよさには注目だ。たとえば、シートは３列目まで備わっており、定員は７人となっているのは大きなメリットだろう。もちろんラゲッジも広くて頼もしさは十分だ。

こんな人にオススメ
大きな車体を小ぶりな車台で支えていることに加えて乗り心地重視の柔らかい足だから、運動性はそれなり。山道を飛ばしたりラフロードをガンガン走ったりすると、車体がふらふらするし、舵の利きもピシッとしていない。でも飛ばさなければ問題ない。ぎんぎんの走りを望む人はカイエンやＸ５をどうぞ。ウッドとアルミが組み合わせられたホワイトベージュの内装は北欧家具好きには魅惑的。

H3【ハマー】

予想外の扱いやすさが魅力

その日は仕事中から落ち着かなかった。昼間に自動車雑誌Mの連載担当が僕の事務所にハマーH3を届けてくれていたのだ。仕事を終えて駐車場に降りていって見た。デ、デカイ……。

ほぼ軍用車そのままのH1。民生用にサイズダウンしたH2。さらにコンパクト化したH3。H3はアメリカではH2オーナーから、おんな子ども用の乗り物とバカにされていると聞いたが、冗談じゃない。十分バカデカイじゃないか！

よじ登るような感じで運転席に着くとトラックみたいな高さだ。GMのピックアップ「コロラド」がベースだが、着座高ははるかに高い。

エンジンをかけて動き出すときの気分は、まるでジェットコースターで最初の頂点から滑り落ちるときの、あのむずむず感に似ていた。

それは何？　というとやはりひとつは大きさに対する不安だ。恐怖、といってもよい。自宅に着くまでの世田谷区内は狭い道路が多い。あの道は通れるかな、あそこはどうかな。ドキドキは事務所の駐車場の屋根に天井がぶつからないか、から始まった。いつもと違い、歩行者を見下ろす視線が変だ。車線に合流する。信号を左折する。普段とは別の行為のように感じられる。

これから次から次にやってくるだろう難関をくぐり抜け、無事、自宅の車庫に収められるだろうか？　サバイバルゲームが始まった。

いつもと違うのは気持ちだけではなかった。周囲の対応も違った。狭いといっても対向車と普通にすり抜けられるくらいの小田急線沿いの道で、向こうからやってくる対向車線では、メルセデスを先頭に数台が停まり、こちらが通り過ぎるのを待っている。もっと狭い道では、対向車が来たので道端に寄せて停まったが、向こうも停まってこちらが通り過ぎるのをあくまでも待つ構えだ。

たとえばこちらが軽自動車だと、ずうずうしく真ん中を走ってくる対向車が多い。そんな態度を取るのはベンツ・オーナーが多いのだが（怒）、H3はそのベンツさえ自発的に停めさせてしまうオーラがある。

自宅の車庫は横幅はあるが奥行きが狭く、たとえばフルサイズのベンツSクラスではシャッターが閉まらない。H3が入るか心配だったので、家人を呼んで誘導してもらうことにした。出てきた息子が「すげぇ、すげぇ」と繰り返したのは意外だった。というのは、うちの愚息はクルマに関心がなく（だから愚息）、ポルシェ911でもVWトゥアレグでも、たいした反応は示さない。「すげぇ」を聞いたのは、フェラーリF50で帰ったとき以来だ。息子にすればF50もH3も同じ「すげぇ」なのだ。

H3はすっぽりと車庫には収まった。意外と小さい。スペックを見てみたら、全長は4720㎜、ほぼマークXと同じ短さだ（そうなの！　意外）。全幅は1980㎜で2tトラック並み（これは納得）。高さは1910㎜で、国産大型ミニバンのエルグランドと同サイズだ（もっと高く感じる）。

車庫入れの際、案外小回りが利き、しかもハンドルが軽いことを知った。タイヤがフレームよりも外側に配置されるので切れ角が大きい。最小回転半径は5・5mで、5・7mのハリアーより小回りが利き、ノアと同スペックだ（すごい！）。

異様に前影投影面積が大きく、まるで広角レンズで撮影したデカ顔犬のよう。これってたとえば初対面で、大きな人だなあと思っていたのに、立ち上がったらそれほどではなかったみたいなことか。顔が大きいと体が大きく見えたりもするのと同じ理屈なのかもしれない。

　翌日、取材先に向かうのに、高速道路の乗り口まで、あえて細い路地を走ってみた。わくわく感というのか不安感というのか、たとえば角を曲がるとき、アプローチはできるだけアウト側から。ハンドルをどのタイミングでどのくらい切ったらいいかなあと考えて、結構頭を使う。それを楽しいと思うか煩わしいと思うかがH3に悦びを見つけられるか否かの分かれ道だろう。走り出すまでは煩わしいと思っていたが、慣れてきてイメージどおりに曲がれたときは妙にうれしい。

　乗り心地は昔のアメ車的でふわふわと柔らかい。これはショックの減衰力を落としたからで、高速で速度を上げると、ぶわんぶわん車体の揺れが大きくなる。NVHに関しても、まあノイズはそうでもないがバイブレーションは結構大きい。リアサスが板バネのラダーフレーム構造で、お世辞にも世界戦略車（一応そう）としての洗練度はない。でも低速での乗り味は快適だ。

　ブレーキやハンドリングも思っていたよりもずっとまとも。荒削りで無骨な、でも運転している実感が大きいピックアップトラックの魅力を持っている。昔ながらの味を残して新しい試みを取り入れたら、こんなふうになりましたというクルマだ。

　NVHとか高速操縦安定性とか、細かいことはどうでもよいと感じてしまう。ひとつには、「こんなばかばかしいクルマに乗っているおバカな俺って」と、自分を笑っている感じ。それが魅力のひとつ。

　もうひとつは、もし自分が買ったら、乗り込むのに便利な取っ手をつけようとか、ここをメッキでギンギラにしちまおうとか、いじくり倒せそうなところ。まあ実際に買ってもいじくったりはしないかもしれないが、夢を見れる楽しさがある。それには出来上がったイメージの強いVWトゥアレグやBMW・X5よりも、素っ気ない内装のハマーの方が都合が良い。

　ところで、こんなふうに「H3は楽しい」なんていうと、自動車評論の立場と矛盾して見えるかもしれない。そこでふと思った。

　そもそもよいクルマって、何だろう？

　NVHが低くて高速安定性がよくて、そういう要素を満たすのが本当によいクルマなのか。たとえば20年前にタイムトリップしたら、何を感じるのだろう？　現代のクルマを知っているからといって、魅力を感じられないだろうか？

　おそらく、それはそれで僕らはきっと、そこでの車ライフの楽しみを見つけるのではないか。結局、どう進化しようと、単に性能ではなく、自分にどういうプラスの気持ちを与えてくれるかということが大事なのではないかと考えてみた。そういった意味でハマーは、「クルマとは何か」ということをもう一度僕に教えてくれた。

　帰りに料金所のおじさんから「すっごいクルマだね」と声をかけられた。満面の笑みだった。おそらくおじさんは家に帰って奥さんに、「今日、すごいクルマを見たぞ。戦車みたいだった」と話し、最近途切れがちだった夫婦の会話が弾むのではないか。

　笑顔に出会えるのも、H3のもうひとつの魅力である。

spec/タイプS（4速AT）

○全長×全幅×全高：4720×1980×1860mm○ホイールベース：2842mm○車両重量：2150kg○総排気量：3460cc ○エンジン型式：直5DOHC○パワー/トルク：223ps/31.0kg-m○10・15モード燃費：——○サスペンション(F/R)：ダブルウィッシュボーン/マルチリーフ○ブレーキ(F/R)：ベンチレーテッドディスク/ディスク

●現行型登場年月：
05年9月（デビュー）
●次期型モデルチェンジ予想：
10年9月
●取り扱いディーラー：
全店

grade & price

タイプS（5速MT）	¥4,494,000
タイプS（4速AT）	¥5,124,000
タイプG	¥5,754,000

プロフィール▼ 軍用車両であるＨ１を民生用に発売したのがそもそもの始まりで、シュワルツェネッガーが乗っていたこともあり、話題になった。その後、民生にも力を入れ、Ｈ２を発売。そのダウンサイジング版がＨ３となる。

メカニズム▼ ３・５ℓのエンジンはＶ型ではなく、直５とし、ＤＯＨＣに加えて可変バルブタイミングや電子スロットルまで備えており、２２３psを発生。トルクに関しては31kg—mと太く、しかも１６００rpmという低回転でその90パーセントを発生するというから、じつにアメ車的な味付けだ。４ＷＤシステムも本格的なタイプで、フルタイム方式を採用し、悪路走破時にはデフロックも行なえる。ミッションは4速ＡＴに加えて、５ＭＴも用意されている。シャーシは強固なラダーフレームだ。

走り／乗り心地▼ 往年のアメ車そのもので、フワフワとした乗り心地で気持ちよくドライブできるし、トルクが太いので出足もよく、街乗りでも扱いやすい。またアメ車の弱点と言われていたブレーキについてもしっかり利き、怖さなどはまったくない。

使い勝手▼ 最小回転半径は５・５ｍとミディアムセダンクラスの数値だが、見切りの悪さなどもあり、かなり扱いづらい。ただし、室内は広く、ラゲッジもしっかりと容量が確保されている。タフなイメージそのままに、ガンガンと気兼ねなく使える。そういう意味では使い勝手はいい。

こんな人にオススメ 最近途切れがちな子どもとの会話の糸口としても。周囲の人に笑顔をプレゼントしたい人にも。うちのヨメに「これ家まで運転して帰って」と頼んだら、「エーッ!!」と嫌がっていたのに、運転してみたら、とても気に入ったようだ。小回りが利くし、高さも慣れれば平気だし、運転しやすかったそうだ。スピードを上げなければ、アラも見えてこない。

part5
セダン

SEDAN

ティアナ

マークX

レクサスIS

フーガ

レクサスGS

クラウン

レジェンド

ブルーバードシルフィ

プリウス

シビック

レガシィ

カムリ

ベルタ

ひと目でわかる
セダン相関図

レクサスLSが登場し、プレミアムクラスは活況を呈しているが、
それよりも下のクラスはいまひとつ盛り上がりに欠ける。カローラがフルチェンしたが起爆剤としては弱すぎ。

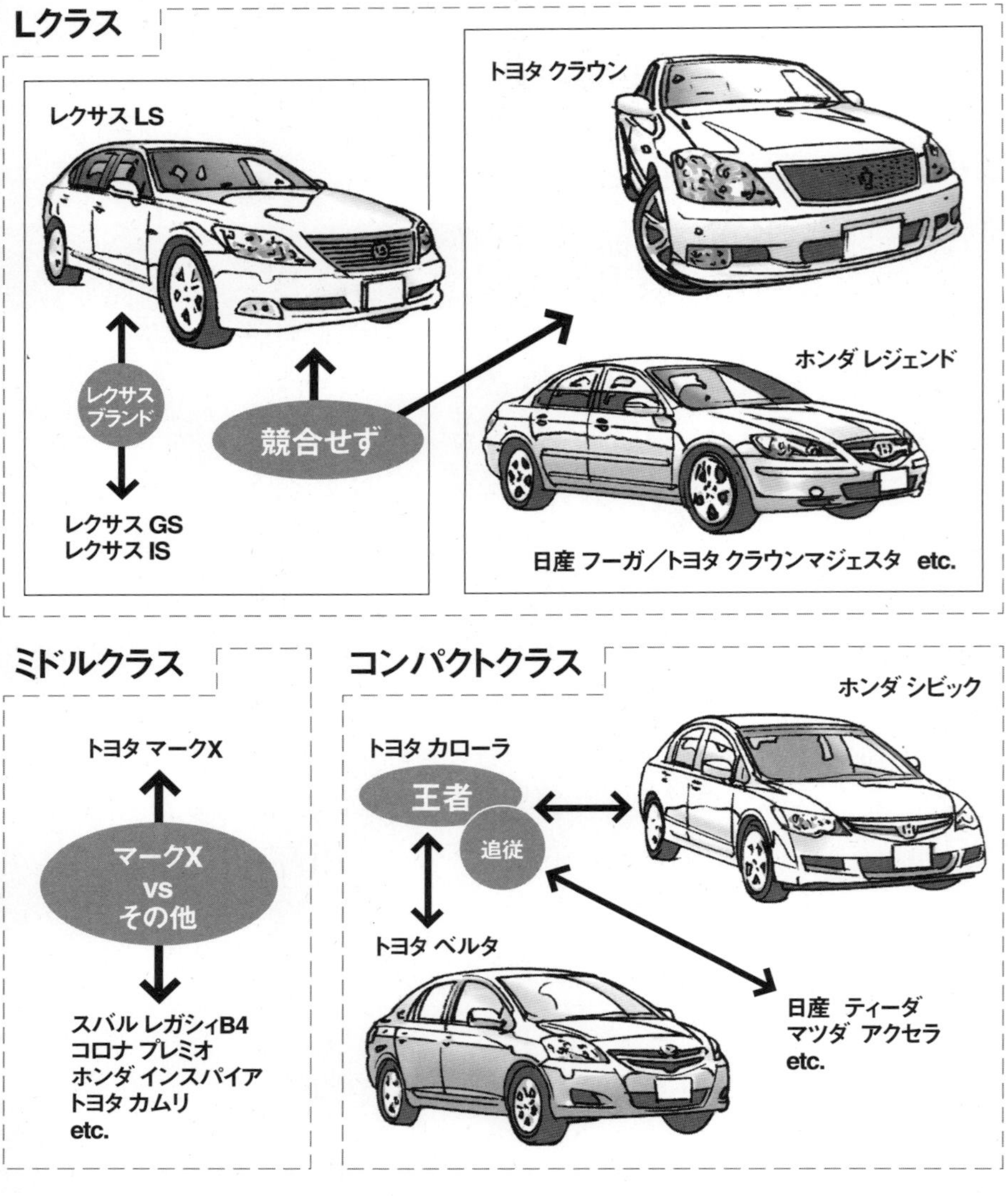

バブル時代には登録台数の70パーセントを占めていたセダンは、現在、日本において人気下降気味だ。とくに若者離れが激しい。

とは言え、ヨーロッパではセダンは依然、人気だし、日本でもBMW、アウディ、メルセデスなどの欧州製高級セダンはよく売れている。それは、ブランド力の差だけではなく、キャラクターがはっきりしていて、魅力がわかりやすいからだろう。

そういう意味では、国産セダンも決して終焉に向かっているのではなく、魅力溢れるクルマがもっと出てくれば、きっとまた人気が盛り返してくるのではないか、と僕は思う。

というのは、今回、いろいろなカテゴリーのクルマに乗って、やっぱり走る機能として、セダンは優れていると感じたからだ。背が低いから重心高を下げられる。それだけ運動性もいい。足を柔らかくしてそのマージンを乗り心地にふることもできる。動的な快適性を上げるのにとても有利な形体なのだ。

その一方で、凡庸な小型ファミリーセダンに関しては、コンパクトカーや変形小型ミニバンにとって代わられていくことだろう。今後は、スポーティなモデルや特徴的なモデルだけが生き残るのだと思う。

自動車メーカーにとって、自社のブランドイメージを確立するためにも、歴史を紡いでいくためにも、外せない大事なカテゴリーであるはずだ。だからさまざまな打開策やアイデアを考え、キャラクターづけを行なおうとしている。そこに注目すると面白い。

ティアナ【日産】

内装の形状品質に力を込める

ドアを開けたら、思わず「うわーっ」という声がおのずと出た。ティアナは「モダンリビングの室内空間」を提案し、そこに力を注ぐ。独特の雰囲気があり、既存の「高級＝高価」の概念とは違っている。だから新鮮であり声が出る。

一方、その走りのレベルは普通。なので、走りについては後半部分で簡単に触れることにして、主に特徴的なデザインについて語りたい。

イタリアやフランスの大衆車の内装は、プラスティックが多用してあるのになぜか品質感が高いんだよね、という声をよくオーナーから聞く。素材も安っぽいし、チリ（部品と部品の隙間）も合っていない。けれどもクオリティが高く見える。

それは個々のパーツが個性的にデザインされ、「形状品質」が高いからだ。

一方、ドイツ車の内装は高級感溢れるものが多いが、伝統的にデザインはまっとうというか割と普通なのが多い。高価な革や木材を使用し、チリや革のシボをピッチリ合わせる手の込んだ技術で高級感を演出する。この方法には外れがない。

ティアナが狙っているのは、前者の、デザインに力を入れたイタリア車やフランス車の方向だ。素材の高級感よりも、形状品質に力を込める。

ちなみにティアナのインテリアデザイナー氏は、僕が以前にアルファ１６４を愛車にしていたことを知っていて、「１６４のダッシュボードのパネル、格好よかったですよね」と話しかけてきた。彼も１６４を愛車にしていたそうで、そのデザインの力に感銘を受けたらしい。

では、ティアナはイタリア的デザインに追従しているのかというと、そうではない。むしろ日本的。少し説明をしよう。

ティアナでは、クルマの伝統的な内装デザインと違った手法をとった。つまり家の中に家具を置く発想だ。

元来、伝統的なクルマの内装は、ドイツ車に代表されるように機能重視である。黒一色の方が反射が少ないし、ダッシュボードやコンソールは室内空間と一体化するようにビルトインされて作られる。隣り合う部品同士の素材感や色調を合わせ、境目の段差もなくすことで一体感を出そうとするフルコーディネーションが主流だ。

一方、ティアナの手法は段差をあえて作って境目を強調する。たとえばダッシュボードは４つの面で構成され、素材感も色も変えている。シフトレバーはテーブルにニョキッと生えたようなデザイン。ゲートは縁をゴールドの金属で強調。メーター類を小さくして、クルマとしての機能よりもインテリアの雰囲気を重視する。一体感をあえて崩す手法は、部屋の中にいろいろな家具や調度品を置いていく感覚に近い。そんなふうに、今までクルマの内装デザインにあまりなされてこなかった試みがなされている。

ではそれにより何が得られるか？

実際に乗ってみて僕が感じたのは、とても落ち着くということだ。リラックスできる。

なぜだろう？

ドイツ車に代表されるビルトイン空間の場合は、目的地へ向けて、シートベルトを締めて、背もたれを立てて姿勢を正して、ハンドルを両手で握ってさあ行くぞ、まっしぐらという気持ちにさせられる。

昔、僕は独身時代にビルトインされた収納家具の部屋に住んでいたことがあった。冷蔵庫や本棚やエアコンまですべてダークグレーで統一されていた。女の子を呼んだりすると「かっこいー」なんて言われてうれしいのだけれど、ひとりでいるとリラックスできない。たとえばドイツのバウハウス的デザインの家屋も、僕は嫌いではないのだけれど、それはオフィスの機能としてはよくても、自宅だとしたら落ち着かない気がする。

むしろ、ひとつひとつの家具は一見ばらばらでも、自分のセンスで選んだものならば、ある一定のまとまり感が出るものだ。そうした部屋の方が落ち着くような、そんな感じなのである、ティアナの内装は。

リラックスするもうひとつの理由は、ティアナの内装が、そうは見えないとしても、実は日本家屋の様式にのっとっているからだろう。

デザイナー氏は資本関係のあるルノーのデザイナーと話したとき、「まるで日本家屋だ」と指摘を受けたそうだ。

日本の家屋は柱がむき出しになっているが、それで違和感があるかというとそうでもない。仮に家の中に意味のない棒が立っていたとしたら違和感を覚えるだろうけど、柱は家を支えるという機能を果たすための構造材をなしているからだ。

そういう目でティアナの内装を見てみると、ひとつひとつのパーツが構造材の意味をなしていることに気づく。

ばらばらのイメージにならないのは、素材や面が違っても、全体の光沢を合わせてあるからだ。メタル部分のクリアコート塗装は、2回も3回も塗ると光沢が出てしまうから、1回だけに抑えてある。また木目調の塗装もあえて光沢を抑えている。そうやって一体感が生まれている。

モダンリビングのコンセプトは、ティアナ以外にも、ティーダ、ブルーバード・シルフィでも採用されている。しかし僕にはそうは見えない。それはデザイン力で高品質を表す以上、個々の作り物のデザインに、ティアナほどコストがかけられていないからだろう。

ティアナが提案するモダンリビングは「日本的高級車とはどんなものなのか?」という命題に対する、ひとつの方向性として期待できる。

最後に走りについて補足すると、普及型の2・3ℓ車はステアリングの操舵力が軽くて中立位置でのしっかり感が不足気味だ。スポーティではなく、高級でもなく、奥さまなどを含む万人向けのクルマの印象だ。少なくとも「男のクルマ」のイメージではない。

またリアサスから、カツンカツンという突き上げ振動が伝わってくるのも気になった。その点は高級車というよりも、ブルーバード・シルフィと変わらないレベル。30km/hを超えた速度域では気にならなくなるし大衆車なら文句をつけるほどの問題ではないが、せっかく日本独自の高級車として世界に誇れる提案があるのだから、コストはかかるがフーガに使用されるデュアルフローパス・ダンパーなどを採用し、走りの質も向上させ、内装に見合った高級感を身に着けたらどうだろう。

とは言え、試乗したワイマラナー色のスエード調のシートは、カタログの写真では平滑に見えるが、実際は毛足が長く光で乱反射してきらびやかで独特な雰囲気があり、個人的にとっても気に入った。

それだけにデザイン命という方向性だけでは、もったいない。

spec/230JM

○全長×全幅×全高：4800×1765×1475mm○ホイールベース：2775mm○車両重量：1480kg○総排気量：2349cc○エンジン型式：V6DOHC○パワー/トルク：173ps/22.9kg-m○サスペンション(F/R)：ストラット/マルチリンク○ブレーキ(F/R)：ベンチレーテッドディスク/ディスク

●現行型登場年月：
03年2月(デビュー)／05年12月(MC)
●次期型モデルチェンジ予想：
08年2月
●取り扱いディーラー：
全店

grade & price

230JK	¥2,415,000
230JK Mコレクション	¥2,604,000
250JK FOUR	¥2,624,000
230JM	¥2,762,000
250JM FOUR	¥2,972,000
350JM	¥3,528,000

プロフィール▼ セフィーロの後継にあたるFF／Lサイズセダン。流麗なスタイルとモダンリビング・インテリアをコンセプトに掲げて登場したのは、2003年のことだが、その後、幾たびかのマイナーチェンジを受け、質感の向上やアクティブAFSなどの安全装備の充実を図っている。また200万円台中心と、低価格にも注目だ。

メカニズム▼ エンジンはFFがV6の2・3ℓと3・5ℓの2タイプを用意し、ミッションは前者が4速AT、後者が6速マニュアルモード付きのCVTとなる。また4WDについては直4の2・5ℓのみで、4速ATが組み合わされる。

走り／乗り心地▼ FFベースながら、サルーンテイストを強調した味付けとなっているのが特徴だが、3・5ℓモデルに関しては重厚なトルクを生かして、スポーティなテイストをプラスしている。ただしハンドリングなどはキビキビした感じではないので、あくまでも実用サルーンとして捉えた方がいいだろう。クッションの利いたシートは気持ちよく、表革の風合いもいい。モダンリビングについても嫌らしさはまったくなく、落ち着いた空間を演出しているのはさすがだ。

使い勝手▼ 価格も安く、お買い得度はかなり高い。個人タクシーに多く使われているというのが、その実力をよく表しているといっていいだろう。

こんな人にオススメ 長時間、足を下ろしているとだるくなってくるんだよね。ティアナは助手席の前にオットマン（足置き台）がビルトインされている。それを引き出して足をのせるととても快適だ（もちろん助手席の人）。奥さまは必ず喜ぶはず。奥さま思いの人、あるいは恐妻家の人に最適（僕は後者）。家具売り場を見て歩いたりするのが好きな人にも（じつは僕もそう）。

マークX【トヨタ】

性能と安全を重視するなら一番

ユーザーの声を代表しているという点では、マークⅡはまったく非の打ち所がない。

　１９６８年に初代が出て36年の歴史があった。爆発的にヒットしたのは90年前後で、その頃は月販2万台、3万台という数字で売れに売れていた。ところが、今はセダン市場が縮小化傾向にあり、マークⅡユーザーの平均年齢はなんと58歳。ユーザーはモデルチェンジのたびに乗り継いでいくが、新規ユーザーの参入がない。市場調査してみて、おとなしくて無難でオジさんぽいというイメージを持たれていることがわかった。このままでは存在し得なくなってしまう。それで２００４年、リセットを狙って車名をマークXに変えることにした。イメージチェンジして若い世代に振り向いてもらいたい、というわけだ。

　ターゲットは団塊の世代とポスト団塊の世代。つまり40代から50代後半である。伝統の名前を捨てるのだからよほどの変化があるはずだ。それは乗り出してみるとすぐにわかる。足が硬くなり、コツコツした欧州車風の乗り味になった。

　かつてクラウンにしろマークⅡにしろ、トヨタの作るセダンは足がフワフワしてとにかくコンフォート志向だった。スピードを上げていって60km/h以上のコーナリングで車体がふらつき始めたが、マークXにはそういうところはない。

　試しにスパッと鋭くステアリングを切ってみる。以前は外側にクタッとロールして前輪がつぶれてアンダーステアが強く出て、極端にいえばしばらくしてから向きが変わり始める感じだった。今度のマークXはスタビライザーとバネが強化されたので、そんなにロールしなくなった。ステアリングを切るとすぐにスッと前輪の向きに追従して車体がインを向く。それでいてリアの腰砕け感もなく、とくにフラットな路面であれば後輪の接地性もいい。軽快な回頭性を獲得しながらリアのグリップの安定性も得た。車体の姿勢安定性がよくなって、山道でも高速道路でもふらふらしなくなったのはよかった。

　開発者に聞いたら、目標としたのはＢＭＷ先代５３０だそうだ。えっ、そうなの!?　普及車であれば現状で満足だが、先代５３０が目標となると、まだまだ改善の余地はある。

　たとえば限界まで追い込んだとき、マークXは、一気にテールを振り出す傾向にある。まあ、そのあとでスピン防止装置が働くから危険ではないのだが。また平滑な路面ではリアの粘りがいいのだが、路面がうねっていたりするところでは、グリップを比較的簡単に失いやすい。この点はＢＭＷ５とはまったく違う。

　と、ここまで書いたところで、僕の頭の中で鐘がカンと鳴った。マークXのユーザーでそんな走りをする人はいないだろう。そう言われてしまえば文句のつけようはない。

　次のお題。ステアリング・フィールが良質とはいえない。クラウンと同じ電動パワーステアリングを採用する。操舵力は軽いのだが、どうもピタッとしたフィーリングがない。中立付近で無理に重さをつけてあり、切り始めると急に手応えが消えてしまう。とくに山道などで右左とコーナーを抜けていくときには、もっとしっかりした手応えがほしい。

しかし、ここでまた鐘がカンと鳴る。まっすぐ走るのならフィーリングなんてどうでもよいではないか。

レガシィやＢＭＷは油圧パワーステアリングにこだわっている。ステアフィールは、プレミアムスポーツにとって重要な要素だと彼らは考え、僕もそのとおりだと思っている。そういうこだわりはマークXにはない。

次の話題、振動と音。

運転席ではそれほど気にならないが、後席に乗ったときの振動や音がかなり大きめだ。これに関して言うならば、同じプラットフォームを採用するのにクラウンはずっと静かだ。

この事情はマークXがトランクスルーを採用するからだ。トランクスルーにすると、ボディ剛性の面で不利となる。クラウンには後席に重要人物が乗る機会が多いのでトランクスルー機構はない。マークXの場合はせいぜい子どもが乗る程度。と、見限っているのだ。

先述したように限界領域で一気に滑り出す理由のひとつも、このボディ剛性の緩さのせいもある。マークXは見かけや乗り心地は欧州車風となった。けれども、運動性や上質な走り、そして振動や音対策の徹底的な追求よりも、トランクスルーで席がフルフラットになった方が大事だと考えている車なのである。

乗り心地に関しても、フラットな路面ではよいのだが、荒れた道を飛ばすとゴツゴツ振動がシートを通して身体に、そしてステアリングを通して手に伝わってくる。もともとのステアフィールと加えてＢＭＷのような高級な味わいは感じられない。

昔のＢＭＷは、操縦安定性を重視して足を固めていたので、低速では乗り心地が硬かった。操安性を保った上で乗り心地が柔らかくできるセッティングを見つけようとしてきて、最近になってようやくそれができるようになった。

一方、マークⅡは、操縦安定性を犠牲にしても低速域の乗り心地を重視してきた。飛ばさなければ柔らかい足の欠点は出にくい。ところが、今回、急に操安性を高めようと足を固めたものだから、乗り心地がそのまま落ちてしまった。操縦安定性と乗り心地のバランスをコツコツ研究してきたドイツ車との差があらわになってしまった印象を拭えない。

残念ながら、ＢＭＷ５３０の領域までは到達できていない。

まあ、それでもどうせ日本の高速道路の最高速度は１００km/hで一般道は通常50km/hなのだから、高速操縦安定性なんて関係ない。ましてほとんどの道路は舗装されている。そう考えるユーザーはたくさんいるだろう。そういう人にとってマークXは文句がないレベルに仕上がっているといえるだろう。何しろこの値段の安さでこの高性能スペックなのだから。

結局は、そのクルマがいいかどうかは、僕が指摘した事柄をユーザーが気にするかどうかにかかっている。気にならない人も多いと思う。実際に多くのユーザーは上質な乗り味などをそれほど求めない。そんなふうに作り手が考えているように感じられる。マークXは、名前と足の硬さを変えてイメージチェンジには成功したが、クルマ作りの思想は変わっていない印象だ。でもそれでは、名前を変えて目新しさがあるうちはよくても、次第にまた元のイメージに戻ってしまうだろう。ユーザーにぴったりのクルマを作るか、2ステップくらい上のクルマ作りを目指すかの違いなのだ。

でも、何度も言うが、スペックと価格を最重要視する人から見れば、すごくよいクルマだ。

spec/250G

○全長×全幅×全高：4730×1775×1435mm○ホイールベース：2850mm○車両重量：1510kg○総排気量：2499cc○エンジン型式：V6DOHC○パワー／トルク：215ps/26.5kg-m○サスペンション(F/R)：ダブルウィッシュボーン／マルチリンク○ブレーキ(F/R)：ベンチレーテッドディスク／ディスク

●現行型登場年月：
04年11月(デビュー)／06年10月(MC)
●次期型モデルチェンジ予想：
09年11月
●取り扱いディーラー：
トヨペット店

grade & price

250G Fパッケージ	¥2,478,000
250G Four Fパッケージ	¥2,793,000
250G	¥2,751,000
250G Four	¥3,066,000
250G Sパッケージ	¥2,972,000
250G Lパッケージ	¥3,098,000
250G Four Lパッケージ	¥3,413,000
300G	¥3,203,000
300G Sパッケージ	¥3,486,000
300G プレミアム	¥3,623,000

プロフィール▼ マークⅡの後継車として登場したのだが、その車名は21世紀への期待感と、ちょうど10代目を迎えることからローマ数字でXが10を表すことからつけられた。スタイル的にも今までの保守的なものから、面を強調した流麗なものへと変貌を遂げている。

メカニズム▼ エンジンはそれまでの直6からV6へと変更され、排気量は2・5ℓと3ℓのふたつを用意。ミッションは6AT（4WDは5AT）が組み合わされ、滑らかで静粛性に優れた味付けとなっている。さらにスポーティグレードのSパッケージも用意され、18インチホイールや専用サスなども備わる。

走り／乗り心地▼ サスペンションは懐が深く、さらにFRということもあり、高級感溢れる走りが堪能できる。クラウンとシャーシを共有しているものの、しっかり感に欠ける面もある。ミッションについてはマニュアルモードも付いているので、その気になれば積極的にキビキビとした走りを楽しめる。

使い勝手▼ トヨタ伝統のアッパーミドルサルーンだけに、セダンとしての使い勝手は上々だ。後席も広く大人4人がゆったりとくつろぐことができるだろう。また車内の質感という点では、派手ではないがしっかりと演出がなされており、トヨタらしい万人向けの味付けがされている。ただしトランク容量はマークⅡよりも少なく、475ℓから437ℓとなっている。

こんな人にオススメ

安さとスペックを重視する人に。トランクの上にフタを被せたようなデザインは、新型BMW5や7シリーズに似ていて恥ずかしい。僕だったら社外品のリアスポイラーを装着するなどして隠したい。注目はSパッケージに含まれる9段階に変化する可変ダンパーだ。操縦安定性とともに乗り心地もよくなる。値段は張るが全車標準としたらいいのではないかと思ったくらいによかった。

レクサスＩＳ【トヨタ】

走りの実感がないのが難点

レクサスのなかで、一番コンパクトな車種がＩＳ。というよりもＢＭＷ3シリーズとの対抗を意識した方が、立ち位置を把握しやすいだろう。世界中で3シリーズは売れている。ＦＲでちょっと小ぶりでスポーティな高級セダン。ああいう車をトヨタが作ったら売れるだろうな。そんなトヨタの気持ちを代弁するかのように、ＩＳが発売された当初は自動車専門誌で「3シリーズとＩＳ」という企画が山盛りだった。しかし、実際にステアリングを握ってみて両者の間に大きな違いを僕は見た。それは――。

レクサス・マスツという基準がある。ロードノイズ、静粛性、アイドル振動、風切り音などのＮＶ性能や、アクセルオンの際のショックの軽減などのドライバビリティ項目において、これだけの要素はＯＫを取れよ、という社内要求項目だ。

実際にＩＳはそうした要素が高いレベルに仕上がっている。とても静かでステアリングに伝わってくる雑な振動も少なくて、高出力のわりに燃費もいい。ドアは金庫のようにバコンッと閉まるし、内装の品質も高く、高級車として上々の仕上がりだ。巷で聞こえてくる「アルテッツァの後継でマークＸと同じプラットフォーム。違うのはバッジだけ」なんて悪口雑音に耳を貸す必要はない。乗った印象はマークＸとまったく違う。欧州プレミアム車に対しても、品質面では上回っている面が多いと感じた。

ところがその一方で、ＩＳの走りの本質は何なのかが見えてこない。さらに、僕はＩＳに乗って「レクサス・マスツとスポーツ」を融合させる難しさをつくづく感じた。少し説明しよう。

レクサス・マスツはＮＶ性を削減することが絶対条件で、それがウリだ。しかしそれをこそぎ落とす過程で、スポーツドライビングに大切な、ＢＭＷやメルセデスにあるような、路面からのインフォメーションや手応え感が消えてしまった面が見受けられる。本来は「有効なものはこれ、不要なものはこれ」とひとつずつ選別すべきだし、ライバルは長い年月をかけてそうした努力を続けてきた。しかしレクサスは（レクサス全種に言えることだが）片っ端から消してしまった印象が強い。運転していて手応え感が薄く、テレビゲーム感覚というか、雲の上を走っているような感じがするのである。

また、レクサスはトヨタの方針にならって、スピン防止装置を運転者が切れないようになっている。ＢＭＷやメルセデスだったら、ハンドルだけでなくアクセルオンで積極的に曲げる運転ができるのに、レクサスにはその余地がない。たとえばサーキットのような安全な場所であっても、スピン防止装置が切れなければスポーツライクな走りを楽しめない。これがマークＸであれば「そんな走りを楽しむオーナーはいませんよ」で済むだろうが、欧州プレミアムセダンを好むオーナーが、そんな走りをするかしないかは別として、「そんな走りができない」クルマに心惹かれるかどうかはなはだ疑問ではある。

レクサスの進む先が単なる移動手段の快適なカーゴルームなのだとしたらこの方向でよいだろうが、スポーツ車として存在しようとするなら、オーナーの自尊心を満足させることも必要だろう。

そもそもスポーティって何だと思ったとき、馬力の強いエンジンを積んで足を引き締めて太いタイヤを履かせ、限界が高くて速く走れるという方向も確かにある。しかし、ライバルと目されるBMW3シリーズは明らかにそちらのスポーティではない。運転手の意のままになることを重視し、逆にいえば車の方がドライバーを楽しませてあげようという意志さえ感じさせられる。

ISにはそんな「有機的」なスポーツ性はない。あまりにもNVHをとりすぎてしまって、ステアリングを通して路面からの接地状態とか、ハンドルを切ってグリップした状態とか、そういうインフォメーションが消えてしまったからだ。

ISがイメージした走りが見えてこないので、もっと消化するためにチーフエンジニア氏に訊いてみた。

――ISはレクサスの廉価版ではありませんよね？

「違いますね」

――だとするなら、GSになくてISにあるものは何でしょう？

「やっぱりスポーツですね」

――ですよね。でも、ひと口にスポーツと言っても、BMWのような走る悦びや、メルセデスの操安絶対重視思想から生まれる安心感など、さまざまな『スポーツ』の定義が考えられます。ISのスポーツとは何でしょう？

「それは限界が高くて安心できること。破綻しないことですかね」

つまり、開発者はISにスポーツをどう演出すればよいかということを考え、コーナリング限界を高めるという方向で答えを出した。そのために足を固めて高性能タイヤと合わせた。しかしそれによりロールが減り車の挙動がさらにわかりにくくなった面は否めない。比較すると、BMWやメルセデスの方がプレミアム車らしい乗り心地だ。

実際に、その足はトヨタ車としては異例に硬く、市街地ではごつごつしている。フラットな路面では快適だが、うねっていたりギャップがある路面では、車が跳ねてしまいスムーズにコーナーに進入できない面がある。路面状況に対してのオールマイティさに欠ける点は否めない。

もう少し足を柔らかくすれば乗り心地は上がる。現にそれはトヨタ車がやってきた手法である。しかしそうしてしまうと、「高級車」としてはよいが、「スポーツ」の面が薄れてしまう。レクサス・マスツの拘束があるISには、BMWのように「インフォメーション」や「走る悦び」を前面に出すことができない。足を固めて限界を高めるしかなかったのだ。

ISから「スポーツ」を外してしまって、「小さな高級車」とするなら、事は簡単だ。でもそうなると、GSの方が上位に行ってしまう。サイズが小さいうえに「スポーツ」という要素を強く表現することを求められているISの開発者は、レクサスのなかで一番きつい立場にあると思う。「スポーツとレクサス・マスツの融合」という、ある面では真っ向から相反する要素や、それまでトヨタ車では深く突き詰める必要がなかった「操縦安定性と乗り心地とスポーツの融合」という新たな難題を突きつけられているのだから。

FRでちょっと小ぶりでスポーティな高級セダン。僕自身、とても魅力を感じているコンセプトだし、今まで日本車には存在し得なかった、それだけ難しいカテゴリーだ。そこにあえて参入しようとするチャレンジングな開発者の思いには大いに共感する。販売面では今ひとつのようだが、ぜひ難題を乗り越えて、新たな名車を創造してほしい。

spec/IS250バージョンL

○全長×全幅×全高：4575×1795×1430mm○ホイールベース：2730mm○車両重量：1580kg○総排気量：2499cc○エンジン型式：V6DOHC○パワー/トルク：215ps/26.5kg-m○サスペンション(F/R)：ダブルウィッシュボーン/マルチリンク○ブレーキ(F/R)：ベンチレーテッドディスク/ディスク

●現行型登場年月：
05年9月(デビュー)／06年7月(MC)
●次期型モデルチェンジ予想：
10年9月
●取り扱いディーラー：
レクサス店

grade & price

IS250	¥3,900,000
IS250 AWD	¥4,250,000
IS250バージョンS	¥4,050,000
IS250バージョンI	¥4,150,000
IS250バージョンI AWD	¥4,500,000
IS250バージョンL	¥4,350,000
IS250バージョンL AWD	¥4,700,000
IS350	¥4,800,000
IS350バージョンS	¥4,950,000
IS350バージョンI	¥5,050,000
IS350バージョンL	¥5,250,000

プロフィール▼ 海外でアルテッツァがISの名で売られていたことから、後継車として位置づけられる。確かにレクサス全体の中で、コンパクトでスポーティなイメージでまとめられてはいるが、コンセプトはまったくの別物として考えた方がいい。ちなみに欧州でのライバルはBMW3シリーズやメルセデスCクラスなどとなる。本革仕様のバージョンLとスポーティなバージョンSなど、パッケージも豊富である。

メカニズム▼ クラウンのシャーシを使用し、エンジンはV6の2・5ℓと3・5ℓ。さらに6ATと、基本部分はGSと同じである。さらに3・5ℓモデルについては、VDIMが装備され、挙動の安定を高いレベルかつごく自然に行なう。

走り／乗り心地▼ 剛性感の高いボディと滑らかなエンジン。さらにしっかりとした足周りなど、サルーンテイストをキープしつつも、スポーティな走りが楽しめる。基本的には高級車の味付けといっていい。もちろん静粛性は高く、振動もほとんどなし。レクサスらしさは十分に表現されている。

使い勝手▼ セダンとしての使い勝手は問題なし。レクサスのなかではコンパクトとは言え、室内は広く後席でもゆったりと座ることができる。ただしトランク容量は少なめで、張り出しも気になるところ。ヒンジをインナータイプにするなどして、収納力を高めてはいる。

こんな人にオススメ

乗り心地と操縦安定性とレクサス・マスツの全部取りは難しい状態。レクサスの一番下ではなく、一番スポーティを打ち出したい作り手の思いは伝わるが、現状ではやる気が空回り。バージョンSの足は硬すぎ。とくにリアはもっと柔らかくした方がよかった。スポーツ＝硬いからよいと思っている昔のドイツ車党にはよいが……。おすすめはいくぶん柔らかめのベースモデル・バージョンLの足だ。

フーガ【日産】

スポーティ&大人の不良《ワル》

日産の代表的高級車セドリック／グロリアが消滅した。そこを補うのがフーガだが、日産の公式発表によると、後継車ではなく新製品だそうだ。かつて利幅が大きくドル箱だった高級セダン市場は、現在、欧州プレミアム車に押されて沈滞状態にある。新技術を提案し、新製品であることをアピールしなければ先がない。そういう考えから改名となった。

ではフーガがくり出す新しい価値とは何なのか。

まず重視したのは外見の雰囲気だ。吊り目のヘッドランプは獰猛な恐竜みたいだし、テールランプのＬＥＤは怪しいネオンのようだ。そして国産初の19インチタイヤ（！）がメーカー装備となる。

走りはもはやふかふかの旦那仕様ではなく、アウトローな速度で飛ばすときにも耐えられる足。セドリックやクラウンよりもスポーティな味付けとなる。狙ったイメージは、メルセデスのノーマルではなく、ＡＭＧやローリンザーのようなスポーティ&大人の不良《ワル》なのだ。

もうひとつの特徴は背が高いことだ。クラウンが全高１４７０㎜。フーガは１５１０㎜。僕の事務所のマンションにフーガがある。遠めに見ると気づかないけど、間近で他のセダンと比較すると屋根の高さに圧倒される。

コンパクトカーやミニバンは背高が主流で、ユーザーは広大な居住空間を重視するようになってきた。室内が狭く感じては勝負できない。でも狭い道路事情を考えると、そんなに大きくはできない。そんな考えに基づき、面積はそのままで上に伸ばして室内容積を広くした。セダンが売れない日本市場への苦肉の策でもある。

注目すべき新技術は、新開発のデュアルフローパス・ダンパーだ。今まで高価な電子制御デバイスでなくては対処できなかった乗り心地と操縦安定性の二律背反を、ダンパーの性質でバランスをとろうとする。それ以外にも、リアアクティブステア、リバウンドスプリング、リップルコントロールなど、日産が注力する新技術がすべて使われている。

その効果は平滑な路面でよく感じられる。超扁平19インチタイヤ装着でも路面からのあたりが柔らかく快適だ。しかし、荒れた路面やカーブをさまざまな速度域で走ってみると、ダンピングが遅かったり、急に硬くなったりすることがあった。またスピン防止装置の介入も大きかった。路面状況に対してのオールマイティさにおいて、欧州プレミアム車のレベルにまだもう少しの開きがある。新技術導入により制御の項目が増えて、技術者はそれをまとめるのに大変な苦労を重ねているのだろう。今後はテストコースだけではなく、リアルワールドでの徹底的なテストが望まれる。

とは言え、今まで装備やスペックには注力するが、目に見えないところ、とくに走りに関しては「普及車並みでいいだろう」という思想だった日本の高級車が、本気で乗り心地と操縦安定性のバランスに目を向け、それなりの効果を上げ出していることは、大いに評価すべきである。

Ｖ６に加えてＶ８エンジンも追加された。原油価格高騰でＶ８市場には逆風が吹くのかと思えばそうでもない。金持ちは燃料代が高くたってどうということないようだ。注目のＶ８モデルだが、高重量を支えるため硬いバネを入れてパワステのアシスト量も増やした。それで高級車として大切なステアリングの感触があいまいになった。Ｖ６の方がいいと思う。

spec/350GT

○全長×全幅×全高：4840×1795×1510mm○ホイールベース：2900mm○車両重量：1660kg○総排気量：3498cc○エンジン型式：V6DOHC○パワー/トルク：280ps/37.0kg-m○サスペンション(F/R)：ダブルウィッシュボーン/マルチリンク○ブレーキ(F/R)：ベンチレーテッドディスク/ベンチレーテッドディスク

●現行型登場年月：
04年10月(デビュー)／06年5月(MC)
●次期型モデルチェンジ予想：
09年10月
●取り扱いディーラー：
全店

grade & price

250XV	¥3,549,000
250XV VIP	¥3,875,000
250GT	¥3,791,000
350XV	¥4,305,000
350XV FOUR	¥4,074,000
350XV VIP	¥5,040,000
350GT	¥4,305,000
350GT FOUR	¥4,316,000
350GTスポーツパッケージ	¥4,515,000
450GT	¥5,544,000
450GTスポーツパッケージ	¥5,670,000

プロフィール▼ セドリック／グロリアの後継というポジションに登場した、アッパーミドルクラスサルーンだ。サルーンらしい重厚感のあるスタイルとスポーティな味付けが特徴である。車名のフーガとは音楽用語のフーガと、日本語の風雅を掛けて名づけられた。しかし当初はフウガだったのが、カッコいいという理由でフーガとなった経緯。

メカニズム▼ エンジンをフロントミッドシップに搭載し、53対47という理想的な重量配分を実現。エンジンラインアップは、2・5ℓもしくは3・5ℓのV6で、5速ATが組み合わされる。このATは、運転の状況に合わせて最適ギアを自動選択してくれるアダプティブシフトコントロールと、マニュアルモードでシフトダウンした際に、回転を合わせてくれるシンクロレブコントロールを備えた優れものだ。

走り／乗り心地▼ セダンのなかでもとくにシャープなハンドリングが目を引く。ボディサイズよりも小さなクルマを操っているかのような切れのよさがある。乗り心地に関しても、17インチはもとより、19インチモデルに関してもガチガチにはならず、きちんと履きこなしている印象だ。

使い勝手▼ インテリアの質感は高く、サルーンとしての居住性は満足のいくものだ。またドッシリとしたスタイルどおりにトランクも広く、積載性は十分確保できている。

こんな人にオススメ

背高化によって広大な頭上空間を得た。クラウンが全高1470㎜。フーガは1510㎜。でも、アメリカ人でV8モデルを求めるようなユーザーは、アストンマーチンのような低くて幅広いカタチが格好いいと感じる。僕もそう感じる。購入を考えるときは、室内容積の広さに感心するだけでなく、背高セダンという新しいカタチを格好よく思えるかどうかがチェックポイントだろう。

レクサスGS【トヨタ】

クラウンを批判!?

レクサスの思いはおもてなし。同じようなことを言っているクルマがいた。そうだクラウンだ。ではレクサスとクラウンは何が違うのだろう。クラウンにさらに金をかけたのがレクサスなのか、というとそうではない。

実際に乗ってみると、レクサスＧＳの作り手がクラウンを批判するところから入ろうとしていることがわかる。クラウンの持つ上質と、レクサスの上質は違うのだと言わんばかりに。

ドアを開けた瞬間に、「わ、豪華だな」と思うのはクラウンの方だ。これ見よがしの豪華な内装。スイッチがたくさんちりばめられている。レクサスＧＳはもっと地味。よく見れば上等な革を使って縫製もよいのだが、デザインはもっとシンプルだ。クラウンと上質の度合いを変えようとしている。クラウンは言ってみれば、畳の上にカーペットを敷いて黒の革の応接セット、天井にはシャンデリア。一方、そういう高級さはかっこ悪いだろうというのがレクサスの考え方。都会的センスの帰国子女が、田舎の名士を見下す構図だ。

走りに関してもレクサスはクラウンを否定する。レクサスもクラウンもどちらも乗り心地重視なのだが、その乗り心地の概念が違っている。

クラウンは路面からの突き上げや細かい振動が伝わってこない柔らかさを大切にする。スピードを上げると車体がふわふわしてくるが、クラウンのユーザーは礼儀正しき人ばかりでそんなに飛ばさないから、それは問題にならない。そんな主張が走りにある。

レクサスは、姿勢が安定していて車体がふわふわ揺れないことが乗り心地のよさだと考える。さらに姿勢安定性が高ければ、スピードを上げても結果的に操縦安定性が保たれるという副次効果もある。つまりクルマを揺らさないことがエライ。だから市街地での低速走行では、クラウンよりも乗り心地が硬い。クラウンとは反対の方向だ。

姿勢安定性を高めるためには、通常は足周りを強化する手法が取られる。するとどうしてもごつごつした乗り心地になってしまう。それを避けようとすれば、車体はぐらぐら。あちらを立てればこちらが立たず。この二律背反をどう解消するかが、今も昔もクルマを作る者のテーマである。

このテーマに対して、欧州プレミアム車は足周りやボディ強化など基本的な技術を進化させ、いわばアナログ的な手法で対処する歴史を歩んできた。ところが、歴史の浅いレクサスが同じ道を辿っても追いつけない。そこで一発逆転を狙って、ハイテク装備で実現しようとしてきた。レクサスＧＳ４３０（Ｖ８エンジン搭載）と４５０ｈ（Ｖ８＋ハイブリッド）には、数々のハイテク武装が導入されることとなった。

最初はハイテク武装の少ないＶ６モデル、ＧＳ３５０に乗ってみた。路面からの突き上げのないまろやかな乗り心地で、それでいてクラウンよりもダンピングが利いていて姿勢安定性がよい。これは減衰力を安定させられるモノチューブダンパーを使った効果もある。低ＮＶ性が実現され、こと静かさに関しては世界のトップレベルと言えよう。Ｖ６＋６速ＡＴによる加速には、たとえばＢＭＷのような力強さや躍動感といったキャラクター性は感じられないが、高回転までスムーズに吹き上がる機械としての気持ちよさはある。ゆっくりしたペースで走ったときはとくにネガティブな点はない。

ところが山道を走ってみると、低速重視の足周りのセッティングが柔らかすぎて、コーナーではロールが大きくアンダーステアも強く出た。攻めた走りをすると、欧州プレミアム軍団に見劣りして見えた。

では、注目のＧＳ４３０はどうだろう。大きくて重いＶ８エンジンを搭載するので、車体の姿勢安定面は３５０よりも物理的に不利なのだが、実際の走りはよかった。クルマが揺れる要素として前後方向のピッチング、カーブに差しかかったときに外側の車体が沈み込むローリング、これを極力排除しようというのがＧＳ４３０の考えだ。これに貢献するのが数々のハイテク装備である。

具体的にはまずは減衰力制御サスペンションでクルマの姿勢を水平に保つ。さらにアクティブステアリングの効果で、ハンドルを切ったドライバーの意志を関知して、さらにタイヤの切り角を増す。そんなことして大丈夫かと思う人もいるだろうが、実際には大丈夫だった。コーナーでロールが少ないのは、アクティブスタビライザーの効果もある。コーナーに入ったことを感知すると、コンピュータが車体を水平に保ってロールを抑えようとするのだ。この働きでターンイン時のアンダーステアが減る。制御を弱めにしているので、これもハイテクデバイスにありがちな違和感がなかった。でも、それだったらもとからスタビライザーを太くすれば50kgの軽量化もできたのにと思ってしまう面もあるのだが……。４３０に30万円プラスのオプション設定、４５０ｈにレスオプションの設定。攻めた走りをしない限り必要性を感じないが、Ｖ８を購入するようなユーザーは、「オプションは全部付けてくれ」と注文するのだろう。

総体的には、姿勢安定性と乗り心地のバランスがとれていて違和感もなくよくできた印象だ。

ペースを上げると、その走りに独自の世界が見えてくる。それはスピード感がないことだ。１００㎞／ｈくらいかなと思ったら１４０㎞／ｈという感じなのだ。静かだからということはもちろんあるが、車体の揺れが少ないからということもある。さらに路面からのインフォメーションがハイテクデバイスで途絶えてしまっているせいもある。

これは、よい面とそうでない面の両面がある。運転していてストレスがないのはよい面だ。運転に有用な情報が途絶えてしまうのはよくない面だ。

ドライバーはクルマがピッチングし、ロールすることによって車体がどういう状況になっているかがわかる。ハンドルを切るタイミング、ブレーキを踏むタイミング、アクセルを踏むタイミング。すべての操作はクルマからの情報を元にドライバーが判断を下す。しかしGSは肌で感じられるインフォメーションが乏しく目で見た情報だけから「よし、ここで切ろう」と図る運転となるからタイミングが取りにくい。ワインディングで限界走行を試してみたとき、そうしたハイテク制御がばらばらでつじつまが合わなくなって不自然に感じるときもあった。

トヨタはレクサスGSはプレミアム・スポーツであると説明するが、もし「スポーツ」に重きを置いたモデルだとしたら、インフォメーションの乏しさゆえ残念ながら欧州車の走りのレベルに到達していない。ただし「プレミアムな乗り心地」に重きを置くモデルとしてなら、その点ではすでに世界のトップレベルと言えよう。その乗り味にレクサス独特の世界がある。

ユーザーがどの速度域で走るか、どんな運転をするか、クルマにどんな価値を見出すかによって評価が大きく分かれるクルマだ。

spec/GS350

○全長×全幅×全高：4830×1820×1425mm○ホイールベース：2850mm○車両重量：1640kg○総排気量：3456cc○エンジン型式：V6DOHC○パワー/トルク：315ps/38.4kg-m○サスペンション(F/R)：ダブルウィッシュボーン/マルチリンク○ブレーキ(F/R)：ベンチレーテッドディスク/ベンチレーテッドディスク

●現行型登場年月：
05年7月(デビュー)／06年7月(MC)
●次期型モデルチェンジ予想：
10年7月
●取り扱いディーラー：
レクサス店

grade & price

GS350	¥5,220,000
GS350 AWD	¥5,620,000
GS430	¥6,320,000
GS450h	¥6,820,000
GS450hバージョンL	¥7,720,000

プロフィール▼ アリストの後継車で、レクサスの日本上陸に合わせて登場したスポーツサルーンというのがその位置づけ。もちろん欧米での販売も視野に入れているだけに、ライバルはメルセデスEクラスやBMW5シリーズとなっている。

メカニズム▼ ハイテク装備を豊富に取り入れており、とくに上級のGS430には可変ギア比ステアリング付きのVDIMやサスペンションの硬さを自在に調整するAVS、アクティブスタビライザーなどが用意される。またエンジンは315psを発生する3・5ℓV6に加え、セルシオ譲りの4・3ℓも用意され、こちらは280psを発揮するモンスターぶりに注目だ。ミッションはすべて6速ATとの組み合わせとなる。

走り/乗り心地▼ 気になるのはGS430だが、ウルトラスムーズな吹け上がりと、しっとりと懐の深いサスペンションでレベルの高い走りが楽しめる。一方のGS350でも十分なパワーがあり、不満は出ないだろう。ただし装備面ではGS350には装着されていないものが結構多いので要注意だ。

使い勝手▼ ベースとなったクラウンよりも確実に広く、とにかく余裕たっぷりのスペースはまさにおもてなしの空間。ラゲッジも大人4人分のゴルフバッグが問題なく収まってしまうほどの実力の持ち主。ただし車自体の取り回しという点では、少々気を使うこともあるだろう。

こんな人にオススメ

GSの世界観を理解するには、GS350ではなくて、ハイテク装備が充実した430か450hに乗るべき。山道を飛ばしたり法外な速度を出したりしない人ならば、欧州プレミアム車に対してマイナス面が見えてこず、良い点ばかりが見えるはずだ。スポーツよりもプレミアム性や安楽快適性を重視する人に。ただし、いつもゆっくり走る人にはGSよりもクラウンの方がおすすめ。

クラウン【トヨタ】

独自の道を進んでほしい

クラウンは日本人の嗜好に合った日本人のための車として存在してきた。お客様は何を望んでいるか。それにきっちりと応える高級旅館の仲居さんを目指してきた。押し出し感のある巨大なフロントグリル。中央には王冠のマーク。全体に厚みがあって立派に見えるフォルム。ユーザーターゲットは「旦那」。これでもかとエバリの利く雰囲気作りを演出してきた。

しかし、かつて「いつかはクラウン」と呼ばれた（呼んだ）クラウンが、いつの頃からかゴールではなくなった。そこで「ゼロクラウン」を新キャッチフレーズに新たなスタートを切ることにした。

端的に言えば、戦後はキャディラックが目標だったが、今度からはドイツ車を目標に変えた。あの低速でひたすら柔らかかった乗り味ではなくなった。以前と違って、スピードを上げていっても車体がふわふわしなくなった。姿勢安定性が上がって、高速域では乗り心地がかえってよく感じる。これはモノチューブダンパーを採用したことで、とめどなく頼りなかったぶよぶよした動きを抑えたからだ。

とは言え、今まで乗り心地だけを気にしていればよかったクラウンが、そう簡単に操縦安定性と乗り心地のバランスを高められるわけはない。たとえばスピードを上げて山道を走ったとき、大きな凹凸では足が突っ張って吸収しきれない面があるし、足が柔軟にストロークせず、乗員が強く揺すぶられたり、急にグリップが減ってハンドルに追従してこないこともある。こういうところはまだメルセデスEクラスのオールマイティ度に及んでいない。メルセデスがひざを大きく屈伸させて凸凹を吸収しているのに対して、クラウンは足腰を鍛えずにクッションの大きいエア入りの高性能スニーカーを履いているようだ。

ただしクラウン側にも理屈はある。そういう場面ではクラウン流の早効きスピン防止装置が働き（トヨタの場合はカットオフ装置はない）、その手前でスピードを抑えるから問題ない。そもそもクラウンのユーザーがそんな走りはきっとしないから問題ない、と開発者は考えている。

しかし、テストコースのような平滑路面や小さな突起の吸収は良いが、大きなギャップは苦手。足が突っ張った印象だ。クラウン・アスリートという足周りを強化したモデルだとその兆候がもっと強くなる。ドイツ車を目標とするなら、今後の課題は荒れた路面での乗り心地とオールマイティな操縦安定性のバランスを高めていくことだ。

と、ここまで書いたところで、でも、そもそもクラウンはそういう欧州プレミアムを目指す方向で本当によいのだろうか、と考えさせられることがあった。ある土曜日の深夜、こんなことがあったのだ。

新宿で知人と食事をした帰りにタクシーに乗ろうとしたら、列の後方に先代クラウン・ロイヤルサルーンの個人タクシーが並んでいた。連れが「どうせならロイヤルGにしましょう」と言って窓をたたいた。

僕が「みんなが並んでいるのに乗っちゃってよかったのかな」と言いながら乗り込んだら、運転手さんが「いいんです。そんなこともあると思ってこれにしてるんですから」と答えた。聞けば、奥さんに「そんな高い車は必要ないでしょう」と怒られたが、無理に買ったのだという。そんなタクシーに乗っても、みんなと同じ初乗り６６０円。すごく得した気分だ。

走り出した途端、僕らは改めてクラウンのよさを感じた。ほかのタクシーとは乗り心地や快適性がまったく違うのだ。まして先代だから路面からの突き上げや振動などが弱くて、足がふわーっと柔らかくって。都内を走っている限り山道はないし、運転手さんも車酔いするような無理なスピードを出さないし。都内において、先代クラウンに勝るタクシーは存在し得ないと確信した。酔っ払っていたので余計に幸せを感じられた。

本当にクラウンはドイツ車を目指すべきなのだろうか。日本独自の乗り味を極めればいいのではないか。そんな疑問が生じてきたのだ。

福島の親戚の家に行くと、そこには地方の名士の暮らしがある。畳のリビングには大きなプラズマテレビとステレオセット。椋《むく》のテーブルが中央にでんとある。そして愛車はクラウン・ロイヤルサルーンGだ。

親戚のおじさんはスピードは出さない。それなら柔らかい足でもそんなにふわふわしないので何の不満もない。この車に何の注文を付けるのだと自分に問うたら、「これでいいのかも」と思えてきた。

確かにアメリカ帰りの帰国子女レクサスから見れば英語を話せない田舎者に見えるかもしれない（レクサスGS参照）。しかし田舎には田舎の価値観と心地よい暮らしがある。

考えてみれば、世界広しといえども、クラウンほど値段の割に品質が高い車は見当たらない。日本には速度無制限の道路はないし、丘陵地帯のワインディングを１００km／h近い速度で飛ばすシチュエーションもない。乗り手によっては、メルセデスの操縦安定性の高さは宝の持ち腐れ。ドメスティックカーと呼ばれようと、そういう人に向けて作っていくのもひとつの生き方かもしれない。

今回、僕はゼロクラウンと長く過ごしてみた。ゼロクラウンは、その走りにドイツコンプレックスを感じたが、それ以外の内装デザインや外観などには、昔ながらのクラウンの価値観をどっぷりと引き継いでいた。

室内デザインに関しては、造形物を独立させて直線的に配置した部屋のような作りが世界のトレンドだが、クラウンにはそんなことは関係ない。乗り手を中心にインパネやダッシュボードやドアトリムをラウンドさせ、かしずくように取り巻く。てかてかと光った木目や木目調のパターン印刷を豪華と感じるか、演歌調と感じるかはユーザーの価値観によるものだ。

ゼロクラウンというキャッチコピーから想像するに、おそらく開発者の思いはもっと劇的に変えたかったのだろうが、変えられなかった。そんな気持ちが伝わってくるけれど、でも、それでよかったのだと思う。

クラウンには独自の世界観がある。それを貫き通すのも生き方だ。クラウンよ。もうこうなったらドイツ車の走りなど見向きもせず、日本男児の生きる道を邁進したらどうだろう。キャディラックも昔のふわふわのキャディラックではなく、今やドイツ車の足固めの方向に進んでいるが、それで成功しているとも思えない。周りの意見に耳を貸しすぎず、独自の日本限定車の方向で低速重視のふわふわもよいではないか。

押し出し感の強さ＝高級車と捉えるなら、クラウンは間違いなく日本一のコストパフォーマンスに優れた高級高品質車である。車に詳しくない人を乗せたとき、わっ、豪華！　と思われることが重要だと考えるユーザーもいる。クラウンを支持してきた層は今でもクラウンを愛している。そうであれば守り立ててくれたお客様の永遠の仲居さんとなって、生涯を共にまっとうする道を選ぶべきではないか。

spec/3.0ロイヤルサルーンG

○全長×全幅×全高：4840×1780×1470mm○ホイールベース：2850mm○車両重量：1610kg○総排気量：2994cc○エンジン型式：V6DOHC○パワー/トルク：256ps/32.0kg-m○サスペンション(F/R)：ダブルウィッシュボーン/マルチリンク○ブレーキ(F/R)：ベンチレーテッドディスク/ディスク

●現行型登場年月：
03年12月(FMC)／05年10月(MC)
●次期型モデルチェンジ予想：
08年12月
●取り扱いディーラー：
トヨタ店

grade & price

2.5ロイヤルエクストラ	¥3,370,500
2.5ロイヤルエクストラi-Four	¥3,705,500
2.5ロイヤルエクストラi-Four Qパッケージ	¥3,969,000
2.5ロイヤルサルーン	¥3,633,000
3.0ロイヤルサルーン	¥4,347,000
3.0ロイヤルサルーンi-Four	¥4,714,500
3.0ロイヤルサルーンi-Four Sパッケージ	¥3,811,500
3.0ロイヤルサルーンi-Four Uパッケージ	¥5,323,500
3.0ロイヤルサルーンG	¥5,019,000
2.5アスリート	¥3,717,000
2.5アスリートi-Four	¥4,000,500
2.5アスリートi-Four Gパッケージ	¥5,250,000
3.5アスリート	¥4,672,500
3.5アスリートGパッケージ	¥5,407,500

プロフィール▼ ゼロクラウンと銘打っているだけに、コンセプトも含めて従来からの保守的なイメージを一新して登場したのが12代目にあたる現行型だ。ラインアップ的にはコンフォート重視のロイヤルサルーン系と、先代から設定されたスポーティなアスリートの2つに分かれる。

メカニズム▼ すべてを新たに開発したといってもいいほどで、アルミを多用し軽量化に重点を置いたシャーシはもちろんのこと、V6エンジンまでも新開発となる。排気量は2・5ℓと3ℓとなるが、アスリートに関しては3ℓが廃止され、代わりにレクサスGSにも搭載されている3・5ℓとなり、より走りを強化している。またミッションはロイヤルサルーンの2・5ℓとアスリートの4WDが5速ATである以外は、すべて6速ATとなる。

走り/乗り心地▼ ウルトラスムーズな吹けと高い静粛性。さらにはゆったりとしたサスペンションなど、トヨタイズムの真骨頂といっていい。またアスリートについては硬めの足周りで、よりスタビリティは高められている。またアスリートだけの3・5ℓエンジンは、パワフルで爽快な走りが楽しめる。

使い勝手▼ ボディサイズ自体が大きくなっており、パッケージングにも余裕が出ている。どこに座ってもゆったりとできるのはさすがクラウンといったところ。ただし大ぶりなだけに、日常的には苦労することもあるかもしれない。

こんな人にオススメ

親戚のおじさんは地方の名士。日本の伝統をこよなく愛す人。好きなテレビ番組は開運！なんでも鑑定団。クルマはやっぱりクラウンロイサルG。それから、都内の個人タクシーの運転手さんに絶対おすすめ！ 奥さんの反対にめげず、無理にでも購入しましょう。僕は見かけたら必ず乗ります。読者のみなさんも乗りましょう。乗り心地いいですから。

レジェンド【ホンダ】

もっと大胆なデザインがよかったのでは

　国産高級セダンの市場が狭まっているのに、輸入プレミアムセダンは好調だ。それは輸入車が強い個性を持っているから。これからはそういう固有の価値がないと選ばれない、とレジェンドの開発者は考えた。販売上のライバルはクラウンやフーガだが、意識したのはＢＭＷ５シリーズのようなスポーツセダンだ。

　ＢＭＷは運転していて楽しいクルマ。メルセデスは長距離でもストレスがなく疲れないクルマ。ではレジェンドのイメージは――。
狙ったのはそのいいとこ取り。そのためＦＦ（前輪駆動）から全車「ＳＨ－ＡＷＤ」と呼ばれる４ＷＤ（四輪駆動）に生まれ変わった。

　４ＷＤだからどんな状況でも安心して走れてストレスがない。前後の駆動配分を路面状況によって30対70から70対30に変化させて対応する。これは基本的にアウディやレガシィの四駆システムと同じ考え方だ。

　レジェンドが画期的なのは、左右輪駆動制御を世界で初めて採用したことだ。ステアリングを切り込んだ状態でアクセルを踏み込むと、後輪外側の駆動力が増してより強く曲がってくれる。限界域での姿勢制御をスロットワークでコントロールすることが可能で、スポーツドライビングも楽しめる。さらに国産車自主規制２８０psを撤回し３００psをひっさげてクラウンとフーガに挑む。

　たとえば後輪駆動のフーガでも、パワードリフトさせられるが、滑りすぎれば一気に滑っておっとっと、となってしまう。もちろんスピン防止装置を切らなければシステムが横滑りを抑えるが、そのためにシステムがガンガン作動して、頭をこづかれているような気分となる。これに比べてＳＨ－ＡＷＤの動きは一気にオーバーステア状態になることがない。スピン防止の介入も少なめなので、安心して気分よく楽しめた。

　とは言え、このクルマはスポーツカーではないので、サーキットやワインディングを攻める人はまずいないだろう。街中では左右輪駆動制御のありがたみに触れる機会はないので、あくまでもスポーティな個性を打ち出すイメージに止まる。宝の持ち腐れ的でもったいなくも感じる。

　デザインに関しては、スラントしたフロントマスクや各部のデザイン処理が、地味だった前モデルよりもスタイリッシュかつスポーティになってよかったと思うが、このクラスのユーザーはもっと顔が大きくて厚みがあって押し出しが強い、エバリの利くデザインを好むのではないか。

　それでなくてもレジェンドは、ＦＦベースの４ＷＤなので、どうしてもプロポーションがショートノーズ・ロングデッキのＦＦ車っぽくて地味になりがちだ。それに対してフーガやクラウン、メルセデスやＢＭＷ、はＦＲ（後輪駆動）だから、フロントオーバーハングが短くホイールベースが長い伸びやかなプロポーションとなる。遠めに見ると、レジェンドよりもクラウンやフーガの方が安定感があって高級車っぽいプロポーションだと感じてしまう。もっともっと大胆なデザインにしてもよかったと思うのだが。

　ライバルは上級モデルにＶ８エンジンを搭載してイメージアップにつなげるが、レジェンドはＶ６止まり。というのもＦＦ横置きでは構造的にＶ８を搭載することが無理なのだ。大型ＦＲシャーシを持たないホンダが大型高級セダンを作ることの難しさを感じざるを得ない。

spec/標準車

○全長×全幅×全高：4930×1845×1455mm○ホイールベース：2800mm○車両重量：1760kg○総排気量：3471cc○エンジン型式：V6SOHC○パワー/トルク：300ps/35.0kg-m○サスペンション(F/R)：ダブルウィッシュボーン/マルチリンク○ブレーキ(F/R)：ベンチレーテッドディスク/ベンチレーテッドディスク

●現行型登場年月：
04年10月(FMC)／06年10月(MC)
●次期型モデルチェンジ予想：
09年10月
●取り扱いディーラー：
全店

grade & price

標準車	¥5,250,000

プロフィール▼
初代は91年、2代目は96年にデビュー。高級車然とはしつつも、ライバルに比べて今ひとつ目立たない存在だった。04年のフルモデルチェンジを機にそうしたイメージを一新。現行型はフラッグシップモデルとして、SH-AWDをはじめとしたホンダ自慢の最新技術を多く搭載し、国内のみならずワールドクラスのプレミアムサルーンとして生まれ変わった。

メカニズム▼
エンジンはMDXに搭載されていた3・5ℓのV6SOHCながら圧縮比を上げ、排気系を改良することで300psを達成。これにパドルシフト付き5速ATが組み合わされる。とくにSH-AWDは、前後輪への駆動力配分を変え、なおかつ後輪に配分された駆動力を左右で可変させるというこれまでの概念を大きく覆す機構であり、従来のAWDシステムに比して走行安定性や運動性能を飛躍的に向上させている。

走り／乗り心地▼
SH-AWDは、走行状況に合わせて4輪すべてに最適な駆動力を自在に配分することで、ワインディングでの高いライントレース性、路面の変化に左右されない抜群の安定感を発揮。ドライバーの意思に忠実な走りが楽しめる。

使い勝手▼
ドライバーがクルマと心地いい一体感を楽しめるよう配慮されたコックピット。スイッチ類は、ドライビングポジションを崩すことなく操作することができるようステアリング周りとセンターコンソールに集中して配置。

こんな人にオススメ

高級車でも目立ちたくはない。見栄を張るのもキライ。左右可変駆動配分のメカニズムに興味あり。パワーは大事で、加速勝負では負けたくないと思っている。何しろ300psを国産車初で達成した。ちょっと変わったクルマに乗りたいけど、そんな気持ちを悟られたくはない。スポーツドライビングには興味あって、ドリフトをしてみたい。ホンダ車党。上記項目のうち3つ以上に当てはまる人に。

ブルーバードシルフィ【日産】

専業主婦の奥さまの心を打つ

子育てが終わった夫婦を日産はポストファミリーと呼ぶ。子どもは親離れしてほとんど一緒に乗らなくなった。だったらミニバンはいらないでしょ。そういう夫婦にとって、シルフィはひとつの選択肢だ。5ナンバーの小型セダンを選ぶ層にも、実用志向と快適志向がある。シルフィは快適志向クラスを狙っている。ターゲットは40代後半以降の女性。中高年夫婦向けだが、クルマ選びの決定権を握るのは奥さまだ。

旧型シルフィは、後席スペースが狭いというユーザーの声が多かった。そこで新型は旧型よりもホイールベースを165㎜も延長し、室内長も191㎜長くした。なんとセルシオやクラウンよりも広い（社内測定値）。余裕で足を組める。

でも僕が不思議に思ったのは、夫婦2人で乗るならそんなに大きな後席スペースなんていらないじゃないかということだ。

開発者に尋ねてみたら、奥さまの行動パターンとして友達とお茶を飲んでその帰りに友達を後席に乗せたとき、「広いわね」とほめられたいという心理が人間にはあるそうだ。――納得。

さらに奥さまに喜ばれそうなアイテムとして、ハンドバッグを入れられるコンソールボックス。さらにさらに前席の背には友達のハンドバッグを入れるポケット。「あら、便利ねえ」とまたもや友達からほめられる。

しかも、後席はシェルシートと呼ぶ貝殻の宝石箱をイメージしたデザインで、お友達はまるでボッティチェッリの「ヴィーナス誕生」気分になれるはず（？）だ。

乗り心地はファミリーセダンらしく、兄弟車ティーダ（やはり中高年向け）よりも路面のあたりが柔らかめ。ゴトゴト硬いのはユーザーが嫌うから絶対だめだが、でもぐらぐら揺れて酔っちゃうような従来のトヨタ車的もだめ、姿勢安定性は保ちたい、という中庸な方向性で作られている。

具体的にはショックアブソーバーの減衰特性を調整し、コーナリングのときはしっかり、路面の突起を乗り越えるときはしなやかに、を狙っている。比較としてこのクラスのトヨタ車よりも姿勢安定性重視だ。このへんのところはトヨタ製ファミリーカーの柔らかめを好まない層が確実にいることをチェックしてのことだ。

電動パワーステアリングのあいまいなフィーリングも、マーチから始まって（このときは酷かった）、キューブ、ティーダ、ラフェスタ、ノート、ウイングロード、そしてシルフィと、そのたびに良くなってきた。技術の進歩を感じる。

エアコンは排ガスを検知して内外気を自動的に切り替えるシステムが採用されている。今まではシーマやプレジデントなどの高級車だけに装備されていたもので、このクラスで初の採用だ。

トランクは1クラス上のティアナ並みの504ℓの大容量。ゆっくりとフタが開くグローブボックスや灰皿に加えて、ティアナと同じ「モダンリビングコンセプト」の内装デザインと相まって、ゆったり感を演出する。

外観はそれほど個性的ではなく、小型4ドアセダンとしても地味な印象だが、40代後半以降の女性を狙っているだけあって、生活にゆとり感をもたらすクルマに仕上がった。

spec/20M

○全長×全幅×全高：4610×1695×1510mm○ホイールベース：2700mm○車両重量：1220kg○総排気量：1997cc○エンジン型式：直4DOHC○パワー/トルク：133ps/19.5kg-m○サスペンション(F/R)：ストラット/トーションビーム○ブレーキ(F/R)：ベンチレーテッドディスク/ドラム

●現行型登場年月：
05年12月（FMC）
●次期型モデルチェンジ予想：
10年12月
●取り扱いディーラー：
全店

grade & price

15S	¥1,785,000
15M FOUR	¥2,016,000
20S	¥1,922,000
20M	¥1,995,000
20G	¥2,310,000

プロフィール▼ 日産伝統のミディアムセダン、ブルーバードのイメージを一新すべく、シルフィのサブネームが付されたのが2000年のこと。ウッドパネルを上品に取り入れるなど、上級セダン並みの雰囲気がシルフィの最大の特徴だ。現行型については、先代同様の高級感を前面に出し、05年に登場した。

メカニズム▼ ティーダなどとプラットフォームは共通化され、エンジンについては1・5ℓと2ℓの2タイプを用意。先代では汚れた都会の空気よりもきれいな排気ガスというのをアピールしていたが、2代目についても排気ガス基準の最高レベルであるSU－LEVを達成し、4つ星を獲得している。組み合わされるミッションは、1・5ℓが4ATで、2ℓについてはCVTとなる。また足周りについては上級車種に採用されるタイプを採用し、乗り心地の向上に力が入れられている。

走り／乗り心地▼ しなやかで腰のある乗り味に加えて、出足もよく、発進時はストレスなく、スッと加速してくれる。コンパクトなボディサイズに加えて、運転席にはシートリフターを装備するなど、小柄な女性でも運転しやすいように配慮されている。

使い勝手▼ 広大な室内はゆったりとしていて、余裕たっぷり。とくにリアシートはシーマ並みのスペースが確保され、肌触りのいい生地と相まって落ち着いた雰囲気だ。またトランクに関しても、クラス最大の504ℓもの容量を確保している。

こんな人にオススメ

日常のパターンとして、お友達とホテルのランチバイキングやレディースフェアでランチをとって、帰りに友達を後席に乗せる機会が多い奥さまに。後席に乗ったお友達から「あらこのシート素敵ね。それに広いわ」と言われる。さらにコンソールボックスや前席の背にもハンドバッグを入れるスペースがあるので、「あら、○○さん、よいクルマに乗ってるわね」と、またもや友達からほめられる。

プリウス(トヨタ)

操作が難しく、まるでゲーム感覚

僕はPS2のレースゲームがうまくない。スイッチをON、OFF、ON、OFFとやりながらハンドルやブレーキを操作するデジタルな感覚は、実際の運転とかなり勝手が違う。隣の家の中学生に負けて、「レーサーに勝った!」と言われたとしても、レースとゲームは別物というしかない。

そんな僕だとプリウスの先進的イメージが馴染まない。指先でつまむ小さなシフトレバーはゲーム機のようで軽く動きすぎる。もっと手応えがほしい。エアコンやオーディオの操作はパネルを見ながらメニューを選択するので、コンピュータを操作しているような感覚だ。ラジオに関してはお気に入りキー局をどうやって登録するのか難しかった。だからといって取説を読むのはカッタるい。同じように感じる人は結構いるのではないか。

アクセルやブレーキの操作フィールもスムーズではない。アクセルをていねいに踏み込んでもバック走行時にはギクシャクする。そしてブレーキも回生ブレーキなので仕方ない面もあるのだけど、スイッチのような操作感覚で、慣れないと車体がカックンとしてしまう。本来は踏んだら踏んだ分だけ減速するのがブレーキの理想なのだが。

おそらく将来は、ABSでクルマの方が制御しますから、運転する方はただ強く踏んづけてくれればいいです、という運転者の能力に頼らない方向に持っていきたいのだろう。

もちろんコンピュータの操作だと思えばプリウスの運転はそれほど難しくはない。またゲーム的な面白さは確かにある。どのくらい踏んだらエンジンがかからずにモーターの力だけで走り出せるか。回生ブレーキを使ってどのくらい燃費を上げられるか。エネルギーがバッテリーに蓄積される様子をモニターで見るのも面白い。今回の給油では何km走れたかなという楽しみもある。だから新しモノ好きのモータージャーナリストだったら、プリウスが好き。

プリウスはエンジンとモーターを合体させたクルマで、おそらくトヨタは、未来的イメージを打ち出そうと、走りにも内外装のデザインにも操作系にもわざとデジタル性を強調したのだろう。ダッシュボードにはレバーやスイッチなどの突起物がなく、無機質感が漂うインテリアデザインは、まるでおしゃれなインテリジェントオフィスにいるような感覚だ。

ところが僕は普段の仕事で、最近はコンピュータに向かっている時間がどんどん長くなっている。疲れて家に帰るとき、「運転」というアナログ行為がストレス解消になっている。だから自分が元気なときは、プリウスの先進性やゲーム性や環境性能に付き合う気になっても、深夜に帰るときはプリウスのコンピュータ操作が煩わしく感じる。

プリウスが先進的イメージを膨らましてアピールしたい気持ちはわかるが、でも、もっと従来ながらのクルマの持ち味を出して、ふと気づいたら「そうだハイブリッドだったんだ」という雰囲気にしたらどうだろう。

PS2のレースゲームが苦手なアナログ人間はそう思う。そして乗り手の操作や居住性にもっと目を向けてほしい。最近、仕事が忙しいのでとくにそう思う。

spec/S

○全長×全幅×全高：4445×1725×1490mm○ホイールベース：2700mm○車両重量：1260kg○総排気量：1496cc○エンジン型式：直4DOHC○パワー/トルク：77ps/11.7kg-m○サスペンション(F/R)：ストラット/トーションビーム○ブレーキ(F/R)：ベンチレーテッドディスク/ドラム

●現行型登場年月：
03年9月(FMC)／05年11月(MC)
●次期型モデルチェンジ予想：
08年9月
●取り扱いディーラー：
トヨタ店／トヨペット店

grade & price

S	¥2,310,000
Sスタンダードパッケージ	¥2,268,000
Sツーリングセレクション	¥2,457,500
G	¥2,625,000
Gツーリングセレクション	¥2,782,500
Gツーリングセレクションレザーパッケージ	¥3,255,000

プロフィール▼ 世界初の量産ハイブリッド車。当初国内専用だったが、世界に輸出され、大ヒットとなった。現行型である2代目は丸みを帯びた初代を踏襲しつつも、より未来的なスタイルへと変貌。そのクリーンなイメージで、今やブラッド・ピットなどの世界中の有名人がこぞって買うクルマとなっている。

メカニズム▼ 心臓部に搭載されるのはもちろん現在でもトヨタだけが実用化できているハイブリッドシステム。1・5ℓと電気モーターの組み合わせだが、バッテリーも含めてさらなる高効率を追求し、THS—Ⅱへと進化している。ミッションについてはCVTで、システムのうま味を最大限に引き出す。

走り／乗り心地▼ エンジンとモーターの連動制御についてはギクシャクすることなく、違和感は少ない。スイッチひとつでモーターだけでも走行することができる。乗り心地については、足周りは硬めでゴツゴツしているが、その反面、コーナーでの姿勢安定性は高い。またブレーキは電気を回収する回生ブレーキゆえ、若干利きが唐突な面もある。

使い勝手▼ ハイブリッド車であるということを別にしても、セダンとしての資質はしっかり押さえていて、室内スペースも余裕たっぷりで、快適な移動が可能だ。さらに世界初のインテリジェントパーキングアシストで、車庫入れや縦列駐車が話題になったが、かなり慣れが必要な装備ではある。

こんな人にオススメ

先進的なものに興味がある人。環境に配慮して優しい気持ちになりたい人。実用燃費とカタログ燃費の差が大きく、燃費性能だけに引かれると、販売時の高価格を燃費で埋め合わせるには数年以上買い替えを控える必要あり。リセールバリューは決して高いとはいえない。運転が苦手な人が選ぶと、デジタルな動きにてこずるかも。とくに自動駐車は難しい。それはNAVIのおまけと考えるべき。

シビック【ホンダ】

作り手の熱い思いはどこへ……

シビックがフルモデルチェンジして8代目となった。

初代シビックは、当時、セダン主体だった日本の市場にハッチバックで殴り込みをかけ、その後のハッチバック隆盛の道を切り拓いた開拓者（車）だった。僕らの世代にとってシビックといえば、絶対的にハッチバックのイメージだ。しかし今回は4ドアセダンのみの発売となる。ハッチバック・ユーザーの多くが、コンパクトカーやミニバンに移行し、市場が非常に小さくなってしまったからだ。そしてサイズを拡大し、5ナンバーから3ナンバー車に移行した。現車を前にして「これがシビック!?」と違和感を覚えたが、ユーザーの価値観が変わったと言われれば、納得するしかない。

カテゴリーから見たライバルは、カローラ、プレミオ、アリオン、ブルーバードシルフィ。イメージとして中高年向けで、シビックのライバルとしてはずいぶん地味な印象だ。その点をシビック開発者に話したら、「確かに歳はとったけど、自分のことを実年齢よりも若く感じている人たちをターゲットにしています」とのこと。

よい機会だから僕の周りの人に聞いてみたところ、「自分が50歳って気がしないんだよね」という人はとても多かった。そういう人にシビックをという思惑だ。

しかし、オーソドックスなカタチの4ドアセダンのままでは、どうしたっておじさんぽい印象は拭えない。そこで今回、斬新なモノフォルム形状を取り入れた。ところがAピラーを寝かせれば、付け根が前に出る。するとエンジンルームのスペースが狭くなる。フォルムが台形になるわけだから、室内も狭くなる。そのままでは居住性が確保できない。そこで仕方なく5ナンバーから3ナンバーサイズになった。というわけだ。――何という安易な!

まあ、3ナンバーといっても、今や税金の優遇面に関しては5ナンバーと差はない。今までシビックが受け持っていたところにはコンパクトカーのフィットがあるし、小型ワゴン型ミニバンのストリームもある。会社としては、名車シビックという名前を残したかっただけだから、上のクラスに上がっても問題ないのだろう。

そんな経緯で3ナンバーになったシビック。乗り込むとき、Aピラーが寝ているので、体をかがませなければならない。年配の人は辛いだろうなぁ。でも自分を健康で若いと思っている人が対象だから、これでもよいのかも。と、皮肉のひとつも付け加えたくなる。

若々しさをイメージ付ける手法として、外観のモノフォルム以外にも、いくつかの試みがなされている。たとえば内装はありがちな木目調ではなくシルバー&黒を基調とし、インパネやハンドル、シフトレバーの形状などに若々しい（ガキっぽい？）デザインが採用される。ガンダムをイメージしたようなそのデザインに僕は抵抗感を覚えたが、ガンダム世代ももはやおじさんだから、ターゲットに訴求するのかもしれない。

内装にベージュ系を選ぶと布地の雰囲気と相まっておじさんぽさがぐっと醸し出されるので、まあそれだったら内装は黒の方がいいと思う。

走りは最近のトレンドである姿勢安定性を重視した性格だ。がちがちな足ではないけれど、姿勢を水平に保ったままで曲がっていくからスポーティに感じる。コーナーでロールをあまりしないので、慣れない人にも運転がしやすいはずだ。

ただしコーナリング中に大きな凸凹が路面にあると、グワッと身体がゆすられる傾向が強いので、身体が弱い老人の方には、それが不快に感じるかもしれない。

パワステの味付けも独特だ。ハンドルの中立付近で両側から反力をつけて押さえるので、フィットのようにあいまいではなく、直進状態がわかりやすくて好ましいが、老人には切り始めが重く感じるかもしれない。

エンジンはホンダ特有のVテックだが、今までの高回転パワーのためではなく、中低速の実用的な回転域を重視した。車の性格を考えると、好ましいチューニングだ。またインテークマニホールドの管長を伸縮し、回転域に合わせてトルクを変動させるシステムも採用。十数年前だったら、先進のレーシングカーだけに採用された技術が、実用セダンにまで採用されるようになったことを思うと時代の進歩を感じる。

通常のエンジン車以外に、ハイブリッド仕様も用意される。プリウスのようなモーターとエンジンを別々にレイアウトしたタイプではなく、エンジンとミッションの間にモーターをはさみ込んだ簡易一体型。普及を図った内燃機の改良発展型だ。あくまでもエンジンの力を補うためにモーターでエネルギーを回生するシステムで、プリウスと違ってモーターだけで走ることはできない。よって、信号待ちでアイドリングストップ状態からのスタートで、プリウスがモーターの力で動き出せるのに対して、シビックはエンジンをかけてから動き出すことになる。そのときに、ほんのコンマ何秒なのだが、出だしが遅れる。一人で走っているときは気にならないが、渋滞で周りの運転手がかりかりした状態で信号が青になると、一瞬出遅れるので、気を使う。

また、先代のプリウスもそうだったが、回生ブレーキの際、エンジンがぎくしゃくする点も要改善項目だ。この点はすぐに改良すると開発者が言っていたから、シビックのハイブリッドを買おうとしている人はもう少し待つべきかもしれない。

今回のシビックを、クルマ単体でライバルと比較して総合的に評価するならば、よくできたクルマだといえる。しかしこれが名車シビックの8代目だと思うと、これでいいのだろうかと疑問が残る。

初代シビックは開拓者（車）だった。小さな車体で広い室内、有効利用が利く荷室のアイデア。どんな人にも使いやすくて、誰にでもこれが私のためのマイカーだと思える、まさしく「市民＝シビック」のためのクルマだった。

それは、作り手が「俺たちの手で革新的なクルマを作ろう。そうすればきっと大勢の人が共感してくれる。それを具現化させるアイデアをなんとしてもひねり出そう」という精神から生まれてきたはずだ。しかし、どうも今回のシビックは、作り手がラクして作っている気がしてならない。

ホンダの社内では今、何が起きているのか。俺たちのクルマを胸を張って世に問う。そんな姿勢を示すのがホンダだったはずだ。トヨタやゴーンの日産はともかくとして、それがホンダの真骨頂ではなかったのか。

すべての車種にそれを求めるつもりはないが、せめて偉大なる名を冠したシビックを名乗る以上、そんな作り手の熱い思いを見せてほしい。

spec/1.8G（5AT）

○全長×全幅×全高：4540×1755×1440mm○ホイールベース：2700mm○車両重量：1240kg○総排気量：1799cc○エンジン型式：直4SOHC○パワー/トルク：140ps/17.7kg-m○サスペンション(F/R)：ストラット/ダブルウィッシュボーン○ブレーキ(F/R)：ベンチレーテッドディスク/ディスク

●現行型登場年月：
05年9月(FMC)／06年9月(MC)
●次期型モデルチェンジ予想：
10年9月
●取り扱いディーラー：
全店

grade & price

1.8B ¥1,879,500	ハイブリッドMXST ¥2,593,500
1.8G（5AT） ¥1,953,000	
1.8G（5MT） ¥1,916,250	
1.8GL ¥2,089,500	
2.0GL ¥2,236,500	
ハイブリッドMXB ¥2,226,000	
ハイブリッドMX ¥2,415,000	

プロフィール▼ ホンダを代表するミディアムセダン。現行型ではハッチバックは海外では販売されるものの、国内はセダンのみとなる。モノフォルムのスタイルはミニインスパイアといっていいほどで、高級感すら漂ってくる。またここの数代は環境性能にも力を入れているが、先代より設定されたハイブリッドは現行型にも用意され、さらなる進化を遂げている。

メカニズム▼ エンジンは当初は1・8ℓのみで後に2ℓを追加し、ラインアップを充実。どちらもバルブタイミングをより緻密に制御するi—VTECを搭載する。またIMAと呼ばれるハイブリッドは、全気筒休止システム採用の3ステージi—VTECを搭載する1・3ℓとモーターの組み合わせだがライバルのプリウスとは異なり、あくまでもモーターはアシストに徹することで、より違和感のない走りを実現している。

走り/乗り心地▼ ハイブリッドは走り出しの時点でのモーターからエンジンへの切り替わりで若干のギクシャク感が感じられることもあるが、それも不快ではないレベル。あくまでもガソリン車的な乗り味だ。またガソリン車については、ミディアムクラスらしい実用的な扱いやすさと、省燃費を実現している。

使い勝手▼ 熟成が重ねられたミディアムセダンであることに加え、3ナンバーサイズになったこともあり、室内は余裕たっぷり。ラゲッジも広大で大量の荷物を飲み込んでくれる。

こんな人にオススメ

ハイブリッドとガソリンエンジン車との価格差28万円。補助金が10万ほど出るからその差18万の差。5年乗って年間1万km以上走る人はハイブリッドを選んだ方が安くなる。それ以内の人は、エンジンがスムーズでフィーリングが良いガソリン車でよいかもしれない。実年齢よりも、自分は若いと感じている人に。と開発者は言うけれど、大方の人は自分のことをそう思っているのではないか。

レガシィ【スバル】

この先レガシィはどこへ向かうのだろう

前作『世界でいちばん乗りたい車』を執筆するにあたって、内外の１００台に試乗した。そのなかで僕はレガシィの走りのポテンシャルに感激した。ポルシェのように毎年、改良が施され、「最新のレガシィが最高のレガシィ」と煮詰められていく。従来の「日本車＝安くて壊れない」のイメージを抜け出して、将来、きっとＢＭＷやメルセデスなどの欧州プレミアムと肩を並べるようになると感じた。歴史が変わる瞬間を肌で感じようと、レガシィ・ツーリングワゴンを愛車の1台に加えた。

あれから2年。レガシィがビッグマイナーチェンジをした。

僕は大きな期待を持って迎えたのだ。今回も最新のレガシィは最高のレガシィだった。けれども、はたしてこの先どういう方向に進化して、どうプレミアムな世界が広がるのかが伝わってこなかった。

改良されてよくなった点と僕の不安について述べよう。

まずは、その走り――。

大雨の富士スピードウェイを走ってみた。レガシィは、前後輪の駆動配分を移行させることで、こんなに滑りやすい路面でも、曲がりたいときは曲がってくれて、それでいてスピンを抑えてほしいときは抑えてくれる。

その走りのよさや安心感は、ステージを一般道に変え、路面にうねりがあって荒れた路面の裏磐梯《うらばんだい》の山道を走ったときでも、印象が変わることはなかった。たとえタイヤのグリップ限界を超えてテールが滑り出すときでも、唐突な動きはしないから、鼻歌交じりでカウンターステアをあてて事足りる。走行条件が悪くなればなるほど、限界領域でのコントロール性のよさが浮き彫りになってくるのだ。

そして今回のマイナーチェンジで、ボディやサスペンションの支持剛性がさらに向上したことにより、ハンドルの正確性はさらに増していた。また路面からボディを通してシートに伝わってくる嫌な微振動やざらざら感などの「雑味」もさらに薄れていた。

パワステはＢＭＷもそうだがなおも油圧式を採用する。最近の電動パワステがよくなってきたとは言え、やはり油圧のレガシィのフィールはよかった。

最新のレガシィは最高のレガシィ――。改良の積み重ねによって、その走りに磨きがかかった。その点では大いに好印象を持った。

ところが、市街地に入ったときに「むむむ？」と思った。レガシィの足はどうも市街地でしっかりしすぎているのだ。

もちろんこれがスポーツカーだと思って買った人には、納得できるだろう。でも僕としては、レガシィには限界走りよりも、むしろ欧州プレミアムの乗り味を持ってほしいと願っている。

そのポテンシャルが、水平対向エンジン＋４ＷＤの武器を持ったレガシィにはある。だからもっとしなやかで、もっと雑味の遮断された足であってほしい。しかし、現状のレガシィとＢＭＷを比べると、30、40、50㎞／ｈの領域でどちらがプレミアムかと言ったら、後者に手を挙げざるを得ない。

「値段が違うだろう」という意見もあるだろうが、値段の違いではない。開発者が向いている方向が違うのだ。彼らの目は、限界走り最重視とまではいかなくても、スポーツ走行性に向かいすぎている。

確かにレガシィは雑味を減らす方向の努力は払われてきた。それはプレミアム度を増す方向であることは間違いない。それはボディやサスの支持剛性を上げることで成しえてきた。でもその手法では、これ以上は雑味を取れそうにない。

さらにプレミアム度を高めるには、発想を変えてブッシュを多用するか新手法や新技術を投入するしかないのだろう。それにより限界性能が落ち、路面インフォメーションが失われてしまうかもしれない。今までレガシィを絶賛していた自動車雑誌に堕落と言われてしまうかもしれない。でもあえて批判を承知で、それでもよいではないかと思うのだ。

確かに、走りと乗り心地が両方とも上がるのが理想だし、開発陣がそうした高い理想を抱いていることは伝わってくるが、今回、実際に乗ってみて、これ以上は難しいと感じた。

レガシィがライバルとして意識してきたBMWは、最近、限界領域での運動性よりも、日常での走りの質感を重視してきている。レガシィにも、もっとゆっくり走ったときの接地感や乗り心地を与えてほしいのだ。

考えてみれば、つくづくレガシィって「男車」だと思う。ボディ形状にはワゴン、セダン、車高の高いアウトバックの3タイプ。エンジンの種類は、2ℓターボ、3ℓNA、2ℓNAはSOHCとDOHC、計4つの仕様。重ね合わせると12車種。四輪駆動の種類も3パターンあり、同じエンジンでもMTとATではシステムが異なるケースもある。外観は、フロントグリルのデザインが4パターンあり、ディーラーオプションで任意に交換可能。スポイラーの形状違いが3種類。この知恵の輪みたいな組み合わせこそが、レガシィの本質を表している。それは開発者の目が現在のオーナーに向いている証左だから。

コスト高を承知であえて「ユーザーからの声」に応えようとするスバルの姿勢はスバリスト（レガシィマニア）にとっては大きな魅力だろう。でも、レガシィが生き残っていくには、新しい世代も取り入れていく必要があるはずだ。その周りの人たちは、理屈じゃなくてもっと感覚的で、新鮮な印象を受けるクルマを求めていると思う。

以前、幻冬舎のある女性編集者は、レガシィを見るなり「地味でおじさんぽい」とのたまった。そのとき僕は「レガシィは普通の車じゃないんだぞ」と反論してみたが、考えてみたら彼女にそう見えたのだから仕方ない。

男って小さなデザインの違いに気づくけど、女性はもっと直感的にパッと見のカタチに目が行くものだ。グリルの違いよりも、ボディ色に興味がある。地味な青白黒灰色という現状のバリエーションに、女性が喜ぶ色も取り入れたらどうだろう。

この先レガシィの方向性を考えたとき、具体像を描くことが大切だ。現在のスポーティ志向の強いレガシィのオーナーやマニアは、今回の細かい改良点に興味が引かれるだろうが、この路線のままでは次なる顧客の獲得は難しいはずだ。そろそろ発想の転換が必要だろう。

自分の愛車の理想像を考えてみた。足はもっとしなやかでラグジュアリー志向。外観は走り志向ではなく、ちょっとエグイ感じ。内装はもっと派手なデザインと色でエッチな感じ。女の子を乗せたら、「うわー、なんかいい♡」と言われそうな雰囲気がほしいのだ。

……まじめなスバルには受け入れられないだろうな。自分で改造してみようかな。

spec/2.0GT（5AT）

○全長×全幅×全高：4635×1730×1425mm○ホイールベース：2670mm○車両重量：1460kg○総排気量：1994cc○エンジン型式：水平対向4DOHC○パワー/トルク：260ps/35.0kg-m○サスペンション(F/R)：ストラット/マルチリンク○ブレーキ(F/R)：ベンチレーテッドディスク/ベンチレーテッド

●現行型登場年月：
03年6月(FMC)／06年5月(MC)
●次期型モデルチェンジ予想：
08年5月
●取り扱いディーラー：
全店

grade & price

2.0i（5MT）	¥2,090,000
2.0i（4AT）	¥2,142,000
2.0i Bスポーツ（5MT）	¥2,195,000
2.0i Bスポーツ（4AT）	¥2,247,000
2.0R（5MT）	¥2,363,000
2.0R（4AT）	¥2,415,000
2.0R Bスポーツ（5MT）	¥2,468,000
2.0R Bスポーツ（4AT）	¥2,520,000
2.0GT（5MT）	¥2,909,000
2.0GT（5AT）	¥2,982,000
2.0GTスペックB（6MT）	¥3,140,000
2.0GTスペックB（5AT）	¥3,140,000
3.0R	¥3,035,000
3.0RスペックB（6MT）	¥3,192,000
3.0RスペックB（5AT）	¥3,192,000

プロフィール▼ 日本初のワゴン専用設計のステーションワゴンとして登場し、アウトドアブームの牽引役となったクルマでもある。現在、レガシィファミリーは大きく3つに分かれ、ワゴンのツーリングワゴン。セダンのB4。そしてツーリングワゴンをベースにSUVテイストのアウトバックとなる。

メカニズム▼ 輸入車のように毎年改良が繰り返され、進化しているだけに、サスペンションなどの熟成も進んでいる。2006年モデルではGTスペックBのMTが待望の6速化されるなど、さらに上のステージへと上り詰めた感がある。さらにコンピュータによってエンジンとトランスミッションを総合制御することで、燃費のよさを重視した「インテリジェント」など3つのモードで走りのパターンを選べるSI—DRIVEも採用されているのは大きなトピックスだ。

走り/乗り心地▼ 着実な進化を遂げているだけに、しっかり感は高いレベルにあり、高速での安定性はかなりのもの。しかし、グレードによってはサスペンションのセッティングが硬めのものもあり、かなりスポーティな味付けだ。またアウトバックについては悪路走破性は高く、じつに心強い。

使い勝手▼ ツーリングはレガシィの名に恥じない、しっかりと使えるラゲッジが自慢。B4についても、広大なトランクを備えているので、ゴルフへの足としても十分対応できる。

こんな人にオススメ 水平対向エンジンの長所と、6気筒DOHC、4気筒DOHCターボ、4気筒DOHC、4気筒SOHC、それぞれの違いを説明できる人に。四駆の種類も3パターンあり。それぞれの車種と4WDのシステムの動作違いについても説明できるとなおさらよい。ちなみに、僕は資料を見ないと説明できないのでオーナーとしては不適格かもしれない。そのメカニズムから考えると、とんでもなく安い。

カムリ【トヨタ】

万人受けを狙うと、つまらなくなる

日本ではあまり目立たない存在だが、２００５年はアメリカで42万台を売り、乗用車部門のナンバーワンセールスとなった。

そういえば、僕が年末にオーストラリアに行ったときにも、カムリ、カムリ、レンタカーはみんな水色のカムリ。オーストラリアでも月５０００台、中近東で月５０００台、アメリカでは月3万台。でも日本ではわずか１０００台程度だから、日本で目立たなくて当然だ。

世界でベストセラーを続け、今回のモデルチェンジでも年間60万台の売上げが社内で期待されている。ユーザー層はレンタカーオーナーからオーナードライバーまで、あらゆる地域であらゆる階層にわたる。モデルチェンジは、いったいどこに照準を合わせればいいのだろう。

ひとつの答えとしては、ベストセラーの常だが、性能円を描いたらすべての性能が高得点であること。逆に言ったらネガがないこと。

反面、そういう製品は、個性がなくてつまらなくて悦びがないという評価にもつながりがち。セダンとして居住スペースやトランクの容量は確保しなければならない。運動性やデザイン性でも万人受けしなければならない。しかし、そうなるとどうしたって平均的になってしまいがち。

開発者はもっと自由な発想でクルマ作りをしたいと思っている。つまらないと言われるようなクルマは作りたくない。そんな作り手のジレンマを反映した部分が新型カムリには垣間見える。

具体的にはユーザーの若返りを狙い、デザインを若々しくした。先代カムリはアメリカでも日本でも50代半ば以降のファミリー層に受けていたが、新型は、おじさん用イメージを払拭し、若々しさと楽しさを打ち出そうとする。ホイールベースを55㎜延長、トレッドを30㎜、全幅を20㎜広げ、安定感ある台形のデザインを採用した。またリアウインドウの傾斜を緩やかにしてスポーティ度を演出した。と言っても、まだ印象は薄い。

若々しさの表現として動的性能の向上も目指した。今までカムリは走りよりも乗り心地を重視し、ふわふわ柔らかでトヨタならではの足だった。その一方で、山道は少々苦手だった。これを直すため、とくにリアの足周りを硬くした。それで、ふわふわ雲のようだった乗り心地は、ゴツゴツした硬めな乗り味となった。

作り手の「独自のものを作りたい」という気持ちはわかるし、操縦安定性が向上したことは頼もしいが、カムリに関してはもう少し乗り心地重視で特徴が薄くてもよかったのかなと思う。誤解を恐れずにいえば、速度を出さない人であれば、山道でふらついてもそんなに問題はない。だって、ミニバンなんてふらつくカムリの比ではないもの。

不平ついでにボディのサイズアップは、運転に不自由を感じ始めてきた老人にはありがたくない変更だ。

国産メーカーの最近の傾向はどんな車も、「若い人を狙いました」だが、堂々と老人向けのクルマがあってもよいのではないか。カムリよ、せめてトヨタよ、老人を切り捨ててくれるな。

と言っても、冷静になってみれば、日本の市場は外国で売っている４２０分の1だ。そこに向けて作るわけもいかないというメーカーの事情もわからないこともないのだが。

spec/Gリミテッドエディション

○全長×全幅×全高：4815×1820×1470mm○ホイールベース：2775mm○車両重量：1500kg○総排気量：2362cc○エンジン型式：直4DOHC○パワー/トルク：167ps/22.8kg-m○サスペンション(F/R)：ストラット/ストラット○ブレーキ(F/R)：ベンチレーテッドディスク/ディスク

●現行型登場年月：
06年1月（FMC）
●次期型モデルチェンジ予想：
11年1月
●取り扱いディーラー：
カローラ店

grade & price

G	¥2,478,000
G Four	¥2,604,000
Gリミテッドエディション	¥2,646,000
G Fourリミテッドエディション	¥2,814,000
Gディグニスエディション	¥3,360,000

プロフィール▼ トヨタ伝統のミディアムセダンであり、世界的には累計1000万台を誇る大ヒット作だが、正直日本国内では今ひとつ印象が薄くなりつつあった。そこで現行型では大きくイメージチェンジ。コンセプトもズバリ「リジュビネーション（若返り・元気回復）」で、ユーザーの若返りを目指している。それだけにデザインも力強く、顔つきもじつに精悍だ。

メカニズム▼ エンジンは新開発の2・4ℓを搭載。パワーだけでなく、燃費向上と排ガスのクリーン化も同時に実現しており、さらに静粛性も高いレベルを実現している。

走り／乗り心地▼ サスペンション自体の味付けはトヨタらしく万人受けするもので、安心感に溢れている。さらに注目なのは「Gディグニスエディション」と呼ばれるグレードで本革シートなどを装備しており、座り心地も絶妙で気持ちよくドライブできるだろう。ファブリックシートについては、繭から取れる「セシリン」と呼ばれるタンパク質を定着させることで、敏感肌の人が乗っても安心できるように配慮されている。

使い勝手▼ プラットフォームから一新することで、ロングホイールベース化を実現。その結果、居住空間の大幅拡大に成功している。さらにリアシートは4対2対4の3分割可倒式を採用し、ラゲッジにはゴルフバッグ4つを楽々入れることができるなど、セダンとしての実力は十分だ。

こんな人にオススメ

カムリという名のイメージからして地味な印象なので、高齢者向けかと思ったらそうではなかった。高齢者には少々、ごつごつしすぎていると思う。スピードレンジの高いオーストラリアでレンタカーとして乗るにはよい。要するに万人向け。世界の人々に。誰にでも合うけれど、こんな人におすすめだと特定するのは難しいクルマだ。

ベルタ【トヨタ】

お年寄りにも優しい

プラッツがモデルチェンジして名前をベルタに変えた。と言ってもプラッツってどんなクルマだっけ？ という人が多いのではないか。プラッツはヴィッツのボディそのままでハッチの部分にトランクをくっつけて作ったセダン。あまりにお手軽なので、トヨタ社内でも開発者はちょっと恥ずかしい思いをした。50歳か60歳の人のオーナーカーや営業車として使われる地味な存在だから、そのモデルチェンジと聞いても、読者のみなさんは興味をそそられないかもしれない。

でも、新型車ベルタは心機一転、本格的に作り直された。フロントのデザインをヴィッツと変え、ドアも専用設計だ。ヴィッツにトランクをつけただけのお手軽ではなくなった。

ヴィッツよりも全高を60㎜低くしてホイールベースも90㎜延長し、安定感のあるデザインを得た。年齢の高いシニア層がターゲットだが、プラッツよりも若々しくてそれでいて上質な印象だ。

ベルタの走りに関してよかったと僕が思っている点は、ヴィッツよりも足を10パーセント程度柔らかくして、とくに市街地での乗り心地を向上させたことだ。僕はヴィッツの足は日本の市街地では硬すぎと思っていた。足は柔らかくなってもヴィッツよりも全高も低くホイールベースも長いので、操縦安定性に関してはヴィッツと同レベルが確保されている。

残念なのは、ヴィッツと共通となる1ℓエンジンの雑音だ。先代4気筒から今回3気筒となった。パワーがあって加速がよく、それでいて燃費も22・0㎞／ℓと、性能はよい。しかしいかんせんエンジン音が安っぽい。ガーガーと3気筒の軽自動車みたいな安っぽい音を立てるのだ。

ただ開発者に聞くと同情すべき点はある。そもそも4気筒から3気筒にしたのは、気筒あたりの効率を求めたのと同時に、大幅な軽量化のためだった。実際に1・3ℓと1ℓ車では車重が40㎏も違う。1ℓ車は1tを切るので、重量税が安くなり動的性能もよくなる。つまり燃費や節税を重視して、フィーリングに目をつぶったのである。

僕は燃費のわずかな差よりもフィーリングを大事に考えるので、アヒルのようなガーガー声を聞くと興ざめするが、多くのユーザーにとっては歓迎すべきことなのかもしれない。

とは言え、クルマはしっかりと作られている。ドアを閉めてみてほしい。ドイツ車みたいに「ズシン」と、重厚な音を立てる。世界中を見渡しても、ドアがズシンと閉まるリッターカーなんてそうはない。

衝突安全性を考えてあえてこのクラスなのに剛板を厚くしたのか!? そうだったらおそるべしトヨタ、と僕は思ったのだが、技術者に尋ねてみたら、事情はそうではなく、衝突安全性を考えて内蔵したリインフォースの効果とともに、専用設計のドアの補強のため、裏側にPPシートを通常よりも大きな面積に貼り付けたことが効いたらしい。つまり狙ったのではなくたまたまそうなったようで、僕の早とちりだった。だから処理していない後部ドアは普通のパタンという音だ……。

でも、兄弟車ヴィッツはその乗り味の硬さ故、走りを重視した人や若くて健康な人にはよいけれど、万人に勧められるクルマではなかった。ベルタはシニア層の誰にでも勧められるようになったことは喜ばしい。

spec/1.3X

○全長×全幅×全高：4300×1690×1460mm○ホイールベース：2550mm○車両重量：1030kg○総排気量：1296cc○エンジン型式：直4DOHC○パワー／トルク：87ps/11.8kg-m○サスペンション(F/R)：ストラット/トーションビーム○ブレーキ(F/R)：ベンチレーテッドディスク/ドラム

●現行型登場年月：
05年11月（デビュー）
●次期型モデルチェンジ予想：
10年11月
●取り扱いディーラー：
トヨペット店／カローラ店

grade & price

1.0X	¥1,323,000
1.0X Sパッケージ	¥1,491,000
1.3X（FF）	¥1,386,000
1.3X（4WD）	¥1,564,500
1.3X Sパッケージ（FF）	¥1,575,000
1.3X Sパッケージ（4WD）	¥1,753,500
1.3G（FF）	¥1,554,000
1.3G（4WD）	¥1,732,500

プロフィール▼　ヴィッツベースのセダンだが、先代のプラッツから車名を変更して装いも新たに登場した。プラッツがあくまでもヴィッツにトランクを追加しただけのスタイルだったのに対して、ベルタは凹凸感をたくみに取り入れた専用デザインとすることで、洗練されたスタイルを得ている。ちなみにベルタとは「美しい」や「美しい人」を意味するイタリア語だ。他社のライバルも多く、今後このコンパクトセダンのジャンルは競争激化が予想されるが、その中核となるのは確かだろう。

メカニズム▼　メカニズムは基本的にヴィッツと共通だが、エンジンに関しては1ℓと1・3ℓのみで、どちらも扱いやすさと経済性を両立させている。組み合わされるトランスミッションもFFはCVT、4WDは4速AT。またボディ剛性に関してはさらに高められており、静粛性の向上にも力が入れられている。2tクラスの車両との衝突も想定して衝突実験は実施。クラストップレベルの安全性を確保している。

走り／乗り心地▼　あえていうならパワー重視なら1・3ℓ、経済性重視なら1ℓだが、どちらも街中から高速まで不満のない走りを披露してくれる。サスペンションは専用チューニングが施されており、しなやかで乗り心地もいい。

使い勝手▼　最小回転半径4・5mと日常的な取り扱いは上々。肝心のトランク容量は475ℓとじつに広大だ。

こんな人にオススメ

3気筒の安っぽいエンジン音は1ℓ車に特有だ。1・3ℓエンジンもやや高周波の音を立てるが、それほど耳障りではない。この音は開発者も気にしていて、今回、防音材をたっぷりと装備したが、音量ではなく音質の問題なので、気になるか気にならないかは個人差による。1ℓか1・3ℓにするかを選ぶときは、燃費や税率だけでなく、エンジン音も気にして実際に試乗してみることをおすすめする。

part6
軽自動車

K-CAR

ソニカ

R1

i

ゼスト

MRワゴン

ステラ

ひと目でわかる

軽カー相関図

ハイルーフとロールーフというボディタイプで大別できる。

ハイルーフは実用性と広い室内、ロールーフは走りとスタイルで、それぞれダウンサイジング層にアピールしている。

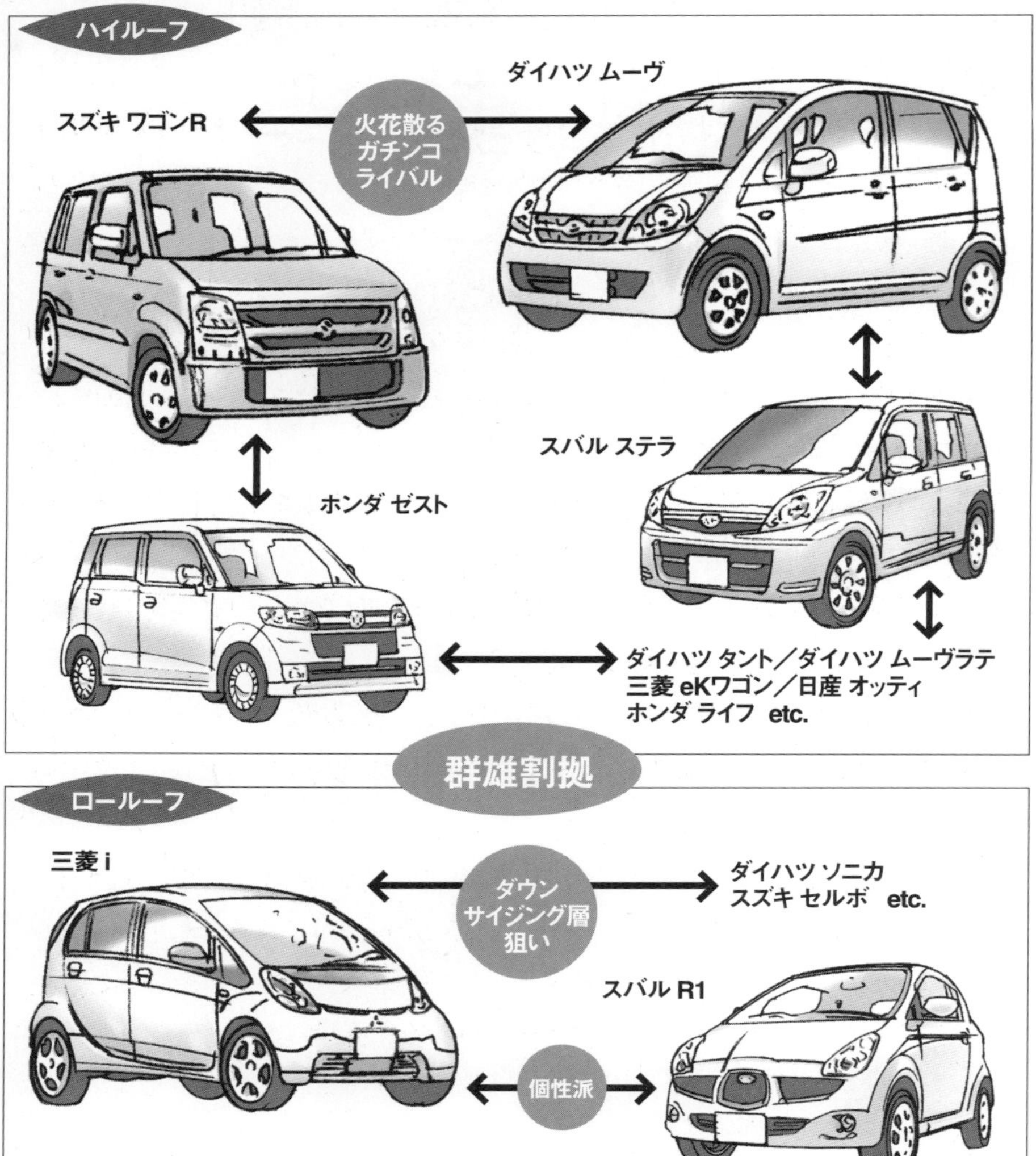

軽自動車は、F1と同様、規格（フォーミュラ）でサイズやエンジン排気量が定められている。その中で、いかにライバルに勝つか。競争により技術が高められ、日本の軽は今や驚くべき性能を得た。たとえばメルセデスの手が入ったスマートKは、ポップなデザインが魅力だが、ハード面に目を向けると日本の軽に太刀打ちできないのが現状だ。

排気量はたった660cc。力を出すには高回転型にするしかない。すると加速時に大きな唸り声を上げてしまう。それをどう抑えるかがポイントだ。各メーカーはそれぞれの考えで、3気筒、あるいは4気筒を選び、さまざまな工夫を凝らしてきた。そうしたなか、ホンダは逆転の発想で、低回転でも力を出せるエンジンを作った。

縦横のサイズは定められているから、空間を広げるには上に行くしかない。それでスズキ・ワゴンRやダイハツ・ムーヴなどの背高軽が主流となってきた。背の低い軽の方が運動性がよいという信念を貫いてきたはずのホンダやスバルも、2006年に背高軽を出してきた。しかし、超背高のタントまで登場させたダイハツが、今度は背の低いソニカを出してきたのだから面白い。

また三菱は、FF（前輪駆動）が主流の中、逆転の発想でRR（後輪駆動）を登場させ、居住空間と走りの両立を狙う。

規格の中で、アイデアが生まれ、多様化が進む。価格帯も多岐にわたる。68万円のエッセを出すダイハツが、その倍の価格帯のソニカを登場させた。登録車を上回る高価格だ。

もはや軽は安くて仕方なく乗るクルマではない。ついに乗用車の3割を超えた。価値観が多様化し、軽の世界でも、格差社会が広がってきている。もしも購入する気がないとしても、覗いてみると興味深いモノ作りの世界がそこにある。競争こそが、よいプロダクツを練り上げる、ということがわかるはずだ。

ソニカ【ダイハツ】

軽の世界も格差社会

ダイハツはさまざまな軽をラインアップする。

まずはムーヴとムーヴカスタムの背高軽。背の高い軽は今や当たり前。軽のスタンダード的存在だ。

タントとタントカスタムは超背高軽。さらに上へ伸ばした。本当にこれが軽の室内か!? 何しろクラウンよりも中が広いのだ。

そしてミラジーノは女性を意識した感性官能派。

コペンは2人乗りのオープンカー。

エッセは原点回帰でとても低価格。最近、軽の価格が高騰していることにメーカーは危機感を持ったようだ。昔の「アルト47万円」みたいなクルマだ。でもエアコン&オーディオやエアバッグなどの装備を備え、なんとリモコンキーまでついている。

当然、購買層も違う。エッセやムーヴ、ミラは従来の軽ユーザーがターゲットだが、タントやミラジーノ、コペンは新規参入ユーザーを開拓するためと位置付けられる。一家に1台の軽という使い方が増えてきた時代を反映し、ダウンサイザー（登録車から降りてくる人）を捕えようとしているのだ。

そしてここにソニカが加わった。キーワードは上質な軽。ダウンサイザー狙いだが、ダイハツの軽の中で最も背が低いのが特徴だ。

乗ってみて驚くのはそのボディ剛性の高さだ。何しろボディがしっかりしている。それだから足周りも本来の機能が発揮しやすく、しなやかに動くので、乗り心地もよい。開発者に聞いたところ、ボディ剛性はムーヴの1割アップで、ダイハツ軽の中で最も高いレベルにあるそうだ。たとえば本質的軽・値段半分のエッセと乗り比べてみると、ボディ剛性がいかにクルマの上質さに貢献するかを感じさせられる。

内製によるCVTは、今までの軽用CVTが回転だけ上がってスピードが上がらずガーガーうるさかったネガなイメージを払拭する。静粛性や操縦安定性に関しても明らかにソニカの方がエッセより高く、こんなに差をつける必要があるのかと思うほど。けれど値段も倍も違うのだからそれも納得か。

高付加価値車という点で、ソニカはミラジーノと同類だが、ミラジーノのような有りもののミラに化粧直しを施して上質な雰囲気づくりを進めたのではなく、基本性能から磨き上げた。ボディ剛性を高めるため、スポット溶接数を増やし、物理的にスポット溶接ができない箇所はボルトで締め上げて強度を増した。とくに強度が弱いバックドアの開口部分には、重点的に補強が行なわれている。

エンジンはターボのみの設定だ。絶対的な速さに加えて、アクセルにスムーズに連動する気持ちよさがある。軽のストレスってアクセルを踏んでもちっとも前に行かないところだが、そのイメージを打ち破る。ちなみにコンセプトを明確にするためにNAの設定はない。

僕が興味深いと思ったのは、ダイハツがこの時期に背が低い軽の提案をしてきたことだ。

というのは、スバルR1／R2、そしてホンダ・ライフは、背高を避けて中庸な高さを提案したが、販売上はそれほどうまくいってない。ここにきてホンダはゼストを出し、スバルはステラで背高に追従した。やっぱり軽は背高じゃなくては無理なのかも、と誰もが思い始めたときのソニカの登場なのである。

三菱・iのようにRRレイアウトによる先進性を打ち出したわけではない。狙ったのはモダンな高級車。でもそれはクラウンのようなこれ見よがしな見た目高級ではない。どちらかというとVWのようなボディがしっかりしていて足が柔らかくて乗り心地がよくて、振動や音対策がきっちり行なわれていて、つまり乗ってみて初めてわかる高級さなのである。値段の違いは外から見えないところに寄せられている。

多くの軽に乗ると、「軽のユーザーは走りを重視しないからこんなものでいい」という作り手の声が聞こえてくるようだった。それなのに、しかも自社ラインアップに「安い軽」を持つダイハツなのに、高い軽を登場させたことに、僕は興味を引かれるのだ。

はたして、この上質さが軽のユーザーに伝わるのだろうか。

これについてダイハツは、軽社会は新規参入層が増えて、変わりつつあると捉えている。軽といえば昔は2台目3台目の車で、奥さんや娘さんがサンダル代わりに乗るイメージだったが、最近は子どもが大きくなって夫婦2人になったとき、もう軽でいいかなあと乗り換えるダウンサイザーが増えてきた。そういう人は軽は軽なんだからという安い作りでは満足しない。サイズは小ぶりでも、高いクオリティを求める。そういう人に訴求しようとするのがソニカの狙いなのだ。

今回、ソニカだけでなくダイハツ製のさまざまな軽に乗ってみた。それぞれが見事に値段によって走りのレベルが異なっていた。軽の社会で格差が広がっていることを実感した。

環境問題や道路事情を考えると、小さいクルマに乗ることが賢いわけで、もはや小さいクルマに乗ることは貧乏ったらしいことではない。これからはそんな価値観が広がってくれることを僕は願っている。だから「小さな高級車」ならぬ「小さな高級軽」であるソニカを僕は歓迎する。

小さい車がほしいと思ったときソニカがあった。こんなにオシャレなクルマがあるのか。それがたまたま軽だった。そんな人もいるだろう。ダイハツはそう考えてソニカを登場させた。つまり「軽の壁」が崩れかけているということだ。あの黄色いナンバーに違和感を持たず、クルマ社会のヒエラルキーも気にならない人たちが増えてきた。

ダイハツのライバルであるスズキは、この様子を静観する構えだ。スズキにとっては「軽=安い」でいい。自社で小型車は本格的なクルマ作りを進めている。スズキは依然として小型車と軽を分けた考えをしている。走りの質感を求めるユーザーには、自社の小型車をすすめる考えだ。

それに対して、タントやソニカは小型車ユーザーを新たに軽ユーザーとして引き込もうと考えているのだ。

三菱・iやスバルR1も似た層を狙って新しい軽ユーザーに訴求した商品だが、ソニカは他のダイハツ軽と差別化を図った点で異なる。それはまるでトヨタの中のレクサスのような、自社ブランドと格差をつける方針だ。

ダイハツは、小型車市場参入はトヨタ次第の面があり、メインの土俵はやはり軽しかない。そのため、できるだけ軽市場を活性化して、多くのダウンサイザー参入をすすめたいと考えている面もある。

はたしてダイハツの思いは、社会に伝わるだろうか。

spec/RS

○全長×全幅×全高：3395×1475×1470mm○ホイールベース：2440mm○車両重量：820kg○総排気量：658cc○エンジン型式：直3DOHC○パワー/トルク：64ps/10.5kg-m○10・15モード燃費：23.0km/ℓ○サスペンション(F/R)：ストラット/トーションビーム○ブレーキ(F/R)：ベンチレーテッドディスク/ドラム

●現行型登場年月：
06年6月（デビュー）
●次期型モデルチェンジ予想：
11年6月
●取り扱いディーラー：
全店

grade & price

R	¥1,187,000
R（4WD）	¥1,318,000
RS	¥1,344,000
RS（4WD）	¥1,475,000
RSリミテッド	¥1,418,000
RSリミテッド（4WD）	¥1,549,000

プロフィール▼ 軽自動車のイメージといえば、経済性や使い勝手重視で、ロングドライブには向かないなどというのが今までだった。それが前席優先のパッケージングとし、さらにロー&ロングフォルムとすることで、安定感のある走りを実現しているのが特徴となる。コンセプトは「爽快ツアラー」だ。

メカニズム▼ 快適なロングドライブをも実現すべく、エンジンは規制値最大の64psを発揮するターボのみ。これは従来のNAエンジンをターボ化した新開発ユニット。さらにミッションも新開発となる。世界初となる「インプットリダクション方式3軸ギヤトレーン構造」という技術を採用したCVTを組み合わせることで、滑らかな走りを実現する。また省燃費にも力を入れており、23・0km/ℓを実現している。

走り/乗り心地▼ やはりローフォルム&ロングホイールベースの恩恵は大きく、ゆったりとした走りは軽自動車らしかぬレベルだ。またパッケージングも前席優先と割り切っているので、ゆったりしたドライブを楽しむことができる。落ち着いた雰囲気演出に力を入れているだけに、質感も上々だ。

使い勝手▼ 前席を広くした分、後席は狭いが、引き込み式の前席シートバックのおかげで、足下は窮屈ではない。積載性など、実用性の高さはそのまま。ダイハツ自慢の90度開くドアも他車同様に、ソニカなどにも採用されている。

こんな人にオススメ

他の軽を見回してみて、ホンダ・ライフやスバル・R2は、女性を意識したところが細部に見受けられる。両車ともファンシーなかわいい系のニオイが気になるのだ。俺が乗るのじゃちょっとなと思う。そんな大人の男性に。またキャリア志向の女性にも。ただし、Aピラーがスタイル重視で傾斜しているので、乗り込むとき、腰をかがめなければならない。年配の人はそこを要チェック。

R1（スバル）

「軽はちょっと……」と思っている人に

R1を初めて見たとき、僕はビビッときた。どうしてなんだろう。

R1の開発者は提案する。一家に1台の軽であれば大きいことが大切だけど、2台目なら小さくてもいいはず。それなのに規格サイズの中で1㎜でも拡大しようという背高の精神が貧乏くさい。むしろ小さいからこそ価値がある。そう考えて、規格よりもわざわざ全長を110㎜も短縮し大人2人のジャストサイズとした。

狭くしたのではなく、必要十分なサイズは確保してその余裕をデザインの自由度にあてたのだそうだ。それにより、ポップでキュートなデザインを得た。ターゲットは子離れした団塊世代の男性。そうであれば、2＋2（後席が補助席）で十分という考え方だ。

スマートのイメージがR1に重なる。普通の軽には乗りたくない。だからといってオープンのダイハツ・コペンじゃやりすぎで恥ずかしい。肩の力を抜いてシャレで乗っている雰囲気が大切だ。

僕がR1にビビッときたのは、新しい提案がそのカタチに表れていたからだろう。気に入ったので僕は広報車を借りて2週間ほど通勤に使ってみた。毎朝、家の車庫にたたずむユーモラスな姿態に和まされる。ボディがしっかりしていて乗り心地と操縦安定性のバランスも高い。軽には珍しい4気筒エンジンは静かで上質だ。マイナーチェンジでスーパーチャージャーも追加され、加速と静粛性にさらに磨きがかかった。

僕が住む世田谷区近辺は道が狭いため、R1の小ささはとても便利だった。普段、電柱にこすらないように気をつけてストレスを感じる路地裏のS字が広く感じる。スピードは出さずにせいぜい20～30㎞／hなんだけど、どんなラインで抜けようかとコーナリングを楽しんでいる。

内装も軽としてはトップクラスだ。ダッシュボードはシボ入りで質感高く、3眼メーターやエレクトロルミネセントなどの演出もある。赤／黒、革／アルカンターラのコンビのシートも専用設計で、遊びの要素が詰まったおもちゃ箱的。しかたなく「軽」じゃなくてあえて胸を張ってR1に乗っている。そんなふうに感じられる。

しかし、残念なことに販売は成功していない。同様に新しい軽を提案した三菱・iが成功しているのと対照的だ。いったい何が違うのだろう？

走りに関しては、iよりもR1の方がしっかりしていて、とくに高速での直進安定性やステアリングの感触がよかった。内装の質感もR1が上。スタイリングは好みだが、僕としてはR1の方が凝縮感があって、格好よく見える。負けているのは室内の広さだ。もちろんR1は2ドアで2＋2と割り切ったのだから後席が狭いのは承知のうえだけど、前席も狭い。ここが問題だ。他の軽にない独特の雰囲気を作ろうとしてインテリアの造形を作り込んでいくうちにタイトになってしまった。

R2の2ドア版と世間には認識されているようだが、R1の外板は屋根以外のほとんどがR2とは違う専用設計だ。あえてそこにコストをかけるなら、もっと外見をR2と大胆に変えるべきだったろう。

とは言っても、軽で2＋2のスペシャリティーカーってほとんど売れていないのだ。そんなことは、作り手は承知のうえだろう。台数は売れなくてもこういうクルマが世の中にあってほしい。個人的には歓迎する。

spec/R

○全長×全幅×全高：3285×1475×1510mm○ホイールベース：2195mm○車両重量：810kg○総排気量：658cc○エンジン型式：直4DOHC○パワー/トルク：54ps/6.4kg-m○10・15モード燃費：24.5km/ℓ○サスペンション(F/R)：ストラット/ストラット○ブレーキ(F/R)：ベンチレーテッドディスク/ドラム

●現行型登場年月：
05年1月(デビュー)／05年11月(MC)
●次期型モデルチェンジ予想：
10年1月
●取り扱いディーラー：
全店

grade & price

i	¥1,145,000
i (4WD)	¥1,254,000
R	¥1,271,000
R (4WD)	¥1,380,000
S	¥1,428,000
S (4WD)	¥1,537,000

プロフィール▼ 優れたデザインで人気を博しているR2のルックスを生かしつつ、コンパクト化したR1。その中身は軽量シティコミューターである。大きく広くという時代の流れに逆らうような、3ドアボディのR1は4人乗りだが、実際には後部座席は緊急用で、ラゲッジとして使うのが正解。愛称の「てんとうむし」がピッタリくる、新たな価値を創造する軽自動車である。

メカニズム▼ 搭載されるのは54psを発揮するNAエンジンで、スバル自慢のi—CVTミッションが組み合わされる。CVTはエンジンの効率のいい回転域を維持できるため、パワー不足の660ccNAエンジンでもスムーズな加速をする。また、FFで24・5km／ℓ、4WDで22・0km／ℓと燃費もよく、クリーンなエンジンである。

走り／乗り心地▼ 15インチタイヤの採用と、R2でスーパーチャージャーモデルだけに装備されているスタビライザーの標準化で、しなやかで小気味よいハンドリングを実現した。また短いホイールベースにもかかわらず、直進安定性にも優れているのだ。乗り心地もよく、路面からの入力をきちんといなす。

使い勝手▼ フロントシートは質感も高く、大人2人での使用で、十分実用に耐え得る。ラゲッジスペースは狭いが、リアシートを倒せばまったく問題ない広さだ。ひとりで乗る場合は、助手席を前倒しするとテーブルになるなど小技も利いている。

こんな人にオススメ スペースがミニマムなので、隣に女性を乗せるならよいが、男同士で乗る機会が多い人にはおすすめできない。肩が触れ合って気色悪いから。ひとりで乗ることがほとんどで、人とは違ったものを選びたい人へ。やはり2台目のクルマとして。子育てが終わった団塊世代の男性がしゃれで乗ったら面白そう。かつての趣味はプラモデル製作。あるいはミニカーや帆船モデル収集といったイメージかな。

ｉ【三菱】

デザインだけでなく実用性もあり

　こういうクルマを世に出すのは、技術面だけでなく、組織の論理としても大変だったはずだ。よく出てきてくれたよなと思う。

　商品開発チーフが、「軽自動車に革命を起こすべく立ち上がりました」と述べている。何が革命なのかというと、通常の軽はＦＦ（フロントエンジンフロント駆動）が主流だ。ところがｉは、車体後部にエンジンを配置し、後輪を駆動する。つまり、フェラーリやＮＳＸなどに採用されるミッドシップ・レイアウトなのだ。では、軽のスポーツカーなのかというとそうではない。

　エンジンが前にないことから、さまざまなことが実現されている。ノーズが短いのでイメージとして衝突安全性に不安を感じるが、じつはそうではない。衝突時に鉄塊となって乗員を痛める危険性のあるエンジンが前にないので、その分、エネルギーを吸収するクラッシュゾーンを確保できる。

　デザインの自由度も広がる。フロントウインドウを大きくしたり、ヘッドライト位置を高くしたりして、通常のＦＦの軽とは違ったスタイリングを得た。実際に乗ってみると視界のよさが新鮮だ。

　重量配分が43対57で運動性に優れた素性だから、乗り心地を柔らかくしても操縦安定性が保てる。頭が軽いので、ステアリングを切るとスーッとノーズが気持ちよく入っていく。何よりも乗ってみて感じたメリットはその静かさだ。そもそも軽のエンジンはうるさいものだが、エンジンが後ろにあるので、運転席にあまり聞こえてこない。

　プレミアム性やデザイン性を前面に出した。その部分は個人的に大いに賛同する。しかし現在の世の中の流れは、軽の規定枠一杯でできるだけ居住スペースを広げた背高箱型が人気を博しているのが現実だ。そうしたなか、スバルＲ１／Ｒ２は逆転の発想で「小さくてデザインが個性的だからこそ精神の豊かさがある」と打ち出したが、販売上はうまくいかなかった。軽のユーザーが求めるものは、スペースで、デザイン性に富んだクルマを望んでいない。ｉもＲ１の二の舞ではないかと思ったのだが、なんと発売スタート時に1万台（！）も売れた。

　そこでＲ１とは何が違うのか考えてみた。まずは室内が広いことだ。ノーズを切り詰めたので、その分ホイールベースを伸ばすことができ、コンパクトカー並みの広い居住空間が出現した。曲線の多いデザインなので見た目は小さく見えるが、実際には中は広い。

　外観の印象によりデザイン性が高いように見えるｉだが、内装デザインは思いのほか、素っ気ない。それでなくても狭い軽を、Ｒ１のようにデザインのためにさらに小さくしてはユーザーにそっぽを向かれてしまう。ｉの場合は、デザインのために居住性を犠牲とせず、あくまでも室内の広さや使い勝手を重視した。それが成功の理由だろう。

　外観に関しても、ノーズが短くてリアフェンダーが張り出したデザインは、エンジンが後ろにあって後輪を駆動する機能をカタチで表現したもの。だから嫌味がない。きっと飽きもこないだろう。

　個人的に気になるのは、ルーフが左右に大きく張り出した後姿だ。頭でっかちに見えてあまり格好よくないように感じるのだが、これも後席の居住空間を確保するための機能優先から生まれたものだと思えば、納得だ。

spec/M

○全長×全幅×全高：3395×1475×1600mm○ホイールベース：2550mm○車両重量：900kg○総排気量：658cc○エンジン型式：直3DOHC○パワー/トルク：64ps/9.6kg-m○10・15モード燃費：18.6km/ℓ○サスペンション(F/R)：ストラット/3リンクド・ディオン○ブレーキ(F/R)：ベンチレーテッドディスク/ドラム

●現行型登場年月：
06年1月(デビュー)／06年10月(MC)
●次期型モデルチェンジ予想：
11年1月
●取り扱いディーラー：
全店

grade & price

S	¥1,050,000
S (4WD)	¥1,176,000
L	¥1,155,000
L (4WD)	¥1,281,000
LX	¥1,260,000
LX (4WD)	¥1,386,000
M	¥1,386,000
M (4WD)	¥1,512,000
G	¥1,491,000
G (4WD)	¥1,617,000

プロフィール▼
「デザインと居住性」、「居住性と衝突安全性」という相反するテーマを実現するために採用したのが、三菱のミッドシップ・レイアウトだ。これにより、トータルバランスに優れた、新しいカタチの軽自動車に仕上がっている。さらにデザインはスマート的ではあるが、三菱の独自デザインとのこと。パネル感を強調することで、個性を演出している。

メカニズム▼
シャーシに加えて、エンジンも新開発とし、軽量・小型化を実現。さらに全車、三菱伝統の可変バルブタイミングシステムであるMIVECだけでなく、ターボもプラスすることで、パワーも確保している。環境性能についても、3つ星を獲得。平成22年燃費基準も同時に達成済みと、環境、資源の両方に配慮している。

走り/乗り心地▼
リアエンジンのメリットとしてまず挙げられるのが静粛性だ。またロングホイールベースに加えて、新開発となるサスペンションについてもフロントの自由度が高まり、よりしなやかな乗り心地を実現している。

使い勝手▼
エンジンはラゲッジ下。フロントにはなにもなく、タイヤも四隅にしっかりと寄せられた結果、広大な室内にまずは注目だ。乗り降りに関しても楽にでき、グラスエリアが広いから開放感にも溢れる。ただし、ラゲッジ自体は必要最小限で、シートアクションもオーソドックスなのは致し方ないか。

こんな人にオススメ

こだわっていそうで実は実用性も強く意識したi。概ね男性はこのカタチが未来的だと思い、女性はかわいいと感じるようだ。全車ターボで安くはないが、遠乗りする機会が多い人にもすすめられる数少ない軽のひとつである。内装デザインに少し女性を意識したところがあるのは男性の僕としては気になるが、今後、スマートのようにシャレがきいた感じで受け入れられていくと面白いだろう。

ゼスト【ホンダ】

お父さんが乗ってもしっくりくる

スズキ・ワゴンRやダイハツ・ムーヴのような背高箱型をハイトワゴンという。1971年にデビューしたホンダ軽の基幹モデル、ライフは、主流となりつつあったハイトワゴンの道をあえて選ばず、大きさを中くらいにして、重心を下げて運動性を上げることで操縦安定性や燃費向上の線を狙ってきた。2005年登録で13万台。そこそこ売れている。それなのになぜ今頃、ハイトワゴンのゼストを出してきたのか？

この答えは軽の販売傾向で見えてくる。今や乗用車の3割を軽が占める。そのうち乗用軽タイプは2年間で約8万台増。ハイトワゴンは10万台増。つまり、軽の最近の躍進はハイトワゴンの増加によっている。ハイトワゴンがないと先行きが不安だ。だからゼストを登場させたのだ。

ゼストが狙うのは一家に1台の軽。ライフは7割近くを女性が乗っているが、ゼストはお父さんが乗ってもしっくりくる軽を目指した。フェンダーをふくらませてそんなにのっぽに見えない工夫をした。とは言え、コンセプトはワゴンRやムーヴと同じだ。ホンダというメーカーは、新しい発想のクルマを提案し、他社から追従されることが多いけれど、今度の場合はこちらが後出しじゃんけんだ。格好悪いけど背に腹はかえられない。でも、せめてワゴンRやムーヴにはないウリを作りたい。ただ真似するだけでないところはホンダらしい。ではそのウリは何なのか？

実際乗ってすぐに感じたのはライバル車よりもエンジン音が静かなことだった。そもそも軽は排気量わずか660cc以内が義務付けられるので、力を出すためにはどうしたって高回転型にせざるを得ない。だからアクセルを踏み込むと、ウイーンというやかましい音を立てていた。

ホンダは発想を逆転し、4000回転以上を超えたら極端にトルクが落ちてもかまわないから、中低速で力を大きく出すエンジンを作った。気筒当たり2つのプラグを配し、急速燃焼させて低中速トルクを分厚くした。低い回転数で走れるのでエンジン音が静かになった。これはいい。

さらにNV（ノイズバイブレーション）対策にも力を入れている。屋根には吸音材もたっぷり入れてある。走りの質感の高い軽となった。

ハイトワゴンだから重心が上がり、そのままでは操縦安定性で不利となる。そのため足周りを強化した。ライバルと比べると、低速での乗り心地は硬めだが、高速道路ではしっかりした印象だ。

ハイトワゴンとして大切な使い勝手に関しても、ライバルにはないウリがある。低床化を唱えるホンダらしく、荷室の開口地上高は530㎜の低さを実現した。自転車を載せるときなどに楽である。リアステップ地上高は340㎜で、子どもやおばあちゃんが乗り降りするにも楽である。

一方、残念なのはワゴンRやムーヴにある後席スライド機構がないことだ。後席スライドがあると荷物が少ないときに室内を広々と使えて、荷物がいっぱいのときは前にスライドさせられる自由度があって、とくに軽には有効だ。なぜないのかというと、後席も低床化低重心にこだわったため、物理的に実現が難しかったからだ。でも、頭上空間は余っているのだから、後席の座面が高くなってもスライド機構はあった方が良いと思う。まあ、こういうヘンなところにこだわるのがホンダらしいのだが。

spec/スポーツGターボ

○全長×全幅×全高：3395×1475×1635mm○ホイールベース：2420mm○車両重量：910kg○総排気量：658cc○エンジン型式：直3SOHC○パワー/トルク：64ps/9.5kg-m○10・15モード燃費：18.0km/ℓ○サスペンション(F/R)：ストラット/車軸式○ブレーキ(F/R)：ベンチレーテッドディスク/ドラム

●現行型登場年月：
06年2月（デビュー）
●次期型モデルチェンジ予想：
11年2月
●取り扱いディーラー：
全店

grade & price

N	¥1,040,000	スポーツW（4WD）	¥1,418,000
N（4WD）	¥1,166,000	スポーツGターボ	¥1,313,000
G	¥1,099,000	スポーツGターボ（4WD）	¥1,439,000
G（4WD）	¥1,225,000	スポーツWターボ	¥1,449,000
W	¥1,229,000	スポーツWターボ（4WD）	¥1,575,000
W（4WD）	¥1,355,000		
スポーツG	¥1,187,000		
スポーツG（4WD）	¥1,313,000		
スポーツW	¥1,292,000		

プロフィール▼ ホンダは従来より、軽自動車もラインアップするメーカーではあるが、ワゴンRなどに代表されるミニバンタイプについてはリリースしてこなかった。ここにきて最後発として登場してきたのがライフベースのゼストだ。新規参入でどれだけ販売台数を伸ばせるかは興味があるところ。もちろんその魅力は車高の高さを活かした広大な室内で、オデッセイなどで培ってきた低床化技術を投入している。

メカニズム▼ 他メーカーと大きく異なるのがライフ譲りとなるエンジンのフィーリング（ライフとセッティングはまったく同じ）。軽自動車というと、高回転型になりがちだが、こちらは100km/h巡航時でも回転は低く、室内に騒音がこもらず、疲れは確実に少ない。

走り/乗り心地▼ やはり静粛性が高いということは走りに対する印象もじつにいい。ただしサスペンションの設定は3タイプあり、高速も含めた安定感の高さという点では、より固められたターボ車に軍配が上がる。風が強い日でもふらつくことはない。

使い勝手▼ 後発の強みに加えてお得意の低床化技術を投入することで、室内が広大なだけでなく、ステップ高も低く、乗り降りもじつに自然にでき、楽だ。またラゲッジの開口部については、なんとステップワゴンよりも広く、後端部についてもフラットなので荷物の出し入れなどで気を使うことはない。

こんな人にオススメ

ホンダの開発者はそう言われてもうれしくないかもしれないが、後出しじゃんけんだけによくライバルを研究している。エンジンがこれだけ静かとなるとあまりコンパクトカーとの違いも感じられない。ターボ仕様だと速さはもちろん静粛性もさらに高く、足周りも強化されているので高速での安定感もあってよかった。一家に1台の軽として、あるいは大人の男性が乗っても納得ができるはずだ。

MRワゴン【スズキ】

30代のママ限定

スズキの軽の基幹モデル、ワゴンRは、必要ないものはついていない方が便利なのだ、と言わんばかりに割り切っていて、じつに機能的というか質素。そのワゴンRをベースに、スタイリッシュで上質な雰囲気を持たせた先代のMRワゴンは、20代から50代までの各年齢層に、男性女性の別なく幅広く売れていた。

ところで、免許を保有する最多数世代は30代で、乗用車中に軽は3割を占める。そのうち女性比率は6割もある。所有名義だから使用者数はもっと多いだろう。女性の平均初婚年齢は27歳で、第一子誕生は28歳。つまり子ども1人の30代女性は、軽の大ボリュームゾーンなのである。スズキはその層を取りこぼしていることが調査でわかった。それで、今度のMRワゴンは、幅広くはやめて、完全なるママ狙いに絞った。キャッチフレーズはママズ・パーソナル・ワゴン（そのものズバリじゃん）。笑顔のフロント・フェイス、エンブレムも子どもの笑顔がモチーフだ。

開発者は、ママがドアを開けたその瞬間に「わーっ」と喜びの声を上げさせたかった、と語った。ドアやインパネは明るいアイボリー色だ。ビニールレザーが貼ってあるのかな、と思って触ってみたらかちかちと固かった。張り物ではなく一体成型品なのである。樹脂に繊維を練り込んだ新素材で、つまりコストを抑えつつ、見た目は温かみのある質感を持つ。

通販雑誌を見ていると、豪華なソファやテーブルがいったいどうなってんだ（!?）という価格で売り出されている。実際に買ってみると、木目だと思っていた部分が木目調のプラスティックだったり、革張りだと思っていた部分はプラスティック樹脂だったりなんてコトがあるのだろうか。そんなときは、一瞬がっかりするかもしれない。でもしばらくすると、見た目がよいのに越したことはないのだし、何しろこの値段だ、と思えてくるのかもしれない。

素材が樹脂製でも、色と見た目で感性が合えば、女性は受け入れてくれるはずだと開発者は考えている。このあたりのことは僕には理解不能だが、はたしてどうなのだろう。

そういえば、ウチの事務所の女性スタッフと話していると、「A（有名人）は好きだけど、Bは生理的に絶対嫌い」と言う。僕にすればAもBもそんなに大差がないのに不思議な感じがする。理由を尋ねても「理屈じゃなくて直感」なのだそうだ。

クルマの好みに関しても、男性はこのデザインと素材で別のあの色だったらいいなという選び方をするが、女性はデザインと色を別々に分けないで、直感的にクルマの好き嫌いを決める傾向があるようだ。

もともとクルマの内装は黒やシルバーが基本だが、MRワゴンではアイボリー一色とマルーン&アイボリーの2通りのパターンで色を重視した設定となる。実際にシートに座っていると、通販雑誌の明るい雰囲気のリビングにいるような温かみを感じてはくる。

さらにママの使い勝手を重視して、哺乳瓶を置けるような平らなトレイやコンビニのビニール袋がかけられるフックもある。

MRワゴンはワゴンRよりもずっと上質感を持たせているにもかかわらず、同グレードで比較してわずか3000円高。お買い得といえる。

spec/X

○全長×全幅×全高：3395×1475×1620mm○ホイールベース：2360mm○車両重量：820kg○総排気量：658cc○エンジン型式：直3DOHC○パワー/トルク：54ps/6.4kg-m○10･15モード燃費：21.0km/ℓ○サスペンション(F/R)：ストラット/I.T.L.○ブレーキ(F/R)：ディスク/ドラム

●現行型登場年月：
06年1月（FMC）
●次期型モデルチェンジ予想：
11年1月
●取り扱いディーラー：
全店

grade & price

G	¥1,016,000
G（4WD）	¥1,134,000
X	¥1,121,000
X（4WD）	¥1,239,000
T	¥1,232,000
T（4WD）	¥1,349,000

プロフィール▼ MRとは「マジカル・リラックス」の略。ベースとなっているのはもちろんワゴンRだが、先代はそれよりもさらに大人向けの落ち着いた雰囲気が特徴だった。現行型では女性、とくに子どものいる「ママ」をターゲットとし、コンセプトも「ママズ・パーソナル・ワゴン」。ちなみに先代同様に日産にもOEM供給され、モコの名前で販売される。

メカニズム▼ シャーシはワゴンRで新開発された新世代プラットフォームを使用し、エンジンはNAとターボの2タイプが用意されているが、前者は可変バルブタイミングのVVT付き。後者は発進や加速を自然にアシストしてくれるマイルドターボ仕様としている。ミッションはすべて4ATだ。

走り／乗り心地▼ ママにターゲットを絞っているだけに、パワーの出方がマイルドだったりと、扱いやすい味付け。また経済性についても高いレベルで実現しており、財布にも優しい。

使い勝手▼ とにかく随所に使い勝手を考えた装備が配置されている。とくに小物入れやバッグが置けるトレイなどは、女性にはうれしい装備だろう。シートアレンジもじつに絶妙。前席のシートスライド量を増やしているだけでなく、助手席前倒し機構を装備することで、後席とのコミュニケーション性を高めている。また最小回転半径は4・4mとかなり小さく、軽く回せる電動パワステも装備するので日常的な取り回しもいい。

こんな人にオススメ

男性が乗るには気恥ずかしいし、女性であってもキャリア志向の人や中年のマダムも違うだろう。ターゲットはピンポイントで30代のママ。通販雑誌を愛読（僕も好きだけど）。家計のやりくり上手。クルマのできはフツー。フル加速時には3気筒エンジンがいかにも軽らしくガーガーと唸るが、小さな子どもを乗せているのでママはフル加速しないだろうから、それだったら気にならないレベル。

ステラ【スバル】

スバルの背高代表は乗り心地よし

背高箱型主流に背を向けて、独自の軽自動車路線を貫いてきたホンダとスバル。しかし、ここにきて転向を余儀なくされた。

ホンダが放った背高軽はゼスト。大まかに言ってその考え方は、背高は重心が高いから足周りを強化しなければならない。そうしないと高速走行で姿勢がぐらぐらしてしまうというもの。

スバルの背高はステラ。興味深いのは、同じ転向派のゼストが走りを重視した男性向けの作りなのに対して、微妙にターゲットをずらしてきたことだ。スバルが作るのだから足がちがちに固められているのだろうと僕は予想していたのだが、これがスバル（?）というほど乗り心地が柔らかい。その考え方は、背高ユーザーは市街地での使用が主体だから、足周りをそんなに強化しなくていい。むしろ柔らかい乗り心地を求める、というもの。

この足で、どんな層を狙っているのかすぐわかる。ママさんたちだ。

同じ背高といっても、いろいろなキャラが出揃った。スズキ・ワゴンRは走りを割り切ったコスト重視。ゼストは走りの安定性重視。ムーヴは乗員の居住性を重視。どちらかというとステラはムーヴ派だ。実際にムーヴを購入して徹底的に研究した。ムーヴとの違いは、サスが四輪独立式なので、凸凹路では快適さで勝る。ただしフラットな舗装路では差はない。

それはそうと意外なことに、元気なスポーティ仕様のステラ・カスタムの方が標準モデルのステラよりも乗り心地がよかった。理由を開発者に尋ねてみたら、標準モデルはフロントのスタビライザーがないので、その分、バネを硬くしているとのこと。一方、カスタムはスタビが装着されているので姿勢安定性が上がり、その分バネを柔らかくすることができた。だからまっすぐ走ったときの乗り心地はカスタムの方が柔らかくて快適で、カーブでもロールが少なくクルマが傾かないので姿勢安定性もよい。

だったらカスタムと同じ足にすればいいと思うのだが、スタビ装着で数kg程度重くなり、コストも上がってしまうのだそうだ。わずか数kg増で燃費がどのくらい違うのだろうか。軽ってまるでレーシングカーのような重量削減を強いられるのだなぁと思う。コンマ数ℓの燃費を気にしない人には、ステラよりもステラ・カスタムがおすすめだ。

気になるのはいくぶんムーヴよりも室内が狭く感じることだ。ステラはR2の車台がベースなので、背高専用設計の車台よりも底面積が幾分狭い。ただムーヴって天井とか無駄に広い感じがする面もあるので、さほど気にならないレベルではある。後席のスライド量がムーヴで25cm、ステラが20cmくらいの違いだ。

足が柔らかめにセットされていても、そこはスバル。操縦安定性はきちんとしているし、とくにブレーキの利きとフィーリングはよかった。

それにしても、R2で意地を通してきたメーカーの開発者には、忸怩《じくじ》たる思いがあるに違いない。ステラはあくまでもピンチヒッターとして捉えようとする気持ちが当初はあったようだが、背高後発モデルながら発売から1万台を超え、どうやらスバルの軽の4番打者に座る気配あり。ステラを誰よりも望んでいたのは、それまで売り物に背高軽がなかったスバル販売店だろう。販売店にすれば救世主的存在なはずだ。

spec/カスタムRS

○全長×全幅×全高：3395×1475×1645mm○ホイールベース：2360mm○車両重量：890kg○総排気量：658cc○エンジン型式：直4DOHC○パワー/トルク：64ps/9.5kg-m○10·15モード燃費：18.8km/ℓ○サスペンション(F/R)：ストラット/ストラット○ブレーキ(F/R)：ベンチレーテッドディスク/ドラム

●現行型登場年月：
06年6月（デビュー）
●次期型モデルチェンジ予想：
11年6月
●取り扱いディーラー：
全店

grade & price

L	¥987,000
L（4WD）	¥1,096,000
LX	¥1,108,000
LX（4WD）	¥1,217,000
カスタムR	¥1,197,000
カスタムR（4WD）	¥1,306,000
カスタムRS	¥1,397,000
カスタムRS（4WD）	¥1,506,000

プロフィール▼ プレオ以来、新型車が途絶えていたスバルのハイトワゴンだが、8年ぶりに登場したのがステラだ。ターゲットは小さな子どものいる母親で、「楽しい関係空間」をコンセプトに親密な親子関係の演出を掲げている。とは言え、標準車に対して、エアロを装着してスタイルにもこだわったカスタムも用意され、グレード体系は2つに分かれる。

メカニズム▼ エンジンはスバルの軽自動車がこだわり続ける4気筒ユニットとし、実用性重視のNAと、パワーに優れるインタークーラー付きのスーパーチャージャーの2タイプを用意。どちらにも同じくスバル自慢のi－CVTを新開発して搭載する。ちなみにMTの設定はない。

走り／乗り心地▼ しなやかなフィーリングはやはり4気筒ユニットならではのもの。さらにスーパーチャージャーもパワフルだ。ただし加速時など、アクセルを強めに踏み込むと騒音がけっこう侵入してくるのは残念だ。パッケージングはハイトワゴンスタイルを採用しているだけに、室内は広大でゆったり。

使い勝手▼ 親密な室内空間を演出するというだけに、シートアレンジにも力を入れている点に注目。たとえば助手席マルチユーティリティシートは助手席のシートバックが倒れて、テーブルになるという優れものだ。さらにティッシュの箱がそのまま入るグローブボックスなど、収納力も高い。

こんな人にオススメ

背高軽で、何百kmも走って遠乗りするようなことはしない。そんな人ならこの柔らかい乗り味は、ステラ／ステラ・カスタムの長所としてだけ映るはずだ。一家に1台の軽としても使える広さ。ただし、従来の「スバル＝走りがいい＝男のクルマ」イメージを抱いている人には肩すかし。市街地限定の人におすすめ。

part7

スポーツカー

SPORTS CAR

RX8

S2000

ロードスター

レクサスSC

ランエボワゴン

911

ガヤルド

430

NSX

スポーツカー相関図

国産車のなかでももっともお寒いクラス。ここ数年で多くの名車が生産を中止し、
もはやスポーツカーと呼べるクルマは数えるほどしか残っていないというのが現状だ。

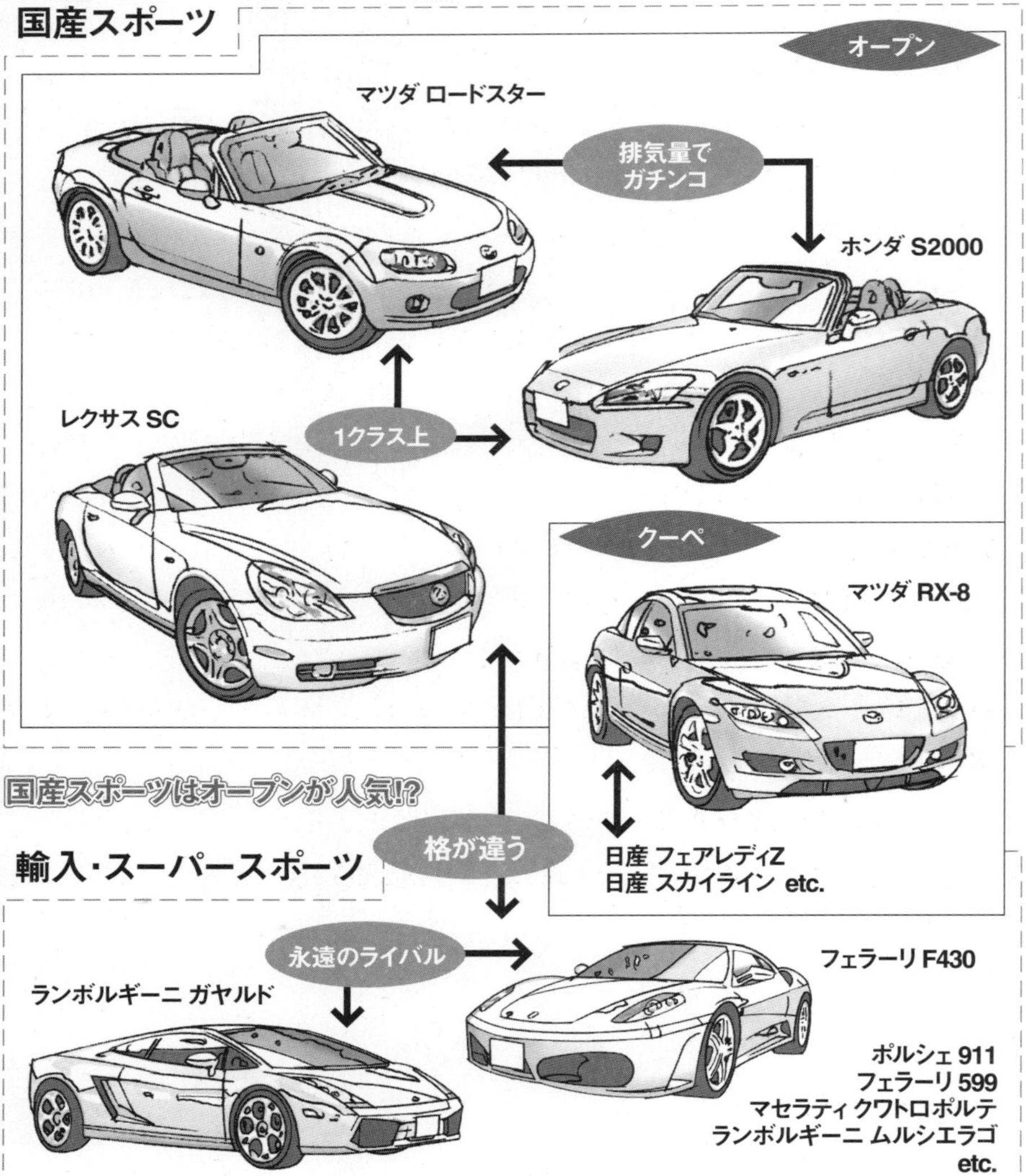

これほど多種多様な価値が存在するカテゴリーは他にはない。

かつてある自動車雑誌で、「スポーツカー選手権」と題して、その年に発売されたスポーツカーの中で、一番を選んでほしいという依頼を受けたことがある。これは難しいテーマだった。

というのは、速さを求めたスポーツカーがあれば、オープンで快適性を求めたスポーツカーもある。「汗」をかくことを目的とするスポーツカーがあれば、いかに楽して「スピード」を手に入れるかを重視したスポーツカーもある。

たとえば、フェラーリとポルシェはライバルと思われているかもしれないが、僕にすれば、まったく違うジャンルのクルマだ。それは目的が異なるからだ。向いている方向が正反対。

他のカテゴリーは、荷物を運ぶとか、大勢を乗せるとか、いちおうはそのカテゴリーなりの方向性や目的がある程度は定まるが、スポーツカーの場合は、それぞれがばらばらだ。まったくベクトルが違うクルマを比べて、どっちがよいかと問われても難しい。

スポーツカーは、個性が最もはっきりしているクラスだ。それだけにそれぞれのキャラクター、価値や方向性がまったく違うから、そこに注目すると面白い。

RX8【マツダ】

スポーツカーに乗りたかったお父さんに

30代、40代の男性と話していて強く感じるのは、多くの人が心のどこかにスポーツカーに乗りたいという思いを持っていることだ。でも現実問題として一家に1台のクルマがスポーツカーじゃあどうにもならない。子どもが高校生になったから一緒に乗る機会は減ったが、それでも2人しか乗れないのじゃ話にならない。残念だけどスポーツカーは無理だ。と考えている人が多いようだ。

僕の場合は1台に絞る必要はないが、それでも2人乗りだと乗り込むときに手荷物を後席にぽんと放れずに、よっこらしょと助手席にまで持っていかなくてはならないのは煩わしい。いざというときに2人しか乗れないのも不便なものだ。いざというときって結構あるものだ。どんなに小ぶりでもいいから後席があってほしい。

スポーツカーを持ちたいけど、やっぱり無理だなという人は多いだろう。そういう人の思いを汲み取ってくれる車がRX8だ。

その最大の特徴は観音開きのドアである。何よりもパッケージングがすばらしい。繭状の室内空間の中に乗員4人をすっぽり収め、重量を重心近くに集中させている。決して広くはないのだが狭苦しく感じない空間を成立させた。まさに空間設計の妙だ。

日米のRX7ファンクラブやオーナーズクラブ、そしてマツダ社内の開発陣からも、RX7をやめないでという声があった。そういう声をRX8が成功したら7の後継を作らせてあげるからと封じ込めて、作り手のモチベーションを上げて作らせた。環境や燃費に気を使ってターボ仕様をやめNA仕様1本とし、「ロータリー=燃費が悪い」というイメージの刷新を図り、存続が危ぶまれていたマツダのアイデンティティであるロータリーエンジンを何とか残した。作りたかったのはスポーツカーである。

僕が一番評価する点はその走りよりも、乗り心地だ。たとえばセダンのアコードよりも足が柔らかいし、Zよりも柔らかい。「スポーツカー=がちがちの足」のイメージを持っている人には、「この柔らかい足でスポーツカーとして成り立つの?」と思うかもしれない。

大丈夫なのである。理由は、RX8が本格的なスポーツカーの構造を持っているからだ。エンジンの搭載位置をRX7よりもさらに60㎜後退させて中心よりに配置し、底面も40㎜低くして、車体の中心に重量物のエンジンをぐっと近づけた。

外見は変形4ドアセダンのようだが、いかにもスポーツカーらしいスタイルのRX7よりも運動性に優れた構造をしているのだ。さらに小型軽量なロータリーエンジンが運動性能向上に有利に働いている。

室内長をとるため、ホイールベースをRX7よりも275㎜伸ばした。それにより穏やかな挙動も得た。昔のRX7は限界領域で後輪がスパッとブレイクしてしまう挙動だったが、RX8の場合はロングホイールベースの効果もあって滑りながらもグリップが持続する。ドリフト・コントロールがしやすいし安心感もある。スポーツカーにとってはドリフトがしやすいことも重要だ。そこのところはメーカーもわかってくれている。

ちなみにRX8にはスピン防止スイッチが付いているので、そのままではドリフトには持ち込めない。カットオフ・スイッチを切ってもシステムは完全には切れない。これには隠し技があって、数秒間長押しすると完全に切れるようになっている。街中では切らないでほしいが、サーキットでは存分に切って走ってください、というマツダの開発陣の考えだ。

軽快なフットワークで、ライトウエイトスポーツのように鼻先軽くひらりひらりと向きを変えられる。それでいて乗り心地はRX7よりもずっと柔らかくなって快適だ。それは走りの有利さをスポーツの要素に全部はふらず、乗り心地方向にもふったから。もともとスポーツの貯金があるからこそ、乗り心地にふってもまだ余るのだ。

もし同じような運動性能をFRセダン（スカイライン）ベースの日産フェアレディZが得ようとしたら、ずっと足を固めなければロールやピッチングは抑えられない。それだからこそ初期のZは、あの悲劇的な乗り心地となってしまった。スポーツカーは素性が問われるのだ。RX8はセダンからの流用ではなく、基本設計から新たに作り直した専用設計だからこそスポーツ度が高く、その貯金を乗り心地の方にふり分けても十分なスポーツ性が確保できた。開発陣はもっとギンギンな足に固めればもっと速くなるのはわかっていて、そうはしない。レースカーとスポーツカーは似て非なるものと考えている。

ポルシェもフェラーリもそう考えている。僕もそう思う。ホンダNSXや日産Zはそう考えない。ある意味、RX8はポルシェやフェラーリと似たマインドで作られている。目を三角にしてスポーツ度を上げると、気持ちよさは失われてしまう。ある程度、力を抜くことがスポーツカー作りには大切である。そのことをRX8の開発者は知っている。

ただし９５００回転（！）まで回る高性能エンジンにはひと言苦言を呈したい。確かに回せばすごいが、街中では宝の持ち腐れ。元からトルク面では不利なロータリーなのに、NAでパワーを振り絞ったものだから、さらに下のトルクが痩せてしまった。信号待ちのスタートで、アクセルを踏み込まずに不用意にクラッチをつなぐとエンストしそうになる。街中では２０００や３０００回転ぐらいではすかすかで、パワーもフィーリングもよくない。日常使いではこのエンジンのよさが出てこない。

そういう点でおすすめしたいのは、スタンダード仕様のエンジンだ。高性能仕様２５０psに比べて２１０psと非力だが、このエンジン、実はトルクでは高出力エンジンを上回っているのだ。リミットは７５００回転までで最大出力自体は高出力タイプに及ばないが、下の回転数、つまり街中で使う回転数ではこちらの方が勝る。

サーキットや走行会で好タイムを出したい人には２５０ps仕様がよいが、気持ちよさを追求したい人には２１０psの方が絶対おすすめだ。僕だったらこれにATを組み合わせる。ATだったらアイドリング付近の痩せたトルクも気にはならない。ロータリーって意外とATが合う。

欠点としては、あまりにスムーズすぎて吹け上がりのドラマがないことだ。やっぱりターボがほしいなあ。次回はハイブリッドの採用も検討したらどうだろう。高回転はロータリーで低回転はハイブリッドが受け持つ。燃費もよくなる。きっと相性がよいはずだ。

個人的な不満点は、見た目でスポーツカーらしい華に欠けるところだ。たとえばフェアレディZは、誰が見てもスポーツカーらしい形をしている。ところがRX8はスポーツカーなのかセダンなのかわかりにくい。どうせスポーツカーに乗るなら、もっとはったりがほしい。しかし、まあ、反対に目立ちたくない人もいるだろうから、長所と短所は裏返しということかもしれない。

spec/タイプS

○全長×全幅×全高：4435×1770×1340mm○ホイールベース：2700mm○車両重量：1310kg○総排気量：654cc×2○エンジン型式：2ローター○パワー/トルク：250ps/22.0kg-m○10・15モード燃費：9.4km/ℓ○サスペンション(F/R)：ダブルウィッシュボーン/ダブルウィッシュボーン○ブレーキ(F/R)：ベンチレーテッドディスク/ベンチレーテッドディスク

●現行型登場年月：
03年5月（デビュー）／06年8月（MC）
●次期型モデルチェンジ予想：
08年5月
●取り扱いディーラー：
全店

grade & price

標準車（5速MT）	¥2,531,000
標準車（6速AT）	¥2,562,000
タイプS	¥2,898,000
タイプSサンドベージュレザーパッケージ	¥3,092,000
タイプE	¥2,930,000
タイプEサンドベージュレザーパッケージ	¥3,092,000

プロフィール▼ 燃費の問題もあり、一時はその存続が危ぶまれたロータリーエンジン。RX7と入れ替わるように登場したのが、RX8だ。ロータリーファンは多いだけに、とりあえず胸をなで下ろしたことだろう。しかし、そのキャラクターはピュアスポーツのRX7とは一線を画すもので（RX7については別途開発中）、ドアを観音開きとすることで、スタイリッシュなクーペスタイルながら、実質4ドアと変わらない良好な乗降性を確保しているのはアイデアの勝利といっていい。

メカニズム▼ レネシスと呼ばれる新開発のロータリーエンジンはNAのみで、ターボはなし。その結果、懸案であった燃費についても改善されている。排気量はロータリーエンジン特有の表記で、654cc×2となり、すべてのグレードで共通となる。パワーに関してはハイスペック版の250ps仕様に加えて210ps仕様も用意されている。

走り／乗り心地▼ ロータリーエンジン特有のストレスのない天井知らずの吹け上がりなど、誰でも安心して楽しむことができるうえに、スポーツカーならではのテイストを存分に味わえる。かといってRX7のようにカリカリしたハードな味付けが前面に出ていないので、逆に扱いやすくて好印象だ。

使い勝手▼ スポーツカーは2ドアと思いつつも、後席に乗らないにしても、やはり4ドアの恩恵は大きい。

こんな人にオススメ 最近、首都高でRX8の覆面パトカーをよく見かける。RX8って前席のドアを開けてからしか後席のドアを開けられないから、容疑者を捕まえて後席に入れたら絶対に逃げ出せない。意外とパトカー向きなんだよな。個人的には、どうせスポーツカーに乗るなら、ノーズがとんがっていてもっと派手な格好がほしいが、世間や家族の目が気になる隠れスポーツカーファンにはうってつけ。

S2000【ホンダ】

街中では威力を発揮できないが……

２２００ccＮＡでなんと２４２psを発揮する世界でも類を見ない高性能エンジン。そのユニットを搭載する後輪駆動の2座席スポーツカーがＳ２０００だ。自慢のＶＴＥＣエンジンは４０００rpmを超えると性格が豹変し、レブリミットの８０００回転（！）まで一気に吹け上がる。

ところが街中ではからきしだらしない。

日常的な信号スタートでアイドリングのちょっと上、１５００〜２０００回転くらいでクラッチをつなぐと、エンストしそうになる。街中での常用回転域では本来の性能を発揮できず、ひたすらトルクが薄くて力ない感じだし、乗り手を昂揚させるような気持ちいい音も鼓動もない。本来のおいしいところを使っていないわけだから仕方ないけど、当然楽しくない。

２２００ccＮＡで２４２psはほんとにすごいことだが、パワーを絞り出すのが精一杯で、その分、低回転域が細ってしまった。そして気持ちよいフィーリングも薄れてしまった。

マイナーチェンジで２０００ccから２２００ccに排気量アップし、トルクが０・３kg―mほど増えたが、それでもまだ低回転域では「痩せすぎ」の印象だ。何かを得ようとすると何かを失うことになる。人生も技術もそういう面がある。個人的には、もっともっと低速側にトルクをふって、日常使いから気持ちよさを味わわせてほしいと思う。

居住空間は、運転に必要最小限でとてもタイトだ。運転するスペースだけは確保されていてステアリングやシフト操作がしにくいわけではないのだが、たとえばジャケットを脱いだり窓を開けたりしたいとき、ドアの内張りやドアノブに肘や前腕が当たってけっこうしづらい。

その足は硬く、街乗りでは身体がシートの中でどたばた上下に揺すぶられる。助手席に女性を乗せたら「スポーツカーってハードなんですね」と驚かれた（あきれられた？）。喜ぶかと期待していたのに、「身体がぐあんぐあんしてきつい」と言われてしまった。

そう、Ｓ２０００は体育会系の「男」の乗り物なのである。

天井は幌だから外から音ががんがん侵入してくる。ラジオはボリュームを上げないと聞こえない。隣の女性と話がしづらくて、よい雰囲気にならなかった（この部分はフィクション）。

僕が考えるスポーツカーはレーシングカーとは似て非なるもの。一緒に過ごすその瞬間を、ドライバーに楽しいと思わせてほしい。そういう意味で東京都内を走ったＳ２０００との1週間は、まるで修行僧の気分で、ありがとうございました。もうけっこうです、と思った。

ところが、御殿場まで足を延ばして、ワインディングロードに乗り入れると、その印象ががらりと変わってくるのだ。

まさしく水を得たサカナ。走る場を与えられたスポーツカー。想定された本来の状況に入って、本質が見えてくる。

このエンジンが息を吹き返すのは、ＶＴＥＣが高速側に切り替わる４０００回転から上だ。そこから、レッドゾーンの８０００回転までレヴカウンターが一気に跳ね上がる。

ステアリングを切ると同時にＳ２０００の鼻先がナイフでえぐるように鋭くコーナーに切れ込んでいく。巷では、やれスタビリティだ、リアの安心感だ、と説教じみた安全道徳が語られ、結果的には世の中にはアンダーステアで曲がりにくくて、つまらないスポーツカーばかりがはびこってきた。

誤解を恐れずに言えば、スポーツカーは本来、危険な領域まで立ち入ることを許された乗り物なのだ。危険領域に入るか退くかを決めるのは乗り手の意思だ。リアが絶対安定しスピンに至る危険性のないスポーツカーなんて本来あり得ないのだ（今、俺は少し酔っ払っている）。それなのに、多くの国産スポーツは過剰な安全性を追求し、結果的にアンダーステアでつまらないクルマばかりとなってきつつある。

ところがどうだＳ２０００は。抜群の回頭性のよさ。それは驚きであり、そして悦びでもある。

限界速度でコーナーに進入し、素早くステアリングを切り込む。ノーズがきゅーっと気持ちよく切れ込んでいき、テールがブレイクを始める。そのタイミングでアクセルを強く踏み込むと、簡単にドリフト状態に入っていく。カウンターステアをあてつつ立ち上がりながら、「なんだこんな楽しいクルマだったのか」と僕はつぶやいた。そして喜んだ。

ちなみに広場で定状旋回走行をやってみたら、カウンターをあてながら３６０度ぐるぐる回ることが簡単にできた。

こういうクルマはレーサーを目指す若者の練習台として最適だ。あるいは、また若い頃、レースをやりたくてもやれなかった「昔の若者」が、40歳を超えてレーサー気分を味わってみようとするには最高のアイテムだ。別にドリフトさせずにその手前の領域で走らせたとしても、ぐんぐん曲がっていく車を運転することは楽しいことだとわかるはずだ。

ただし、その走りの本質が見えてくると、疑問がわいてくるのも事実だ。はたしてこんな硬派なクルマなのに、オープンである必要ってあるのだろうか？

おそらくホンダとしては、オープンカー好きが世の中には少なからずいるから、そういうユーザー層も一緒くたに取り込もうと思ったのだろう。マツダ・ロードスターの成功を横目で見て、もう少し上の価格帯を求める層を取り込めるはずと考えたのかもしれない。

でもオープンモデルとするなら、もっと快適であってほしい。２座席分の居住スペースはもっと大きくとってシートも大きくして、足も柔らかくして快適にして、エンジン特性は常用域も考慮して、そんなに目を三角にしなくても走れるような、おおらかさを表現すべきだったろう。

スポーツ走行をするにはオープンである必要はない。というかクローズドの方が万が一何かが起きたときのことを考えると安心感がある。それにボディ剛性の面でも有利だし、街乗りでも静かだし。彼女とのデートの際も、うるさくない。このクルマの体育会系キャラを知れば知るほど、天井が幌ではなくてクローズドボディの方がよかったと思う。

ホンダのスポーツカーの開発者と話していていつも感じることだが、とてもまじめで良くも悪くも昔気質の職人気質だということ。僕が「走りはそこそこでいいから足は柔らかくして、快適性や居住性も重視したスポーツカーにしたらどうでしょう」と言うと、「そんなのスポーツカーといえるのでしょうか」と返ってくる。

そうした人が徹底的にこだわって作っているのがホンダ車の魅力のひとつではあるのだが。

spec/標準車

○全長×全幅×全高：4135×1750×1285mm○ホイールベース：2400mm○車両重量：1250kg○総排気量：2156cc○エンジン型式：直4DOHC○パワー/トルク：242ps/22.5kg-m○10・15モード燃費：11.0km/ℓ○サスペンション(F/R)：ダブルウィッシュボーン/ダブルウィッシュボーン○ブレーキ(F/R)：ベンチレーテッドディスク/ベンチレーテッドディスク

●現行型登場年月：
99年4月（デビュー）／05年11月（MC）
●次期型モデルチェンジ予想：
08年4月
●取り扱いディーラー：
全店

grade & price

標準車	¥3,780,000
タイプV	¥3,990,000

プロフィール▼ その車名からもわかるように、往年のSシリーズ復活となっただけに、その力の入れようは並々ならぬものがあった。プロトタイプが何タイプか、モーターショーに事前出品されていたほど。リッターあたり125psを発生する高回転ユニットなど、ホンダイズム全開だ。

メカニズム▼ 軽量化のためもあり、アルミをボディやサスペンションだけでなく、シャーシ自体にも採用することで、剛性と軽量化を両立させるXボーンフレームを新開発している。また超ショートストロークの6速MTはカチッとしたフィーリングが気持ちいい。排気量に関しては、車名のとおり、当初は2ℓだったが、マイナーチェンジで200㏄アップされ、2・2ℓへ変更。それまでの弱点とされてきた低回転のトルクの細さを補い、低回転から扱いやすいユニットへと進化している。

走り／乗り心地▼ マイナーチェンジによる排気量アップで確実に扱いやすくなり、さらに今までの最大の魅力であった高回転の気持ちのいい吹けはそのままと、ライトウエイトスポーツの理想型に近づいたといっていい。車速感応型の可変ステアリング「VGS」のフィーリングのできもよく、シチュエーションに合わせて、最適な操舵感を演出してくれる。

使い勝手▼ 2シーターオープンだけに、必要にして最小限の装備だが、簡単な荷物ぐらいは積める。

こんな人にオススメ

走るステージと速度によって評価が二分する。街中を主体に考えている人にはあまりおすすめできない。オープンカーの快適性で選ぶならマツダ・ロードスターの方がもっと雰囲気がある。けれども、レーシングカーを運転している気分を味わうためのアイテムと考えれば、これほど面白いクルマはない。運転命。ロードスターなら無理をすれば1台でこなせるが、S2000はやはり2台目のクルマだ。

ロードスター［マツダ］

日常の足として楽しく乗れる

僕はマツダ・ロードスターには強い思い入れがある。

まだ若かりし頃、初代が登場した当時の話なのだけど、僕はマツダのワークスドライバーに抜擢され、日常の足として登場したての初代ロードスターを与えられた。富士スピードウェイで開催されるレースやテストにはそのロードスターで通っていた。

レースでドライブしていたグループＣカー（ＭＡＺＤＡ７６７Ｂ、７８７）は、７００psの４ローターエンジンを搭載し、直線ではＦ１よりも速いお化けマシーンだった。３５０km／ｈからのフルブレーキで、ワンレースごとにシューズの底に穴があくほど運転がハード。そんな大パワーマシーンだと高速コーナーでの安定性と速さを重視して、シャーシのセッティングはアンダーステアを強めにする。そんなだから、小さなコーナーでは曲がらないマシーンとの格闘だった。

そして、レースが終わった後、ロードスターのステアリングを握った帰り道――。

ハードドライブから一転して、ロードスターのひらりひらりとした軽快な動きと優しい乗り心地。しなやかに車体をロールさせながらリズミカルにコーナーをクリアしていくとき、つくづく運転って楽しいなあと感じたのだ。大げさにいえば、生きている充足感と安堵感を与えられた。

これが大柄なセダンなんかだとそうはいかないだろう。あるいは限界速度重視のぎんぎんのスポーツカーでも、そんな気分にはならなかったと思う。そこそこの速さと快適さがよかった。

あの頃の僕は、レーシングカーの運転はプロフェショナルでも、まだクルマについては素人だった。そんな僕にロードスターは、スポーツカーはレーシングカーとは似て非なるもの、ということを教えてくれた。直線スピードやコーナーの限界の高さは必ずしも重要ではない。適度な、あくまでも適度な刺激があるからこそ、かえってリラックスできる。そういうスポーツカーのあり方もあるのだ。

初代が完璧だったわけではない。ひらっとコーナーに入っていく軽快感は美点だった。ただしさらに攻め込んだその先では、後輪が早めに限界を迎え、少々だらしなく横滑りを始める傾向があった。危ないわけではないが、速さの面でデメリットとはなっていた。

2代目はこの点を解消するため、ボディを補強してタイヤとサスペンションを改良し、後輪のグリップ力を上げて安定性と速さを獲得した。しかし限界性能は上がったものの、その分、アンダーステア気味となり、ひらひら感が薄れてしまった。スピードを上げて限界まで攻めて、「汗」をかくことが好きな体育会系のためのクルマとなった。

スポーツカーはレーシングカーとは似て非なるもの。オープンボディだからどうしてもボディはしなる。そのしなりを感じながらゆるい気持ちで乗りたい。そう捉えていた僕にとって、2代目は魅力が薄れた。個人的な見解だが、限界性能や操縦安定性はほどほどでよかった。ロードスターはあくまでも初代の持っていた軽快感と安堵感がその持ち味だった。だってオープンなのだから。

そして今回3代目になったロードスター――。

「人馬一体」が開発陣の謳うキーワードである。乗る前までは、どうしたってさらに速さを突き詰めて後輪のグリップ力を強めて限界を上げたただの体育会系だろうと思っていた。

　時代の要請で、ライトウエイトスポーツといえども衝突安全性を高めなければならないので、車体が必然的に大きくなり使用する鉄の量も増え、車重も重くなりがちだ。その非力を補うためエンジンは初代1600ccから2000ccとなった。ひらひら感やきびきび感が薄れているのではないか、と僕は危惧していた。

　ところが、3代目新型ロードスターは結論から先に言うと、うれしいことにそうはならなかった。この車は名物開発者貴島孝雄氏のおそらく最後の作品となる。力が込められた。

　エンジンの搭載位置を135㎜ほど車体の中心に寄せ、バッテリーをトランクからエンジンルーム内に移動した。初代の持っていた独特な軽快な動きを獲得するため、ボディをさらに補強し、重量物を中心に寄せるとともに、徹底的に車重を落とす努力がなされた。サイズはひと回り大きくなったのに車重増はわずか10kg以内にとどまった。

　前輪のグリップ力が2代目よりも強くなり、ぐんぐん曲がっていく傾向が強まった。初代のひらひら感とは違って、よく曲がるけれど、リアサスが踏ん張ってくれるからテールも粘る。だから安心度も上がった。

　進化の手法は基本的には体育会系の体力向上によってなされたが、初代の持っていたきびきび感も捨て去られていないのがうれしい。

　腕がたつ者なら、リアをブレイクさせてドリフトに持ち込むこともたやすい。開発目標としてもドリフトができることはマストの要素だったそうだ。自動車評論の場で「ドリフトできる!」なんて言い出したら、「遊びじゃないんだッ、けしからん」などとお叱りを受けるかもしれないが、そうじゃなくて、そういうクルマは、乗り手が曲がりたいときには曲がれる自由度があるということだ。たとえばブラインドコーナーに入ってさらにコーナーが曲がり込んでいたときには、よく曲がるクルマの方が安全だと僕は考えている。

　それにスポーツカーだから。運転がうまい人が場所をわきまえて楽しんで「何が悪い?」という思いもある。そういう意味で、今度のロードスターの走りの方向性を僕は支持する。

　ただし、乗り心地に関しては、RSというスポーツ仕様は、僕にとっては硬すぎる。これは汗をかくことが好きな走り重視の一部の自動車評論家やマニア向けの印象だ。VSとベースモデルの方が足は柔らかくてこちらがおすすめだが、もっと柔らかくてもいいと思う。

　オープンの場合はインテリアの質感も重要だ。低いドライビングポジションや、RX8と共用化せずに独自のデザインを与えられたインテリアなど、オープンスポーツの雰囲気とこだわりがよく表現されている。とくにインテリアは、安っぽかった初代、2代目とは違って、質感が大きく向上した。

　それにしても3代目に触れると、作り手がまるで自分の子どもに対するような愛情を抱いていることが伝わってくる。貴島さんありがとう。お疲れ様でした(まだお辞めになっていないけど)。もみじまんじゅう、おいしゅうございました。

　今までスポーツカーなど乗る気のなかった人でも、オートマ仕様のVSに乗っていると、「速く走る」以外に「楽しんで乗る」という意味でのスポーツカーもあり得ることを知るはずだ。

spec/RS

○全長×全幅×全高：3995×1720×1245mm○ホイールベース：2330mm○車両重量：1100kg○総排気量：1998cc○エンジン型式：直4DOHC○パワー/トルク：170ps/19.3kg-m○10・15モード燃費：13.0km/ℓ○サスペンション(F/R)：ダブルウィッシュボーン/マルチリンク○ブレーキ(F/R)：ベンチレーテッドディスク/ベンチレーテッドディスク

●現行型登場年月：
05年8月（FMC）／06年8月（MC）
●次期型モデルチェンジ予想：
10年8月
●取り扱いディーラー：
全店

grade & price

標準車（5速MT）	¥2,200,000
標準車（6速AT）	¥2,300,000
パワーリトラクタブルハードトップ（5速MT）	¥2,400,000
パワーリトラクタブルハードトップ（6速AT）	¥2,500,000
RS	¥2,500,000
RSパワーリトラクタブルハードトップ	¥2,700,000
VS（6速MT）	¥2,500,000
VS（6速AT）	¥2,600,000
VSパワーリトラクタブルハードトップ（6速MT）	¥2,700,000
VSパワーリトラクタブルハードトップ（6速AT）	¥2,800,000

プロフィール▼　7年ぶりにフルモデルチェンジを受けた、日本だけでなく、世界で高い評価を得ているライトウエイト2シーターオープンスポーツだ。ちなみにこのジャンルでの販売台数は歴代世界一で、ギネスブックに登録されているほど。もちろんコンセプトは初代より続く、「人馬一体感」だ。ただしスタイル的には従来のライトウエイト感は影を潜め、衝突安全性向上のためもあり、ワイド化されたボディはけっこうなボリューム。ただし、実際の重量はアルミパーツの多用や「グラム作戦」のおかげもあり、先代と同等レベルに抑えられている。

メカニズム▼　エンジンは軽量かつコンパクトな2ℓ新開発ユニットであるMZR型。ライトウエイト向けらしい、軽快で滑らかな吹けに注目だ。また組み合わされるミッションについては、6速MTをメインに5速MTも用意。さらにATに関しては6速化され、キビキビとした走りを楽しめる。

走り／乗り心地▼　軽快さは初代から変わることない、ロードスターのアイデンティティ。もちろん現行型でもその味わいは継承されている。とくにボディ剛性のさらなる向上による恩恵は大きく、コーナリング性能はさらに高いレベルを実現。誰でも安心して楽しむことができるようになった。

使い勝手▼　2シーターということもあり、使い勝手はいいとはいえないが、風の巻き込みなどは抑えられている。

こんな人にオススメ　RSは足が少々硬めで乗り心地がハードなので、これは僕が思い描くロードスターとは異なっている。僕ならVSのATだな（昔の僕の愛車だった深緑の初代ロードスターもそう）。乗り心地や使い勝手がホンダS2000よりもよいので、2人乗りであることを克服しさえすれば、日常の足となり得る。トランクの上にキャリアをつけて、そこにバッグを載せて小旅行に出かけてみたい。

レクサスSC【トヨタ】

座り心地バツグン！　居眠り運転が心配（？）

　言ってみれば、トヨタ・ソアラのマイナーチェンジ版である。電動格納式ルーフを持ったコンバーチブルで、スタイリングやシャーシや基本的メカニズムはソアラと同じ。つまりこのSCだけが新開発でないのにレクサスを名乗ることが許された例外である。

　それなのに、これがレクサスのスポーツカーです、と名乗っていいのだろうか。という問題はさておき、SCに乗ってみると、他のレクサスたちとまったく違う価値観で作られていることがわかる。それはコンバーチブルだからとか、スポーツカーだからということではない。レクサスＩＳとGSの2台とまったく違った世界観を持っているのだ。

　一つはその走り。ステアリングを握って走り出したとたん、これは他のレクサスとは違うと思った。レクサスの他の2台は、今までのクラウンのようなふわふわした足を否定するところから始まっている。足を固めたり、ハイテクデバイスを駆使したりしながら、車体の姿勢安定性を高め、車がロールやピッチングをしないようにセッティングされている。だからゆっくり走ったときには足が硬めな印象だ。

　ところがこのSCときたら、くたくたーっとロールし、乗り味がまったりとソフトなのだ。今回、本書を書くにあたって試乗した１００台の中で、最も近いフィーリングだと僕が感じたのは、リンカーン・コンチネンタルだった。そう、あの昔ながらのフルサイズのアメ車。ゆっくりと流したとき、ゆりかごの中にいるような気分にさせてくれるあの快適な足。あれにSCは近い。

　ステアリングの感触も独特だ。反力がなく、蜂蜜の中にシャフトを差し込んでかき混ぜているようなそんな感じ。ギアとシャフトが鉄と鉄でつながっているのではなく、粘性の物体でコネクトされたようなとろりとした感触だ。

　高級車ぽいといえば高級車ぽい。スポーツカーぽくないといえばスポーツカーぽくない。独特の味がある。

　僕はどんなクルマに乗ってもすぐに慣れる方なのだが、最初はこのSCのトロリとした感触になじまず、運転がしにくく感じた。これでスポーツカーなのか。少なくとも攻めた走りがしたくなるクルマではなかった。ところが屋根を開けて走り出してみると、作り手の意図が見えてきた。

　開発者は「純然たるスポーツカー」を作ろうとしたのではなかったのだ。「快適なオープンカー」を作ろうとしたのだ。そういえば昔のソアラって動きが不自然にしゃきっとしていて、スポーツカーらしいといえばそれらしくはあったが、その操作感や乗り味に高級感を感じなかった。SCはもっとスポーツ度は薄まったが、高級感は大いに厚みを増した。

　ISとGSの2台のレクサスに共通する突っ張り気味の足と不自然さの残る電動パワーステアリングの感触ともSCは違う。SCに慣れ親しんでくると、トロリが自然に感じられるようになる。天気のよい日にオープンにして箱根をツーリングしたら気持ちいいだろうなと思う。

　SCの開発者は相当の自信家、あるいはへそ曲がりなのだと思う。普通だったら、もっと普通にスポーツカーらしくしてしまうだろう。他のレクサスの様子を見て影響されてしまう部分が出てくるはずだ。

しかし実際は他のレクサスとまったく同調しないで、自分の理想とするクルマ作りの意地を通した感じがする。

というわけで、大いに感心させられた僕だが、不満がないわけではない。ATの制御は反応が遅いし、それでいてシフトダウンショックが大きい。とくに困るわけではないが、高級感には欠ける。

エンジンは4300ccもあるにもかかわらず力強さを感じない。そういう点は、スポーツカーとしてみればマイナス点である。

クルマのカタチに関しても、そのソアラ譲りのスタイルが、僕にはかっこいいのかどうか、よくわからない。

リアウインドウがラウンドしている関係上、それを電動で畳んでトランクに収納するためには、どうしてもトランクの上端を高くせざるを得なかったのだろう。そのためベルトラインが上がって、その上に小さなキャビンがぽこんと載るスタイルとなった。

丸いおしりのボリュームが強調されてしまった。スポーツカーはバックスタイルが大事だ。抜いた相手に「あっ、やられた」と印象付けることが大切だ。もっとシャープさがほしい。多少、特徴が失われても、誰が見てもかっこいいと思える黄金比率みたいなスポーツカー・スタイルでもよかったのではないかと思う。

とはいえ、NV性（騒音微振動）に不利なオープンボディと電動格納式ルーフなのに、みしりという音も出てこない作り込みは立派だ。電動開閉のメタルトップの屋根を跳ね上げて、収納する様子を見ているとあきない。

インテリアに関してもSCは他のレクサスと違って独特な世界を持つ。ISやGSのインテリアは、クラウンを否定するところから始まっている。つまり洗練された都会派、これみよがしでない高級さを狙っている。ところがSCのインテリアは、従来のトヨタ車の高級路線を踏襲する。どちらかと言うと、クラウンの豪華さの延長線上で、艶々の木目とゴールドで、全然、レクサスしていないのだ。

「俺の考える高級車にふさわしい乗り心地や内装は、レクサスの方向ではない。俺は俺のやり方でやらせてもらう」

そんなSCの開発者の声が聞こえてくる。

僕はSCの開発者に会ったことがないのだが、トヨタという会社の中にいてこういう仕事をする人は、どんな人なのだろうか。ぜひ会って話してみたい。

僕が考えるに、この人はレクサスの開発チームの中にいるよりも、次期のクラウンの指揮をとった方が、力が発揮されるのではないだろうか。これからのクラウンはこうだ。こっちの方がレクサスよりも高級だ。そんなふうに、日本独自の高級車の方向性を提案してみてほしい。

spec/SC430

○全長×全幅×全高：4535×1825×1355mm○ホイールベース：2620mm○車両重量：1740kg○総排気量：4292cc○エンジン型式：V8DOHC○パワー/トルク：280ps/43.8kg-m○10・15モード燃費：8.7km/ℓ○サスペンション(F/R)：ダブルウィッシュボーン/ダブルウィッシュボーン○ブレーキ(F/R)：ベンチレーテッドディスク/ベンチレーテッドディスク

●**現行型登場年月：**
05年8月（デビュー）／06年7月（MC）
●**次期型モデルチェンジ予想：**
08年8月
●**取り扱いディーラー：**
レクサス店

grade & price

SC430	¥6,830,000

プロフィール▼

元々国内では4代目ソアラとして販売されていたのだが、レクサスの日本上陸に合わせてレクサス店での取り扱いとなった。4代目ソアラ自体がレクサスメインで開発されただけに、不自然ではない。またレクサスへの移行時に装備の充実を図っており、ヘッドライトをはじめとしたフロントマスクなどのデザインも変更して、さらに高級感をアップさせている。

メカニズム▼

メカニズム的に注目なのはやはり電動開閉のオープンメタルトップ。開閉スピードだけでなく、作りのよさや剛性の高さにも注目だ。エンジンはソアラ自体と同じ4・3ℓで、これはGSなどに積まれるユニットと同じもの。ミッションはソアラ時代の5速ATからマニュアルモード付き6速ATへと変更。足周りの味付けもより引き締まったものとなっている。

走り／乗り心地▼

アメリカをメインマーケットとして開発されただけに、シャープな走りを楽しむというよりも、エンジンの大パワーを生かして、ゆったりと流すといった乗り方が似合う。なんといってもオープンエアを楽しめるというのは何物にも代え難い持ち味といっていいだろう。

使い勝手▼

オープンカーだけに使い勝手はそれほどよくないが、4シーターとしており、リアシートは狭いものの、緊急用としてなら4人乗りというのも可能だ。トランクについても最小限のスペースは確保されている。

こんな人にオススメ

ゆりかごの中に包まれているような感じで、運転していて眠くなってくる。助手席で彼女が眠っていても仕方がない。スポーツカーとしてみれば肩透かしだが、ロングツアラーとしてみれば快適で独特の世界を持つ1台だ。一見2シーターに見えるが4シーターである。後席に大人が長時間乗るのは困難だが、手荷物を置く場所としては便利である。老夫婦がこれで避暑地に出かけたらよい雰囲気。

ランエボワゴン【三菱】

開発者の熱き思い

エボリューションⅨまで進化したランエボに、とうとうワゴンが追加された。SUVの章に入れるべきか、スポーツカーの章か悩んだけど、精神はスポーツカーだと感じたので、この章に入れることにした。

試乗はミニサーキットで行なった。こういうコースだと、ワゴンボディでは小回りが利かず楽しくないかも。もしもエボ（セダン）のコンポーネントをワゴンボディに移植しただけのハリボテだとしたら、走りの欠点があらわになってしまうはず。そう思って乗り出したのだが、ぎんぎんに走って楽しめるクルマに仕上がっていた。

最初にATから乗ってみた。とにかくボディがしっかりしている印象だ。280psによる加速と強化されたフットワークで路面を蹴飛ばしながらドリフトする様は、ミラーで後ろを振り向かなければワゴンであることを忘れてしまうほど爽快だ。

そして圧巻なのは次に乗ったMTだった。こちらはもっとよく曲がる。スピードの上がる中速コーナーでは、セダンよりもアンダーステアが少なかった。コーナリング中にアクセルオフするとテールがいい感じでブレイクし、向きがすっと変わってくれるのだ。

この理由は、AT車よりも前輪のキャンバー角を増やして前輪の食いつきをよくしたこと。MTにはLSDが装着されるので、アクセルオンでノーズがぐいぐいインに入っていくこと。それに加えてワゴンボディの後ろの重さがかえって幸いして、リアが腰砕け状態でテールブレイクし、結果的にテールが滑って向きが変わる動きをすることによる。

ワゴンボディということでリアの重量増70kg。バネレートやショックアブソーバーの減衰力はセダンと同じままだから、相対的にバネレートが落ちたことになる。もしバネレートを上げれば腰砕けは減るが、その分乗り心地は硬くなるし、曲がりづらくもなる。

僕の考えは、高速ツアラーとしてみるともう少し直進性重視のセッティングの方がよいと思う。でも、ミニサーキットや峠のワインディングロードにも走りに行く人には、この曲がるセッティングは楽しめる。

ボディ補強はしっかりと行なわれている。そもそもワゴンボディはとくにリアゲート開口部の強度を出しにくい構造で、たいていのモデルはスポーツワゴンを謳っていても、もっとくたくたしているものだ。でも、ランエボワゴンは、床面に補強材を入れ、リアドアやサイドドア周りにもスポット溶接を増し、さらにBピラーの屋根側部分にも補強を入れた。つまり単純にエボのコンポーネントをワゴンボディに載せただけのハリボテではない。パワーに見合う走りができるように作り込んであるのだった。

だいたいが、フル加速でテールが暴れるほど強力なパワーを持っていて、そのうえ強力な効きのLSDもついていて（MT仕様）、曲がるセッティングが施されてアクセルオンでノーズがぐんぐん入っていくワゴンなんて、世界中見回してもちょいと見当たらない。この存在感の強さこそが間違いなくランエボワゴンの魅力である。

試乗してみてランエボワゴンがしっかりと作り込まれていることはわかった。けれども、次に「なぜランエボにワゴン？ どういう人がどういう用途で乗るのか？」という疑問が生まれてきた。

まあ幾分マイルドな乗り味のAT車に関しては、280psのおそろしくバカッ速い高速ツアラーとしての使い方は見えてくる。でもLSDまで装着して曲がるセッティングが施されたMT車に関しては、確かにサーキットやワインディングでいい汗をかくにはぴったりだが、そもそもワゴンでサーキットや峠道を攻める人がいるのだろうか？　そんな人はやっぱりセダンを買うのではないかと思ったのだ。

　そこで開発陣にどんな層を狙っているのか聞いてみた。すると「セダンよりももう少し幅広い層をということですかね」というあいまいな答えが返ってきた。

――どんな人が乗るのでしょうね？

「うーん……。ユーザーでエボのワゴンがほしいという声はありましたけど」

　具体的に考えていないようだ。高い年齢層だろうか。

「うーん……。とくにそういうこともないんですけど。2500台作るから売れてほしいです。ATも用意しましたし」

　どうやら、明確なユーザーのイメージはないようだ。たとえばこれが日産やトヨタの試乗会であれば、どんな人がどんな使い方をするか、所得はいくらで、居住区域はどこで、子どもの年齢や性別はどうで、ライフスタイルはこうこう、とまるでひとつの物語のように話してくれる。マーケティング調査を元にユーザーのイメージを明確にしたうえで開発する手法がとられているからだ。

　だから僕にも知らず知らずのうちに「どんなクルマか？」よりも「どんな人がどんな使い方を？」と考える癖がついていたのかもしれない。

　でもランエボワゴンの場合は、僕がクルマから降りるとバッと技術者たちがやってきて、「アンダーオーバーの操縦性はどうでしたか？」「ブレーキに問題点はありましたか？」と、それぞれの担当者が矢継ぎ早に聞いてくる。つまり彼らの興味はマーケティングよりもプロダクトのできばえであり、どんな人が乗るかよりも、どんな評価が下されるのかに関心がある。

　考えてみれば、乗り手が変われば使い方は千差万別だ。たとえばランエボのオーナーでも年配の老夫婦だったり、家族連れだったりして、およそランエボらしくない使い方をよく見かける。4ドアセダンだから使い勝手がよいということで選んでいるのだろう。そういう人にとって、ワゴンはさらに使いやすいわけだ。僕らが「どんな人が？」と、ユーザー適応者を突き詰めなくてもいいのかもしれない。

　自分たちだったらこんなクルマがほしい、だから作ってみました。さらに改良しました。という開発手法もあっていい。というかそれが今までのモノづくりの基本でもあった。つまりランエボワゴンは、どんな人や状況がぴったりなのかはわかりませんけど、みなさんこのクルマを使っていろんな使い方をやってみてください。という提案型の商品なのだ。

　提案型よりもマーケティングありきの開発手法が、ビジネスとして失敗の少ない道なのかもしれない。近頃のユーザーの多くがクルマに「開発者の熱き思いやこだわり」を期待しなくなった面もあるだろう。あるいは我々ジャーナリズム側が、魅力を伝えきれていないのかもしれない。しかし、レガシィやオデッセイなどの大ヒット商品も、デビュー時には今ひとつユーザー層がわかりにくかった。作り手の熱き思いが消費者に徐々に伝わり、ユーザーが人気車に祭り上げた面がある。これからもこだわりのクルマ作りが人気車を生むケースはなくならないはずだし、なくなってほしくないと願っている。

spec/GT-A

○全長×全幅×全高：4530×1770×1480mm○ホイールベース：2625mm○車両重量：1540kg○総排気量：1997cc○エンジン型式：直4DOHC○パワー/トルク：280ps/35.0kg-m○10・15モード燃費：8.3km/ℓ○サスペンション(F/R)：ストラット/マルチリンク○ブレーキ(F/R)：ベンチレーテッドディスク/ベンチレーテッドディスク

●現行型登場年月：
05年9月（デビュー）／06年8月（MC）
●次期型モデルチェンジ予想：
08年8月
●取り扱いディーラー：
全店

grade & price

GT-A	¥3,412,500
GT	¥3,486,000

プロフィール▼ WRCでの活躍など、世界にその名を轟かせるホットセダン、ランサー・エボリューション。ほぼ毎年進化しているのだが、最新のⅨをベースにしてワゴン化した限定モデル（2500台）。見た目はまさにランエボそのもので、エンジンもセダン同様に280ps（ATは272ps）で、過激なまでの走りが楽しめる。またインテリアについてもセダンに準じたもので、走りへの期待感を高めてくれる仕上がりだ。

メカニズム▼ ランサーワゴンをエボ化したのではなく、手法としてはその逆で、ワゴンのパーツをランエボに移植したというのが正しい。つまりリア部分は接合して作られているわけだが、ブリスター化など見た目の迫力を出しているだけでなく、各部分に補強材を追加することで、ワゴンでも高い剛性を保っている。またランエボといえば4WDシステムに注目だが、センターデフにコントロール性を高めるACDなどを装備する。

走り／乗り心地▼ まさにランエボと同レベルの過激な走りが楽しめる。とくにリアデフには機械式のLSDを装着するなど、とにかく曲がるセッティングでコーナリング性能は高い。

使い勝手▼ ワゴン化のメリットはラゲッジだが、リアのサスペンションはランエボのものを使用しているので、張り出しが通常のセダンよりも大きいため、容量自体は若干少なくなっている。それでも積載性は頼もしいレベルではある。

こんな人にオススメ ランエボはやっぱりセダンがイメージだ。なのに何でセダンじゃなくてワゴンなの？　と考える人もいるだろう。そんな疑問に対しての答え――。セダンは雰囲気がマニアックすぎて、いい歳こいた普通の大人が乗るには気恥ずかしいから。そう感じる人もいるだろう。後ろを振り向かなければワゴンと気づかないほど走りのレベルは高い。

９１１【ポルシェ】

気負わなくても大丈夫

言うまでもなく、９１１はポルシェの代名詞的存在である。１９６３年以来、ＲＲ（リアエンジン・リアドライブ）というレイアウトを守り続けてきた。２００４年に第二世代水冷に進化し、コードネームを９９６から９９７へと変えた。往年のナローポルシェを思い出させる丸目ヘッドライトと、少々懐古趣味的な流麗ボディがそのスタイルの特徴だ。以前よりもこれみよがしなところが薄れて、個人的には好みである。

基本モデルはＲＲ（後輪駆動）の3・6ℓボクサーシックスを搭載するカレラと3・8ℓのカレラSだが、05年には駆動方式が4WDとなる新型カレラ4が追加された。センターデフにマルチプレート・ビスカスカップリング式を採用し、前輪に通常5パーセント、最大で40パーセントのトルクを配分する。つまり後輪の駆動配分が大きくてほとんどＲＲに近い４WDだ。

今回、僕はポルシェ９１１・4Sのステアリングを握り、一気に５００kmほど走ってみた。そしてポルシェがどういう方向に進もうとしているのかわかった。結論を先に述べよう。ポルシェはすごかった。何がすごいって、超高性能車なのに普通に運転できることがだ。

まったくストレスがない。その辺のセダンに乗っているように気安く乗れる度合いがますます高まった。なにしろスピード感がない。１００km／hで走っていても50kmくらいに感じる。卓越した性能を持っているのにそれを乗り手に全然感じさせない。

昔からポルシェは、レーシングカーもロードカーもそうなのだが、どうやったら乗り手にストレスなく運転できるかという考えで作ってきた。年度毎の改良が施され、それがここにきていよいよ昇華された印象だ。

９１１はＲＲだからトリッキー。そんな声も今は昔。とくにカレラ4は四駆であることもあって、直進安定性がよく、スピードを上げてもフロントが浮き上がってステアリングの感触が薄まるようなことはない。高速道路のうねりやわだちも、たとえアウトローな速度で走っていても鼻歌交じりでいける。逆にぼーっとしていると、とんでもない速度が出てしまっているから注意が必要だ。

エンジンの性格も相変わらず低回転から力のある扱いやすくて実用的なもの。エンジン音やフィーリングには、フェラーリやアストンマーチンのような感動的なものはなく、刺激も薄くて、退屈といえば退屈。だが日常の使い方や長距離移動には向いている。

山道を走ってみると、先代カレラ4とだいぶキャラクターが変わったことが知れた。先代は四駆のイメージどおり「曲がらない」クルマだった。スタビリティがとても高く後輪ががっちりと踏ん張るから、その分曲がりにくく、ノーズをインにねじ込むのは乗り手の「仕事」だった。コーナーの奥まで（ブレーキに足を載せ）旋回ブレーキを駆使して、荷重を前輪に載せて前輪グリップを上げたタイミングで、ステアリングをスパッと切る。そんなポルシェ乗り独特のテクニックが求められた。

けれども新型は誰でも曲げることができるクルマとなった。限界領域の走りでも荷重移動をそれほど意識せずとも、ステアリングを切れば曲がる。それでいて立ち上がりではトラクションが強力で、アクセルをたとえラフに踏んづけたとしても後輪がブレイクしてしまうことなく、クルマを前へ前へと進めていく。だから安心してアクセルを踏み込めるし、速い。

ブレーキはフェラーリのようにガツンとは利かないけれど、踏んだら踏んだだけ止まるから、コントロール性はポルシェの方がよい。ポルシェのブレーキって昔からそうだった。

ポルシェというメーカーは、顧客がレーシングドライバーではないことをよく理解している。だからクルマの方が運転者のミスをカバーできるようにと、その一点に絞って煮詰めてきた。そして現存するスポーツカーの中で、最もドライバーの腕に頼らないで済むスーパー・スポーツに仕上がった。最新のポルシェは最良のポルシェ。それはそういう意味である。

内装は相変わらず実用的かつシンプルなデザイン。言い方を変えれば質素。もしもステアリングにポルシェではなくホンダやマツダのバッジがついていても納得してしまいそう。イタリア車のように内装全体をベージュや赤で華やかに染めあげるようなことはしない。北米向けに派手な内装色を使ったものもあったが、ダッシュボードは黒。そうでなくてはガラスに映り込んで運転しにくいじゃないか、という主張がある。

スーパーカーにありがちな特別な操作方法もない。室内灯をつけたくなって手を伸ばせばそこにスイッチがある。ラジオを選局しようとすればステアリングについている。カップホルダーは使い勝手のよい場所にある。こうしたことは国産高級車であれば当たり前のことだが、輸入高級スポーツカーでは、いまだに取り入れられていないことがほとんどだ。むしろカタチにこだわって付けない場合もある。しかしポルシェはそういう便利なものはすべて取り入れていく姿勢だ。

ただし長所の裏側には欠点がある。他のスポーツカーに比べるとポルシェは圧倒的にストレスを感じなくて自動車としては優れている反面、スポーツカーとしてみると、その内装デザインにも乗り味にも、刺激やワクワク感が薄い。その点ではフェラーリやアストンやランボルギーニの方が圧倒的に上だ。それじゃあポルシェはつまらないのかというと、そういうクルマと比較してしまうとつまらないというしかないのだが、でもそんな文句をポルシェに言うなら、うちはそんなクルマを作ろうとはしていませんよ、ふん、と笑われてしまうだろう。

ポルシェの素晴らしさは、短所の裏返し。これみよがしなところがなく、肩に力が入らずプレッシャーなく乗り始められる。操作方法に難しいところがないからこそ、疲れたら奥さんや彼女に運転を代わってもらうことも可能だ。トヨタや日産まではいかなくても、アウディやメルセデスに乗るときくらいの腕と気持ちがあれば乗りこなせてしまう。そこがすごいのだ。

５００km走って目的地に着いたらそこで仕事をして、仕事を終えたらまた５００km走って日帰りで戻ってくる。そんなことが簡単にできてしまう。道中をストレスなく過ごせるか否かが、他のスポーツカーメーカーとポルシェとの違いである。とは言え、超高性能車を運転しているのだから、それなりに乗っているときは気持ちの密度が高まる。でもクルマから降りて10分も経つともう他のことを考える余裕がある。

自分がポルシェを使って仕事するような生活を夢見てみる。プライベートジェットが置いてある飛行場までポルシェで行って、日帰りで海外に行く。そこで仕事してまた戻ってくる。そんなビジネスエキスプレスみたいな使い方ができそうだ（あくまでも夢を見ただけだが……）。

spec/カレラS（6速MT）

○全長×全幅×全高：4425×1810×1300mm○ホイールベース：2350mm○車両重量：1460kg○総排気量：3824cc○エンジン型式：水平対向6DOHC○パワー/トルク：355ps/kg-m○10・15モード燃費：7.3km/ℓ○サスペンション(F/R)：ストラット/マルチリンク○ブレーキ(F/R)：ベンチレーテッドディスク/ベンチレーテッドディスク

●現行型登場年月：
04年8月（FMC）／06年8月（MC）
●次期型モデルチェンジ予想：
09年8月
●取り扱いディーラー：
全店

grade & price

カレラ（6速MT）	¥10,970,000
カレラ（5速AT）	¥11,600,000
カレラ4（6速MT）	¥12,140,000
カレラ4（5速AT）	¥12,770,000
カレラS（6速MT）	¥12,920,000
カレラS（5速AT）	¥13,550,000
カレラ4S（6速MT）	¥14,090,000
カレラ4S（5速AT）	¥14,720,000
GT3	¥15,750,000
ターボ（6速MT）	¥18,160,000
ターボ（5速AT）	¥18,790,000

プロフィール▼
911の名で連綿と存在し続けているが、実際はモデルチェンジを繰り返し、「最新のポルシェは最良のポルシェ」と言われるほど、常に時代の先端を行く、世界を代表するスポーツカーとして現在でも君臨している。

メカニズム▼
ポルシェといえば、エンジンをリアに置き、さらにリアタイヤを駆動するRR方式がお馴染みだ。もちろんこれは現行型にも採用されている。ただし最近ではより安定した走りをもたらす、4WDについても積極的に取り入れているのはトピックスだろう。エンジンも伝統的に水平対向エンジンを採用するが、ただし「タイプ997」は97年に登場した先代の「タイプ996」同様、水冷エンジンとし、静粛性と高出力に対応するようアップデートが図られている。またイージードライブを実現するATの「ティプトロニック」も用意される。

走り／乗り心地▼
エンジンの排気量は3・6ℓと3・8ℓの2本立てだが、どちらもパワフルでじつに扱いやすいユニットだ。これがリアで唸りを上げるのはやはりポルシェならではの醍醐味といっていい。ただしピーキーかというとそのようなことはなく、日常的に使えるフレキシビリティを兼ね備えている。

使い勝手▼
4人乗りとは言え、リアシートは補助的な存在で、緊急用として考えた方がいいだろう。2人で乗る分は広くて、ボンネット内に荷物もそこそこ積める。

こんな人にオススメ

数ある世界のスポーツカーのなかで、取材に行ってくたくたに疲れたときほど、ポルシェで帰りたいなあと思う。ビジネスエキスプレスであり、たとえば自家用のプライベートジェットを買うようなもの。実際に飛行機よりもポルシェで走った方が、大阪くらいまでなら待ち時間やアクセスを考えると早いはず。何枚免許が必要かは別としてだが。時間をお金で買う、そういう使い方に合ったクルマだ。

ガヤルド【ランボルギーニ】

普段使いのスーパーカー

かつて、ランボルギーニは凶器という言葉と同義語だった。

フェラーリが普通に見えてしまう前衛的なデザインは、バーターとして極度な視界の狭さをもたらしていた。背の高いメータパネルが直前の視界をさえぎる。斜め後方視界の悪さは、街中での車線変更の際に乗り手に絶望的な気分を与えていた。

ランボルギーニ・カウンタックは最高速度３００km／h、ディアブロ３２３km／h。それでいてレーシングカーのような高いコーナリング性能や安定性を持っていたわけでもない。ランボルギーニをしかるべき速度で走らせることは、レーシングドライバーにとってさえ恐怖を伴った。

けれども、誤解を恐れずあえて言うなら、人は安全に生きる権利があると同時に、自分の意思によって、死に直面する危険に触れる権利を合わせ持つ。山登りもそうだし、冒険旅行もそうだし、そしてランボルギーニを運転することもそうだった。しかし、それを享受したいユーザーは時代の流れとともに減ってきたのだろう。アウディの血が入った新生ランボルギーニは、以前とは違う方向に進み出したようだ。

ガヤルドは、外形的にはまごうことなきランボルギーニだが、視界はぐっとよくなった。これにより今までは走らせるのにストレスを伴ったワインディングロードでも快適に走らせられる。V10エンジンはランボルギーニ・ユニットらしく高回転型で、回せば回すほど伸びていく。フェラーリのような甲高く緻密な音質ではなく、まさしく猛牛が吼えるような迫力あるサウンドも健在だ。高回転型なのでダッシュは得意ではないのも猛牛のイメージ。よって低い速度からは体感的にはフェラーリ４３０の方が加速がよく感じられるが、高回転域に入ると５２０psはさすがに速い。

コーナリング中のキャラクターも、フェラーリ４３０とは大いに異なる。４３０は後輪駆動だが、ガヤルドは四輪駆動なのだ。だから、より安定した挙動を示す。速い速度で飛び込んで、なんとか車をごまかしてコーナーを駆け抜けるというフェラーリが得意とするコーナリング速度重視の走り方ではない。ガヤルドは絶対パワーで直線を速く走り、コーナーはタイヤの限界内でコンパクトに曲がり、そして向きが変わったらそのトラクションのよさと四駆の安定性を生かしてタイムを出す。そんな走り方がガヤルドには向いている。

フェラーリ４３０の場合は、最初は飛ばす気がなくてもだんだんアクセルを踏み出して狂気の世界に入っていってしまう。それに対して、ガヤルドはその外形のイメージと違って、走っているうちにだんだん冷静になってくる。

そのパワーやスペックに対して、なんと安全な乗り物に仕上がったことか。そこがアウディの底力だ。昔のランボルギーニを知るものには革命的ですらある。猛牛という荒々しいイメージではなく、もっと安定していてじつに冷静で、ドイツ的。やっぱりアウディの血なのである。

乗り心地もよく、そしてステアリングの操舵力も軽く、そういう点においては見た目よりもずっとラグジュアリーで日常的に使えるクルマとなった。スーパーカーの皮を被ったアウディＲ６という言い方がもっとも近いかもしれない。

spec/標準車

○全長×全幅×全高：4300×1900×1165mm○ホイールベース：2560mm○車両重量：1430kg○総排気量：4961cc○エンジン型式：V10DOHC○パワー/トルク：520ps/kg-m○10・15モード燃費：―― ○サスペンション(F/R)：ダブルウィッシュボーン/ダブルウィッシュボーン○ブレーキ(F/R)：ベンチレーテッドディスク/ベンチレーテッドディスク

●現行型登場年月：
03年9月（デビュー）
●次期型モデルチェンジ予想：
08年9月
●取り扱いディーラー：
全店

grade & price

標準車	¥18,585,000
eギア	¥19,635,000

プロフィール▼

今ではアウディ傘下となったランボルギーニ。ガヤルドは傘下に入ってから初めてのモデルとなる。それだけにアウディの高い技術が投入され、スーパーカーの新たな境地を切り拓いたといっていいだろう。

メカニズム▼

エンジンは同じランボルギーニのムルシエラゴが伝統の12気筒（V型）を積むのに対して、こちらはV10をミッドシップに搭載する。排気量は5ℓで最高出力は520psと、スーパーカーの風格は十分である。駆動方式は後輪駆動ではなく、4WDを採用しているのだが、クワトロシステムではなく、ランボルギーニ自らが開発したものだ。組み合わされるトランスミッションは、6MTとeシフトと呼ばれるセミオートマも用意されている。

走り/乗り心地▼

シャーシはアウディの技術がふんだんに盛り込まれたASFと呼ばれるアルミ製で、これにより、高いスタビリティとしなやかな走りを両立させている。また電子制御も多く取り入れられており、誰でも安心してドライブできるというのは、現代流のスーパーカーのあり方として注目だ。

使い勝手▼

スーパーカーに使い勝手を求めるのはそもそも間違っているが、ただし着座位置が低いのは慣れが必要とは言え、室内スペース自体はそれほど狭くはない。また一見悪そうに見える視界も意外にいい。

こんな人にオススメ

乗り心地もよくてステアリングの操舵力も軽く、普通に使える。賢い車に楽して乗っていながら、周囲からは「すげークルマに乗った人。きっと運転うまいんだろうな」と思われたい人に。ただし、ランボルギーニ・ムルシエラゴ（12気筒）の前では少々肩身が狭い。とは言え、最高速は309km/h。ムルシエラゴよりも1000万円以上安いからお買い得（!）。もっとも、1860万円だが。

430【フェラーリ】

ポルシェ911とは正反対の思想

その昔、スーパーカー少年は、フェラーリのボディに大きな穴があいていることに驚いた。

すげえ！　ボディに穴あけちゃって、何考えちゃってんだろ？　水とか汚れが入っちゃうんじゃないのかな？

人間の身体の穴にはすべて機能を踏まえた意味があるように、クルマの穴にも意味がある。ラジエターやブレーキを冷やすためであったり、エンジンに空気を導入するためであったり……。

フェラーリ430の基本的フォルムは、前代の360モデナと共通だが、大きく違うのは、穴の大きさだ。リアフェンダー上のエンジン流入用の空気穴は360にもあったが、430ではさらに巨大化した。往年のフェラーリ250LMをイメージさせられるデザインだ。巨大な穴は、430が360よりもエンジン・パワーが上がって、燃焼のためにより多くの空気が必要になったことを意味している。

そう、ついに490ps（！）を得た。

あの狂気のパワーとすさまじい加速を誇ったフェラーリF40でさえ478psだった。僕はF40をベースにチューンアップされたマシンでル・マン24時間レースや全日本GT選手権を戦ってきたので、誰よりもF40を知り抜いていると自負しているのだが、F40にはリアウイングが不可欠だった。衝立のようにリアにそびえたウイングが、強力な空気の力で後輪を路面に押しつけ、狂気のパワーをかろうじて抑え込んでいた。

それなのに430にはリアウイングがない。だいじょうぶか――。

リアウイングがなくて490psが成立するのは、穴があるからだ。430にはエンジンの空気導入用以外にも大きな穴がいくつもあいている。フロントバンパー下の楕円型の大きな穴はブレーキとラジエターを冷やすためのもの。パワーが上がって、それに見合ったストッピングパワーが必要になったことの証明だ。そしてナンバープレートの下にあく穴は、ボディ下面に空気を導入し、ディフューザー効果によって路面にボディを吸い付けるためのもの。この穴こそがリアウイングの代わりとなって強力なダウンフォースをもたらすのだ。近年のF1マシンはこのディフューザー効果が強大となっているのは言うまでもない。

430のコックピットに乗り込むと、豪華さとレーシングライクな雰囲気が入り混じった内装にドキッとさせられる。シートは革張りだが随所にカーボン素材が与えられ、近代的レーシングカーの様相も呈す。速さのみを追求するF1マシンの中で、シートにバックスキン・レザーを張るのはフェラーリだけの伝統だった。そういうフェラーリF1マシンのイメージを踏襲している。

走り出すと、後方から甲高く乾いたエンジン音が鼓膜をふるわせる。ステアリングの奥にあるシフトチェンジ用のパドルを引くと、瞬時にシフトアップする。ゴツンゴツンとダイレクトな感覚が指先に伝わってくるのが快感で、必要がないのにシフトアップを繰り返してしまう。そしてその快音を聴きたくて、アクセルを踏み込んでしまう。フェラーリの作り手は、人が何に快感を覚えるのかを知り抜いている。

乗り心地は意外なほど柔らかい。ステアリングの操舵力もじつに軽い。

でもアクセルを踏み込むと、後ろから大男に蹴飛ばされたように加速する。

電子デバイスも３６０から４３０で進化を果たしている。特徴的なのは、後輪の滑り量をコントロールする電子デバイス、いわゆるスピン防止装置が段階的に切り替えられることだ。「ノーマルモード」を選ぶとテールの横滑りが抑えられる。「スポーツモード」である程度までの滑りを許容し、「レース」を選ぶともっと許容する。そしてさらに「ＣＳＴ」モードで電子デバイスをカットすれば、素の４９０psが本領発揮だ。

コーナーのなかでこの制御フリーの状態で強くパワーオンすると、ドリフトを始めるが、それは３６０のときのようにスパンと唐突にテールが出てしまうようなピーキーな出方ではなく、粘りに粘ってうねり出るような滑り方だ。だから、にわかには信じてもらえないだろうが、３６０よりも扱いやすくなっていた。これはリアウイングの代わりにダウンフォースの効果を受け持つ、ボディ下面のディフューザー効果がさらに強力になったことにも起因する。

そして３６０から４３０になり値段も上がって実に２２００万。これを安いと見るか高いと見るか。僕はこう考える。

フェラーリは１９５０年代の初頭から綿々とレースを続けてきた。もともとはアルファロメオを走らせるレーシングチームが始まりだった。そして創設者エンツォ・フェラーリが50歳のとき市販車の販売も始めた。資金を得るためにクルマを売り出したのだ。他の自動車メーカーがクルマを売るための広告としてレースをやるのとまったく逆で、レースをやるためクルマを売っている。企業規模としては他メーカーよりも圧倒的に小さいのに、景気が悪いときも勝てないときもずっとレース活動を続けてきた。そういうフェラーリの歴史があるからこそファンは魅了される。そして揺るぎないブランドを手に入れた。フェラーリは単にクルマを売っているのではない。共感を売っているのだ。

オーナークラブに所属して、新型が出るたびに購入し何台も乗り継ぐ人がいる。そういう人の気持ちの中には、１２００万でクルマを買って、残り１０００万はこれでＦ１がんばってくれ、みたいなご祝儀の思いがある。

その辺のオーナーの心理をフェラーリもよくわかっている。フェラーリＦ１の疑似体験ができる４３０を、自分たちの「ユーザー＝スポンサー」に提供しようとしているのだ。どうやったらスポンサーが喜ぶかということをよく知っている。

僕は４３０を路面の荒れたクローズド・コースに持ち込んでぎんぎんに走らせてみた。そこでの結論は、やっぱりF40のような巨大なウイングがほしい。フェラーリはウイングがなくても十分なダウンフォース効果を下面のディフューザーで得ているとアナウンスしているが、それはフラットな路面のサーキットや高速道路でのこと。路面のギャップで跳ねるとき、車高が変化し路面と下面の距離が変わって、ダウンフォースが減ってしまうことが起こることを確認した。やっぱりもしピュアスポーツとしてなら、F40のようなリアウイングはあった方がいい。

でも、Ｆ１のディフューザー効果はこんなにすごいんですよ、と４３０オーナーに味わってもらう効果はある。それに４３０のオーナーでこんな走りをする人はほとんどいないことも、フェラーリは知っている。

F40は究極のピュアスポーツだったが、４３０はそういう意味ではピュアスポーツではない。オーナーにＦ１マシンの疑似体験をプレゼントしてくれる究極のマシンなのだ。

spec/F430スパイダーF1

○全長×全幅×全高：4515×1925×1240mm○ホイールベース：2600mm○車両重量：1520kg○総排気量：4308cc○エンジン型式：V8DOHC○パワー/トルク：490ps/47.4kg-m○10・15モード燃費：——○サスペンション(F/R)：-/-○ブレーキ(F/R)：-/-

●現行型登場年月：
05年1月（デビュー）
●次期型モデルチェンジ予想：
10年1月
●取り扱いディーラー：
全店

grade & price

F430	¥20,790,000
F430 F1	¥22,050,000
F430スパイダー	¥22,281,000
F430スパイダーF1	¥23,541,000

プロフィール▼

360モデナの後継車となるのが2005年1月に登場したF430だ。スタイル的には正常進化といってもよく、曲線をうまく取り入れた流麗なシルエットが特徴となる。ラインアップ的にはハードトップのクーペと、さらに最近のフェラーリの伝統に則って、電動オープンも用意されている。デザインはお馴染みのピニンファリーナの担当だ。

メカニズム▼

シャーシ自体は360モデナのものを流用しているのだが、補強を加えることで剛性をさらにアップさせており、490psもの大パワーをなんなく受け止めることに成功。そのモンスターパワーを発揮するエンジンはV8で、じつはマセラティ用に開発したものに専用チューニングを施している。ちなみに排気量は車名のままで、4・3ℓだ。そしてミッションは6MTと、もうすっかりお馴染みとなったパドルシフト付きの6速セミオートマのF1マチックの2本立てとなる。

走り／乗り心地▼

大パワーをいかんなく発揮するが、トラクションなどを総合的に制御するCSTシステムというコントロールシステムによって、安全にドライブすることができるようになっている。またデフには電子制御を採用し、ステアリング上のスイッチで走行モードが選択できる。

使い勝手▼

さすがに使い勝手はよくないが、2シーターフェラーリに使い勝手のよさを求めるのは意味なし。

こんな人にオススメ

1200万でクルマを買って、残り1000万は、フェラーリ・レーシングチームのスポンサーとして、これでひとつF1をがんばってくれ、というご祝儀の思いを持てる人に。フェラーリからはスポンサードのお礼として、F1の疑似体験をもれなくオーナーにプレゼント。そういうマインドの共有に、意義を感じられる人に乗ってほしい。

NSX【ホンダ】

汗の量は一番

なぜNSXは終わってしまうのか。ポルシェ９１１やフェラーリのようにモデルチェンジを繰り返しながら名前を残す方法はなかったのか。NSXファンの気持ちを代弁して、終焉の原因を考えてみた——。

NSXのトップモデル、タイプRに乗るのは7年ぶりだった。「あ、そうか。こんなクルマだったか」と思い出すと同時に、「昔の俺って元気だったのだな」と改めて驚いた。

7年前は僕はまだ現役で、レースでフェラーリのGTマシンに乗っていたから、タイプRとは言え所詮オモチャ。市販車だから当然だが、超弩級のレーシングカーに比べてしまえば、コーナリング速度だって加速だって圧倒的に弱い。だから余裕で自在に扱えた。

ところが今回、改めてタイプRに乗ってみて、ものすごくハードな乗り物に感じた。フェラーリ４３０やランボルギーニ・ガヤルドと比べても、タイプRはキツイ乗り物だった。

もちろん絶対性能においてはフェラーリやガヤルドが上回る。しかし、運転して感じるスポーツ度と、汗の量においてはRが上。とにかく運転がハードなのである。まずはステアリングが重い。切り込んだステアリングを戻そうとする力が強いし、路面のギャップがハンドルをダイレクトに叩く。乗り心地もフェラーリやガヤルドよりも硬い。ギャップを通過する際に、フェラーリやガヤルドだったら足がストロークして衝撃を和らげてくれるのだが、タイプRはぽんぽんと車体がはねる、そのたびに腰にずしりとした衝撃が伝わってくる。でもその分、切れ味のよさも一番。ナイフでえぐるようにノーズが切れ込んでいく。まるでレーシングカーを公道で走らせているようだ。

Rに乗っていると、ひと昔前のレースカーを運転しているような気分になる。現代のレースカーはパワステを採用するなどして、運転を楽にする方向に進んでいるが、僕がまだ若かりし頃は、乗り心地が硬くてハンドルも重かった。そういうノスタルジックな趣がRにはある。

しかもエアコンはオプションだ。暑くて暑くて、汗がいっぱい出てきてまさにスポーツカー（？）だ。本物のレーシングカーもレース中は室内温度が60～70度になり、ドライバーは脈拍が上がり、大量の汗をかいて運転している。2時間乗れば2kg痩せる。そうだよな、レーシングカーって暑かったよな。そういうことを7年ぶりに僕に思い出させてくれた。

フェラーリ、ガヤルド、そしてNSXタイプR、そのなかで体感的にはRが一番レーシングカーに近い乗り物だ。実際にホンダ系のレーシングドライバーが開発に参加している。レーシングカーのようなフィーリングになって当たり前といえば当たり前か。

僕が現役の頃は限界が高くてサーキットで好タイムが出せてとても楽しいクルマだと映っていた。しかし、今や一般人となった目で見ると、トゥーマッチであった。こちらはその気もないのに、マシンから「走れ走れ」と強要されている感じ。自分はジョギングするつもりだったのに、スパイクを履かされて、１００ｍダッシュをしろ、と言われている老人の気分だ。

このあたりに、ポルシェが日本で月販３５００台を売り上げて絶好調ななか、R及びNSXが１８００台となかなか売れていなかった要因が隠されているのではないか。

山登りを趣味とする人のなかで、本格的にロック・クライミングをする人はわずかで、ほとんどの人は登山道を通って富士山に登るだろう。タイプRを買うことは、あえて困難な壁をハーケンを打ちながらよじ登るようなものだ。マニアにとっては垂涎《すいぜん》モノでも、一般人にはその面白さが届かない。そういう種類のスポーツカーだった。ポルシェやフェラーリの方がもっと楽な登山道を通ってもっと高い山に登る感じである。

しかも、中身はハードなのに、カタチには潔さがない。NSXに特徴的なトランクの形状は、じつはゴルフバッグを積むため。誕生した頃はバブル期で、この価格帯の購入層はゴルフも趣味だから、という営業サイドの声を無視できなかったようだ。でもそんなことを聞いたら、昔のスーパーカー少年は、夢を描けない。そういう点でスポーツカー好きの琴線に触れなかった面もあっただろう。

またタイプRが登場したことで、ユーザーから他のNSXが軟弱に見られてしまったこともNSX全体ではマイナスだったろう。

とは言え、ミッドシップの本格派。そしてアルミボディ採用は量産車としては世界初。ロータス・エリーゼやフェラーリ360よりも、NSXの方が先にアルミボディを採用している。スポーツカー専業メーカーではなく、それどころかミニバンや軽自動車も作っているホンダが、よくもこんな本格派を出したものである。

たとえばそのこだわりは細部にもわたる。とくにシフトレバーはストロークが短くてコクコクと入り実に小気味よい。新生フォードGT40の開発者は、世界中のスポーツカーをテストしてみて、NSXのシフト・フィーリングが一番よかったと思ったそうだ。

人気が今ひとつだったとしても、何も終わりにせずに、名を残すこともできたのではないかと、どうしても思えてしまう。その辺のところを開発担当のチーフに尋ねてみた。僕が「サスペンションが硬くて健康体でないと正直きついです。フェラーリやポルシェみたいに乗り心地をもっと安楽にすれば、もっと広い層に受け入れられてNSXという名前を残せたのではないですか」と聞いたら、チーフは「理想を形態でこだわるということをホンダはやらないですよ。形はあるひとつの理想を追求するためであって、形のためにクルマを作っているわけではないですからね」と、禅問答のようなコメントをくれた。

彼が言いたかったのは、企業カルチャーを作るためにNSXを作った。タイプRを作って行くところまで行った。ホンダの思いを表現するために世に出したのだ。スポーツカーのビジネスをやろうとしたのではなく、ポルシェやフェラーリをつぶす気でやったわけでもない。だから、緩いスポーツカーを作る気はない、ということだろう。

「役割が終わったということでしょうね。ホンダのドリームカーだったんですよ。フェラーリはステップワゴンを作っていないですよね。そういうことなんですよ。スポーツカーの専門メーカーだったら作り続けますよ。ブランドを作って商標とって作らせてほしい……。夢ですよね」

チーフと話していて、大企業の中でモノづくりをする大変さや切なさが伝わってきた。生み出したクルマには、我が子に対するような思いがある。

老兵は死なず、ただ消えゆくのみ——。

NSXは消滅したが、そこに投じられた作り手の思いは、次の世代に引き継がれていくだろう。「自動車屋商売の『売るために』という冷めた目で自動車を作っちゃイカン」という言葉が印象的だった。

spec/タイプR

○全長×全幅×全高：4430×1810×1160mm○ホイールベース：2530mm○車両重量：1270kg○総排気量：3179cc○エンジン型式：V6DOHC○パワー/トルク：280ps/31.0kg-m○10・15モード燃費：8.6km/ℓ○サスペンション(F/R)：ダブルウィッシュボーン/ダブルウィッシュボーン○ブレーキ(F/R)：ベンチレーテッドディスク/ベンチレーテッドディスク

●現行型登場年月：
90年9月（デビュー）／03年10月（MC）

grade & price

標準車（4速AT）	
標準車（5速MT）	
タイプT（4速AT）	
タイプT（5速MT）	
タイプS	
タイプR	

プロフィール▼

登場したのは1990年のことだから、すでに15年以上も経過していることになる。世の中はバブルだっただけに、目指したのは世界に通用するスーパースポーツ。量産車としては世界初となるオールアルミ製ボディとすることで、1300kgと大幅な軽量化を実現していた。その後、何度かのマイナーチェンジによって進化を続け、2006年には製造中止となってしまった。最後期は登場時からのアイデンティティであったリトラクタブルヘッドライトも廃止された。

メカニズム▼

エンジンはレジェンドなどに積まれていた3ℓV6をベースにさらにチューニングしたもので、もちろんVTECを搭載。ミッドシップに横置きされた。エンジン排気量については、マイナーチェンジによってモデル途中で3・2ℓへボアアップしている。そして足周りはホンダ伝統の前後ダブルウィッシュボーンとなっている。

走り/乗り心地▼

和製スーパーカーの称号を与えられつつも、なんら構えることなく、じつに乗りやすいのが特徴だ。ただしモデル途中で、何回か設定されたタイプRは徹底した軽量化と高剛性化がボディに施され、エンジンもさらにチューンされており、サーキット走行も可能なソリッドな走りが楽しめる。

使い勝手▼

ゴルフバッグが積めるようにトランクを広くしたのは有名な話。それだけに、意外に使い勝手はいい。

こんな人にオススメ

限界にチャレンジしてサーキットをがんがん攻める人には最高だが、そんな人はあまりいないだろうなあ。現在は中古市場で購入するしかないが、タイプRは高人気を保っている。ホンダはNSX継続を中止したわけではないとコメントした。遠くない未来に新型が登場する、と期待を込めて予想しよう。どんな楽しみを与えてくれるのか。個人的にはホンダF1マシンを疑似体験できるクルマを望む。

あとがき

前作『世界でいちばん乗りたい車　知識ゼロからのクルマ選び』から2年半、予定よりも1年半ほど長くかかったが、ようやく本書が完成した。

前回同様、文章だけでなく写真も自分で撮った。取材のためにジャーナリスト向けの試乗会に行くのだが、クルマの雰囲気を醸し出すため、背景も生かしたい。ロケハンを兼ね、試乗しながら適当な場所を探す。ひとりだとレフ板を当てられないので、自然光が頼り。陽《ひ》の位置を見てクルマを配置してみる。望遠で撮るので離れたところまで歩き、レンズを覗いたら角度が違う。またクルマを動かしに戻る。それを繰り返す。快晴よりも曇っていた方が、光がボディ全体に回ってよいので、雲が陽にかかるのを待つこともある。内装を撮るには、影がくっきりしすぎないように、日陰に持っていく。苦労して撮ったので、写真もチェックしてもらえるとうれしい。

前作のときは一眼レフで撮影したが、戸外でレンズ交換するとＣＣＤにゴミがついてしまうことがあった。それで今回は、ＮｉｋｏｎさんからコンパクトデジカメのＣＯＯＬＰＩＸ８８００と８４００をお借りした。ローアングルや狭い室内での撮影の際、フリーアングルのモニターがとっても便利だ。独立スイッチが多いので、メニューから入っていく煩わしさがなくて操作もしやすかった。（木村拓哉風な口調で）「やっぱりいいわ、ニコン」。

試乗会のパターンは、早朝に家を出て、数時間ほど試乗し、その合間に写真を撮り、1、2時間くらい開発者と話し、事務所に帰ってきて、何十枚もの写真をＰＣに取り込んで整理する、というもの。気がつくと夜。一日の仕事が終わったという感じがする。それで原稿を後回しにしてしまう。

僕は乗ったクルマのフィーリングに関しては、いつまでも覚えている。動きが映像で目と体に焼き付いている。いつでもそれを取り出せる自信が、後で書けばいいや、という気持ちにつながった。

雑誌と違って本の場合、読者は前から順番に読んでいくだろう。原稿を読み直してみて、一方のクルマはほめておきながら、ライバルはけなしていて「こんなに差はないよな」と思ったら、書き直し。軸がぶれないようにジャンルの新型車が出揃《でそろ》った時点まで待とうという気持ちが、原稿を書き始めるブレーキとなった。書き下ろしって大変だ（何を今さらだが）。

なんだかあとがきが、出版が遅れた言い訳みたいになってしまった。とにかく、後回しにしないで、さっさと原稿を書けばよかったのです。

それにしても苦節2年半、なかには写真を撮って原稿まで書いたのに、モデルチェンジされてしまったクルマもあった。紛失してしまった原稿もある。いろいろあったけど、スタートしてから1年で原稿が12個しかなかったのに、出版までこぎつけられたのは、多くの人たちの力があったからだ。

担当の山田京子（仮名のようだが実名）さん、マッシュルームの近藤暁史さん、僕のこだわり（すぎ？）に最後まで付き合ってくれてありがとう。ヤングジャンプの人気漫画「カウンタック」の作者であり、友人でもある梅澤春人先生が、カバーの僕の絵をハンサムに描いてくれた。デザイナーの野村さんとの打ち合わせも済んで、レイアウトができてきた。舘野編集局長も、おそらく勢いで（あるいはやけになって）、「こうなったら、第3弾も出しましょう！」と、本書が出る前から言ってくれた。今さらという感じはするが、やる気がもりもりと出てきた。

なによりも、「いつできますか？　楽しみにしてますよ」という励ましをくれた読者のみなさんに、とても感謝しています。完成したのはみなさんのおかげです！　それから、開発秘話や面白ネタを惜しげなく提供してくれて、僕のキツイ評価を真摯《しんし》に受け止めてくれる自動車メーカーの開発者のみなさんにもお礼を言いたい。みなさんのモノづくりの熱き思いが、本書で表現できているでしょうか。「太田さんの記事は、いつもドキドキして読んでます」と言われることがある。辛口だけどそこには愛があるので、ヨロシク。

Index

フォルクスワーゲン (フォルクスワーゲン グループ ジャパン)	0120-30-8460	http://www.volkswagen.co.jp/
プジョー(プジョー・ジャポン)	0120-840-240	http://www.peugeot.co.jp/
BMW(BMWジャパン)	0120-55-3578	http://www.bmw.co.jp/
メルセデス・ベンツ (ダイムラー・クライスラー日本)	0120-19-0610	http://www.mercedes-benz.co.jp/
ルノー(ルノー・ジャポン)	0120-70-6365	http://www.renault.jp/
クライスラー(クライスラー・ジープ)	0120-712-812	http://www.chrysler-japan.com/
アルファロメオ(フィアット オート ジャパン)	0120-779-159	http://www.alfaromeo-jp.com/
ヒュンダイ(ヒュンダイモーター・ジャパン)	0120-021-353	http://www.hyundai-motor.co.jp/
トヨタ(トヨタ自動車)	0800-700-7700	http://www.toyota.co.jp/
マツダ(マツダ)	0120-386-919	http://www.mazda.co.jp/
ホンダ(本田技研工業)	0120-112010	http://www.honda.co.jp/
日産(日産自動車)	0120-315-232	http://www.nissan.co.jp/
三菱(三菱自動車工業)	0120-324-860	http://www.mitsubishi-motors.co.jp/
スバル(富士重工業)	0120-052215	http://www.subaru.co.jp/
ダイハツ(ダイハツ工業)	0070-800-874040	http://www.daihatsu.co.jp/
スズキ(スズキ)	0120-40-2253	http://www.suzuki.co.jp/
ボルボ(ボルボ・カーズ・ジャパン)	0120-55-8500	http://www.volvocars.co.jp/
ハマー(ハマージャパン)	03-5783-5507	http://www.hummer.co.jp/
ポルシェ(ポルシェ ジャパン)	0120-846-911	http://www.porsche.co.jp/
ランボルギーニ(ランボルギーニ・ジャパン)	0120-988-889	http://www.lamborghini.co.jp/
フェラーリ (コーンズ・アンド・カンパニー・リミテッド)	03-5730-1649	http://www.cornesmotor.com/

Special thanks:
ティーポ編集部、マガジンX編集部、ホリデーオート編集部、特選外車情報FROAD編集部、
Alfa&Romeo編集部、ヤングジャンプ編集部

装丁：野村道子（BEE'S KNEES）

装画：梅澤春人

写真：太田哲也

袖写真提供：関根健司

カメラ提供：株式会社ニコン

本文イラスト：阿部忠雄

編集協力：近藤暁史（MUSHROOM）

著者紹介

太田哲也　1959年生まれ。自動車評論家・レーシングドライバー。82年にレースデビュー、F3000、マツダ・ワークスを経て93年から4年連続でル・マン24時間レースにフェラーリで出場、日本一のフェラーリ遣いの異名を取る。98年5月3日、全日本GT選手権第2戦富士スピードウェイで多重事故に巻き込まれ瀕死の重傷を負う。再起不能といわれながら、23回の手術とリハビリを繰り返し、事故から2年半後にサーキットに復帰した。著書に『クラッシュ』『リバース』『世界でいちばん乗りたい車　知識ゼロからのクルマ選び』(小社)、『生き方ナビ』(清流出版)がある。現在、「生きることにチャレンジしよう」をテーマにKEEP ON RACINGを主宰。中学、高校で講演活動をする傍ら、レースにも参戦している。

GENTOSHA

もう迷わない！　知識ゼロからのクルマ選び
2007年2月10日　第1刷発行

著　者　太田哲也
発行者　見城 徹

発行所　株式会社 幻冬舎
〒151-0051　東京都渋谷区千駄ヶ谷4-9-7

電話：03(5411)6211(編集)
03(5411)6222(営業)
振替：00120-8-767643
印刷・製本所：図書印刷株式会社

検印廃止

万一、落丁乱丁のある場合は送料小社負担でお取替致します。小社宛にお送り下さい。本書の一部あるいは全部を無断で複写複製することは法律で認められた場合を除き、著作権の侵害となります。定価はカバーに表示してあります。

©TETSUYA OTA, GENTOSHA 2007
Printed in Japan
ISBN978-4-344-01285-1　C0076
幻冬舎ホームページアドレス　http://www.gentosha.co.jp/

この本に関するご意見・ご感想をメールでお寄せいただく場合は、
comment@gentosha.co.jpまで。